HTML5+CSS3
网页设计实战

庄昭程　编著

本书从 Web 前端技术角度出发，以具体商业网站页面的制作为编写主线，分为 8 章内容，包括网页设计概述、创建网站项目、盒子模型、常见的 HTML 标签与 CSS 的搭配、常见布局流、个人网页布局实战、CSS 进阶知识、商业网站布局实战。

本书内容的组织考虑了初学者知识接纳的程度与提升空间，遵循了难度循序渐进的教学原则，体现了网页设计的完整流程，通过本书的学习，读者将对素材搜集、代码开发、后期维护方面的工作有所认识。

本书既可作为职业院校计算机、电子商务、大数据相关专业的教材，也可作为网页设计师、淘宝美工等相关人员的培训教材或参考书。

图书在版编目（CIP）数据

HTML5+CSS3 网页设计实战 / 庄昭程编著. -- 北京：机械工业出版社，2025. 9. -- ISBN 978-7-111-78827-0

Ⅰ. TP312.8；TP393.092.2

中国国家版本馆 CIP 数据核字第 20256FG153 号

机械工业出版社（北京市百万庄大街 22 号　邮政编码 100037）
策划编辑：张雁茹　　　　　　　　　责任编辑：张雁茹　王　芳
责任校对：邓冰蓉　马荣华　景　飞　封面设计：张　静
责任印制：单爱军
北京华宇信诺印刷有限公司印刷
2025 年 9 月第 1 版第 1 次印刷
184mm×260mm · 15 印张 · 370 千字
标准书号：ISBN 978-7-111-78827-0
定价：59.80 元

电话服务　　　　　　　　网络服务
客服电话：010-88361066　机　工　官　网：www.cmpbook.com
　　　　　010-88379833　机　工　官　博：weibo.com/cmp1952
　　　　　010-68326294　金　书　网：www.golden-book.com
封底无防伪标均为盗版　机工教育服务网：www.cmpedu.com

前言 ▶ PREFACE

　　与市面上众多网页设计教材的侧重点相比，本书使用了大量生活化文字来讲解最常用的核心知识点，生僻的知识点一笔带过的同时，会告知读者如何自行解决相关问题。讲述知识点时，采用熟知、贴切的成语，附上对应的解释，让读者体会其概念及原理。案例代码截图中包含大量的辅助箭头、备注说明，利于读者快速掌握。

　　为提高学习质量，本书安排了若干差异化的项目给不同的读者。通过丰富的素材资源，使读者有更多的团队协作机会，锻炼单兵、团队作战能力。为解决"中高技"、大专层次读者学习编程课程时存在的若干问题，本书提供以下几个方面的破局思路及对策：

　　1）编程并非听"天书"，结合"大思政"背景，利用中华优秀传统文化中的成语来理解知识点。

　　2）口语化的文字表述拉近本书与读者的距离。

　　3）本书只讲述常用的知识、技能点，不降低入门门槛的同时，让读者能更专注于基本技能。

　　4）多次强调掌握利用搜索引擎查找相关辅助资料的能力。

　　5）加强英文标签、属性的拼读能力，鼓励课堂提问中能尝试拼读英文单词。

　　6）杜绝抄袭代码、互相复制的行为，本书安排了每人或每组去完成布局不一样、难度近似的若干综合练习。

　　7）注重思维训练、纠错训练，培养多角度思考能力，虽然会走弯路、走回头路，但是从错误中得到的经验更加宝贵。

　　8）强调养成良好的代码书写习惯，以常见软件 HBuilder 为编程工具，鼓励读者使用快捷键操作。

　　9）鼓励读者多从企业官网页面中检查元素，观察并模仿布局结构及样式代码。

　　全书共 8 章。第 1 章主要介绍 HTML 和 CSS 的概念，以及网页设计相关工具；第 2 章以简单项目的创建来介绍文件命名规范、编码习惯与规则；第 3 章讲授盒子模型的相关知识；第 4 章介绍了常用、简单的网页 HTML 标签，以及对应的 CSS 代码；第 5 章重点介绍标准文档流、浮动流、定位流的布局技术；第 6 章以个人网页布局作为专题训练项目，加强知识点的融合与应用；第 7 章介绍了较难理解的关系、属性、伪类、伪元素选择器，以及 CSS 过渡效果和动画规则；第 8 章以真实的商业网站页面作为综合训练项目，介绍了完整的页面设计流程。

　　本书既可作为职业院校计算机、电子商务、大数据相关专业的教材，也可作为网页设计师、淘宝美工等相关人员的培训教材或参考书。

　　本书所带的资源包清单及对应的教学用途见下表。

资源包文件夹名称	教学用途
一体化教案	教师专用，包含标准教学环节，含大量思政元素及讲解思路
PPT	教师专用，演示文档
课本案例 + 练习	第 1~8 章案例及练习的代码文件
各章教材插图	第 1~8 章的教材插图
各章扩展练习	第 1~8 章的扩展练习，可根据授课情况加以挑选
各章扩展练习 \ 第 8 章 – 企业网站	第 8 章供课外学习使用，也可以作为期末考试独立专题。其中包含： • 企业的网站首页、一级页、详情页（含图片） • "国内百强企业"首页截图 • "奢侈品网站"首页截图 • "时尚类网站"首页截图
HTML+CSS 小词典	用于纠正命名不规范、查阅属性的参考资料，也可以安排为课外作业，其中包含： • 常用 CSS 样式属性 • 常用 HTML5 标签 • 网页中常用词语的中英文对照
CSS 案例分享	课外阅读资料，其中包含： • 顶尖 CSS 案例 • CSS 扩展小练习

  本书由庄昭程编著。众多奋战于教育一线的同仁给予了大量案例素材并提出了修改意见，在此表示衷心的感谢。编著过程中，难免出现因教学对象、教学层次不同所导致的内容编排方面的疏漏，欢迎各界专家和读者朋友给予宝贵的意见。

编　者

目录 ► CONTENTS

前言

第1章 网页设计概述 1

1.1 HTML、CSS 的概念 ········· 1
1.2 网页制作初学者上手工具 ········· 5
   1.2.1 选择高效的代码编辑器 ········· 6
   1.2.2 安装调试用的浏览器 ········· 6
   1.2.3 善于使用搜索引擎求解问题 ········· 7
1.3 基础练习 ········· 11
1.4 扩展练习 ········· 18

第2章 创建网站项目 19

2.1 站点相关命名规范 ········· 19
2.2 图片文件规范化 ········· 22
   2.2.1 图片格式 ········· 22
   2.2.2 图片尺寸 ········· 24
   2.2.3 图片命名 ········· 25
2.3 书写 HTML 代码的习惯 ········· 26
   2.3.1 保持正确的缩进 ········· 26
   2.3.2 充分的注释 ········· 28
   2.3.3 标签尽可能语义化 ········· 29
2.4 基础练习 ········· 30
2.5 扩展练习 ········· 35

第3章 盒子模型 37

3.1 盒子模型的特点 ········· 37
3.2 标准盒子模型 ········· 38
3.3 盒子模型的相关属性 ········· 39
   3.3.1 width 和 height 属性 ········· 39

3.3.2 margin 属性 ·········· 52
3.3.3 padding 属性 ·········· 55
3.3.4 border 属性 ·········· 56
3.3.5 background 属性 ·········· 57
3.4 基础练习 ·········· 58
3.5 扩展练习 ·········· 72

第 4 章 常见的 HTML 标签与 CSS 的搭配　　73

4.1 块元素、内联元素、内联块级元素的特征 ·········· 74
4.2 常见 CSS 属性 ·········· 75
4.3 常见的选择器类型 ·········· 76
 4.3.1 标签选择器 ·········· 76
 4.3.2 id 选择器 ·········· 77
 4.3.3 类选择器 ·········· 82
 4.3.4 通配符选择器（通用选择器）·········· 85
 4.3.5 后代选择器 ·········· 86
 4.3.6 标签选择器、id 选择器、类选择器的优先级 ·········· 86
4.4 结构类标签 ·········· 88
 4.4.1 <header> 标签 ·········· 88
 4.4.2 <nav> 标签 ·········· 88
 4.4.3 <article> 标签 ·········· 91
 4.4.4 <section> 标签 ·········· 91
 4.4.5 <footer> 标签 ·········· 92
4.5 文本类标签 ·········· 92
 4.5.1 <p> 标签 ·········· 92
 4.5.2 <h1> ~ <h6> 标签 ·········· 94
 4.5.3
 标签 ·········· 96
 4.5.4 <span> 和 <i> 标签 ·········· 97
 4.5.5 <sub> 和 <sup> 标签 ·········· 97
 4.5.6 <em> 和 <strong> 标签 ·········· 97
4.6 <a> 标签 ·········· 98
4.7 图像、视音频类标签 ·········· 102
 4.7.1 <img> 标签 ·········· 102
 4.7.2 <video> 标签 ·········· 104
 4.7.3 <audio> 标签 ·········· 106
4.8 列表类标签 ·········· 107
 4.8.1 <ul> 标签 ·········· 107
 4.8.2 <ol> 标签 ·········· 113
 4.8.3 <dl> 标签 ·········· 116

4.9	表格标签	118
4.10	表单类标签	125
	4.10.1 <form> 标签	125
	4.10.2 <input> 标签	126
	4.10.3 <textarea> 标签	126
	4.10.4 <select> 标签	126
4.11	基础练习	127
4.12	扩展练习	131

第 5 章　常见布局流　132

5.1	标准文档流布局	132
5.2	浮动流布局	138
5.3	定位流布局	149
	5.3.1 相对定位	149
	5.3.2 绝对定位	151
	5.3.3 固定定位	153
5.4	网格、弹性盒子等布局流	156
5.5	基础练习	157
5.6	扩展练习	162

第 6 章　个人网页布局实战　163

6.1	将网页截图切片	163
6.2	网站目录、文件整理	167
6.3	搭建项目并进行页面布局	168
6.4	代码整理	173
6.5	扩展练习	175

第 7 章　CSS 进阶知识　177

7.1	外部样式表	177
7.2	进一步了解 CSS 的样式优先级	178
7.3	掌握更多的 CSS 选择器	179
	7.3.1 关系选择器	179
	7.3.2 属性选择器	183
	7.3.3 伪类选择器	184
	7.3.4 伪元素选择器	189
7.4	CSS 过渡与动画	191
	7.4.1 过渡效果	191

7.4.2　@keyframes 规则 …………………………………………………… 193
7.5　扩展练习 …………………………………………………………………… 195

第 8 章　商业网站布局实战　　197

8.1　确定研究目标 …………………………………………………………… 197
8.2　搜集相关图文素材 ……………………………………………………… 197
8.3　网站目录及文件的搭建、整理 ………………………………………… 198
8.4　制作首页布局 …………………………………………………………… 199
　　8.4.1　初步搭建页面主要容器的 HTML 结构 …………………………… 200
　　8.4.2　原型优化阶段 ……………………………………………………… 203
　　8.4.3　代码整理阶段 ……………………………………………………… 208
8.5　设计一级栏目页面 ……………………………………………………… 213
　　8.5.1　准备工作 …………………………………………………………… 213
　　8.5.2　复用首页中有用的代码及样式 …………………………………… 214
　　8.5.3　更新海报区代码 …………………………………………………… 215
　　8.5.4　内容区的设计 ……………………………………………………… 216
　　8.5.5　CSS 代码的整理及样式表外联 …………………………………… 221
8.6　设计详情页布局 ………………………………………………………… 224
　　8.6.1　复用首页中的相关代码 …………………………………………… 225
　　8.6.2　页头区的设计 ……………………………………………………… 225
　　8.6.3　内容区容器的布局 ………………………………………………… 226
　　8.6.4　在内容区添加图文混排内容 ……………………………………… 227
　　8.6.5　在内容区底部添加上下文的链接 ………………………………… 228
　　8.6.6　代码整理 …………………………………………………………… 229
8.7　扩展练习 ………………………………………………………………… 230

参考文献　　231

第 1 章　网页设计概述

知识与技能目标

1. 能掌握基本的 HTML、CSS、容器等概念，理解 HTML 与 CSS 的关系。
2. 初步了解 HTML 标签书写的规范。
3. 通过练习认识到适合的软件工具可以克服对英文书写代码的陌生感；掌握 HBuilder 软件的快捷操作技巧。
4. 碰到不了解的知识点，能使用合适的关键字在百度等搜索引擎中进行有效搜索，并对搜索结果有一定的识别能力。

素养目标

了解本章成语和名言警句的出处，理解其含义与知识点的结合：
1）"衣冠齐楚"：强调在校学生应具备的着装礼仪。
2）"工欲善其事，必先利其器"：在行动前应多了解规则、背景，学习编程之前先要了解国产软件编程利器，培养对中国科技力量的自豪感。
3）"善假于物"：大数据时代，网络提供了多种形式的数据资料，强调知识技能的获取、分辨、模仿能力。

1.1 HTML、CSS 的概念

　　HTML（Hypertext Markup Language，超文本标记语言）采用标签对文字、图形、声音等内容进行标记，再通过网页浏览器显示出相应的网页内容。即便是同样的图文内容，具体设计效果也取决于"排版"，这个"排版"则取决于 CSS（Cascading Style Sheets，串联样式表）对元素外观、布局的定义。

　　浏览网页时，在空白区内右击鼠标，在弹出的快捷菜单中选择"查看网页源代码"，如图 1-1 所示。

```
<title>宁德时代天行，开启新能源商用车发展新时代</title>
<link rel="stylesheet" type="text/css" href="../css/index.css"/>
<link rel="stylesheet" type="text/css" href="../css/common.css"/>
<style type="text/css">
    body{background: #fff;}
    /* 页头区 */
    #header {background: #eee  none; height:90px;}
    #header .nav-bar-box { background-color:#fff; }
    #header .nav-bar a{color: #666;}
    .nav-bar .logo{ background:url("../img/logo-2.png") no-repeat  0 0 / 210px 25px; }
    .nav-bar-r .global{ background: url("../img/icon-homepage02.png") no-repeat;}
    .nav-bar-r .lang-box{color:#333;}
    .nav-bar-r a{ background: url("../img/icon-homepage02.png")
    /* 主内容区 */
    #content-detail{width:100%; height: 3900px; }
    #content-detail>h3{width:100%; height:300px;background-color:             }
    #content-detail1  .detail{width: 1000px;height:3400px; margin:0 auto;}
    #content-detail   .page{width:1000px;height:100px;margin:0 auto;}
    #content-detail>h3>span{ display: block; width:1000px;margin:50px auto;
        font-size:30px;letter-spacing: 0.4em; color: #333;}
    #content-detail>h3>span:nth-child(2){font-size:18px;letter-spacing:0.4em; color: #666;}
    .detail p{line-height:2em; color: #666;}
    .detail .sub-title{padding-top: 50px; color:#333 ; font-weight: bolder; }
    .detail img{display:block;margin: 0 auto;}
    .detail .img-title{text-align: center;}
</style>
</head>
<body>
    <!--页头部分,含海报图-->
    <div id="header">
        <div class="nav-bar-box">     <!--交互时此处宽度要通栏,增加
            <div class="nav-bar">     <!-- 导航及logo容器,整体居中显
                <h1 class="logo"><span>宁德时代</span></h1>
                <!--导航菜单部分-->
                <ul class="nav">
                    <li><a href="#"> 首页 </a></li>
                    <li>
                        <a href="#"> 解决方案 </a>
```

<style> 标签包裹着的内容就是 CSS

< > 字符包裹着的内容可以认为就是 HTML 标签

图 1-1　网页源代码

CSS 是一种用来表现 HTML 文件样式的语言。

知识点：HTML 搭配 CSS

记忆关键词：衣冠齐楚

关键词解析：

HTML 标签搭建内容（人），CSS 展示外观样式（着装）。

就搜索引擎收录网页的标准来说，搜索引擎只关注内容，而浏览者更希望见到 CSS 将内容打扮出令人愉悦的视觉效果。

成语出处：

《醒世恒言》：那太医衣冠齐楚，气宇轩昂，贺司户迎至舱中，叙礼安坐。

衣冠齐楚——形容衣帽穿戴得整齐而漂亮，也用来衬托人物的风流或高雅。

目前，HTML 最新版本为 HTML5，简称为 H5。HTML5 重点强调 HTML 标签尽可能以"对标签"形式出现，即"开始标签"配上"结束标签"，开始/结束标签内部的代码块就是它的子孙元素。

简单理解，HTML5 强调的"对标签"就是"龙头凤尾"。

开始标签对应为 < 标签名称 >，结束标签对应为 </ 标签名称 >，如 <body> 和

</body>，<div> 和 </div>，<ul> 和 </ul>。但需要注意，许多标签在代码中重复出现多次，例如 <div> 标签在一个页面中动辄出现上百次，我们要准确判定哪个 </div> 标签与之配对，以免"乱点鸳鸯谱"。要在大量代码中正确配对，通常依赖于代码书写时的"缩进"，这个概念在后续章节会详细讲解。

由于 HTML 采用"标签包裹标签"的结构，像是一个大盒子里面装若干个中盒子，中盒子里面又装了多个小盒子，所以我们有时候称 HTML 标签为"容器""盒子"，有时候也称之为"元素"。

> **提问：**
> CSS 也称层叠样式表，怎么理解"层叠"这个词？
> 采用类比思维去理解，"层叠"可理解为"一层一层地叠加"，一起作用在对象上。
> 例如"请想象出你家里养的斑点狗"。相信我们会刻画成"全身带有大小不一的斑点的狗"。按这个字面的描述，为什么我们不会想象成三花猫？这是因为，"犬科"这个隐藏的"样式表"告诉我们，狗有四条腿，有尾巴但尾巴通常不如猫科动物尾巴那样长，它的胡须也与猫科的不同。"聊动物"这个聊天的"样式表"会告诉我们现在说的不是玩具狗，也不是电子宠物狗。"你的饲养记录"也会透露出你描述的可能是一只雄性成年犬。
> 以上所有样式都是由我们的经验得知的，而字面上公开的样式就只有"身上带斑点"。
> 浏览器并不具备常识、智能，以上"犬科""聊动物""你的饲养记录"样式表都要进行声明、引用，才能将其隐含的特征一层层叠加在"狗"身上。

【案例 1-1】 打开资源包根目录，在浏览器中运行"课本案例 + 练习\第 1 章 – 内容与样式分离的意义 .html"，效果如图 1-2 所示，页面中包含了大量尺寸不一的图片。

图 1-2 页面效果

假如部门主管要求你把该页面的图片调整为统一的 200px 宽、150px 高的尺寸，该怎么做？

1）在资源管理器里选中"第 1 章 – 内容与样式分离的意义 .html"，右击后从快捷菜单中选择"打开方式"→"记事本"，打开界面如图 1-3 所示。

```
第1章-内容与样式分离的意义.html - 记事本
文件(F) 编辑(E) 格式(O) 查看(V) 帮助(H)
<!DOCTYPE html>
<html>
        <head>
                <meta charset="utf-8">
                <title></title>
        </head>
        <body>
                <h3> 斑点狗图集 </h3>
                <div>
                        <img src="unit1-img/dog-1.jpg" />
                        <img src="unit1-img/dog-2.jpg" />
                        <img src="unit1-img/dog-3.jpg" />
                        <img src="unit1-img/dog-4.jpg" />
```

图 1-3 记事本打开界面

在所有 <img> 标签内部添加宽和高的属性值，就可以为每张图片统一尺寸，如图 1-4 所示。

```
<h3> 斑点狗图集 </h3>
<div>
        <img src="unit1-img/dog-1.jpg"    width="200"  height="150" />
        <img src="unit1-img/dog-2.jpg"    width="200"  height="150" />
        <img src="unit1-img/dog-3.jpg"    width="200"  height="150" />
        <img src="unit1-img/dog-4.jpg"    width="200"  height="150" />
```

图 1-4 设置宽和高的属性值

2）保存文档并在浏览器中重新打开该 HTML 文件（或者将该网页刷新），查看所有图片尺寸是否符合主管要求。

但部门主管追求完美，他觉得图片尺寸改为 180px 宽、120px 高更美观。如果仍采用这种方式修改代码，倘若面对上百张图片的情况你肯定会身心疲惫，而且还不知道部门主管下一分钟会提什么修改意见。

之前网页布局的思路是将"图片内容"与"图片外观"都放在 <body> 结构中，没有遵循"内容与样式分离"的原则，导致苦不堪言。接下来遵循"内容与样式分离"的原则修改代码。

3）将刚才添加的宽和高的属性都删除，同时在 <head> 标签内部添加 <style> 标签，输入图 1-5 所示的代码。

保存该文档，在浏览器中预览页面效果。通过这种方式来完成任务，你会觉得改尺寸不过是几秒钟的事情。然而，部门主管又要求你把奇数图片的透明度调低点。

4）给奇数图片叠加第二种样式，代码如图 1-6 所示。

5）保存该文档，在浏览器中的运行效果如图 1-7 所示。此时奇数图片被"img"和"div img:nth-child(odd)"这两种样式共同作用，这就是我们所说的"层叠样式"。

```
<head>
    <meta charset="utf-8">
    <title></title>
    <style type="text/css">
            img{ width: 180px; height: 120px; }
    </style>
</head>
<body>
    <h3> 斑点狗图集 </h3>
    <div>
            <img src="unit1-img/dog-1.jpg"  />
            <img src="unit1-img/dog-2.jpg"  />
            <img src="unit1-img/dog-3.jpg"  />
            <img src="unit1-img/dog-4.jpg"  />
```

图 1-5　设置宽和高的样式

```
<style type="text/css">
        img{ width: 180px; height: 120px; }
        div img:nth-child(odd){opacity: 0.3;}
</style>
```

图 1-6　叠加第二种样式

图 1-7　运行效果

1.2　网页制作初学者上手工具

即便是一个最简单的企业网站的一个页面，它涉及的代码量至少也有几百行，这可能会劝退一部分学习者，更何况代码中涉及众多令大家头痛的英文单词，所以挑选一款能提供"代码提示"的网页编辑软件，能帮大家克服畏惧感，达到事半功倍的效果。

> **知识点**：推荐的网页编辑软件
> **记忆关键词**：工欲善其事，必先利其器
> **关键词解析**：
> 　　初学者可以自行通过百度来了解主流的 HTML 网页编辑软件，选用具有代码提示功能、安装简单、不含广告、占用硬盘空间小的软件，最关键的一点是"免费"。搜索的关键词可以为"html 编辑器 代码提示 免费"。
> **名言警句出处**：
> 　　《论语·卫灵公》：子贡问为仁。子曰："工欲善其事，必先利其器。居是邦也，事其大夫之贤者，友其士之仁者。"
> 　　工欲善其事，必先利其器——工匠要想做好活儿，一定先要把工具整治得锐利精良。比喻要做好事情，必须先做好准备，创造条件。

1.2.1 选择高效的代码编辑器

　　HBuilder 是一款基于 HTML5 技术的跨平台开发的国产工具，可以用于开发移动端应用、Web 应用、桌面应用等。请读者通过百度搜索"HBuilder 官网"关键词，从官网上自行下载软件，软件图标如图 1-8 所示。

　　HBuilder 对于初学者而言，具备以下优点：

　　1）多平台支持：HBuilder 支持多平台开发，包括 iOS、Android、Windows、macOS 等。

图 1-8　HBuilder 软件图标

　　2）强大的语法提示：拥有自主集成开发环境（IDE）语法分析引擎，为前端语言提供准确的代码提示。

　　3）轻巧：仅数十兆字节的绿色发行包（不含插件）。

　　4）极速：针对启动、大文档打开、编码提示等，都能极速响应。

1.2.2 安装调试用的浏览器

　　除了 IE 浏览器外，还要安装谷歌浏览器、火狐浏览器、360 安全浏览器，最起码要安装谷歌浏览器。各浏览器对应的图标如图 1-9~图 1-11 所示。

图 1-9　谷歌浏览器

图 1-10　火狐浏览器

图 1-11　360 安全浏览器

1.2.3 善于使用搜索引擎求解问题

本书不会讲解所有 HTML 标签，如果在实际案例中不知晓或者不理解，大家需要懂得如何找出答案。虽然大部分人经常使用搜索引擎，但是却不一定知晓搜索引擎的高效用法。

> **知识点**：师从"百度"
> **记忆关键词**：善假于物
> **关键词解析**：
> 　　掌握搜索引擎高效用法的意义，就好比给你装上翅膀，让你能瞬间飞越千山万水，直达知识的彼岸。随着人工智能技术的发展，知识搜索将更加智能化。
> 　　它是你的老师，帮你揭开一个又一个谜团；它是你的朋友，陪你穿梭于古今中外的智慧殿堂；它还是你的顾问，总能为你搭配出最潮、最前沿的学习资讯。
> **成语出处**：
> 　　《荀子·劝学》：君子生非异也，善假于物也。
> 　　善假于物——君子的资质与一般人没有什么区别，君子之所以高于一般人，是因为他能善于利用外物。善于利用已有的条件，是君子成功的一个重要途径。

1. 搜索引擎基本用法

以百度搜索引擎用法为例。

1）输入多个关键词时，只要词与词之间用空格隔开，百度就会默认检索包含所有关键词的网页，如图 1-12 所示。

图 1-12　关键词加法运算

2）短横线"-"可以用来尽可能地屏蔽掉不想看到的关键词。例如，在百度搜索框内输入"近代诗人"，第一页结果中出现大量关于"徐志摩"的结果。假如需要排除其相关内容，输入"近代诗人 -徐志摩"即可，如图 1-13 所示。

如果在百度搜索框内输入"国家数据中心 -广州"，会发现结果仍包含"广州"的相关链接，如图 1-14 所示。

> **思考**：
> 　　明明在搜索框中排除了"广州"这个关键词，为什么在结果中还依然存在？

2. 百度高级用法详解

选择百度搜索栏右上角"设置"菜单下的"高级搜索"，如图 1-15 所示。

图 1-13 关键词排除法运算

图 1-14 搜索结果

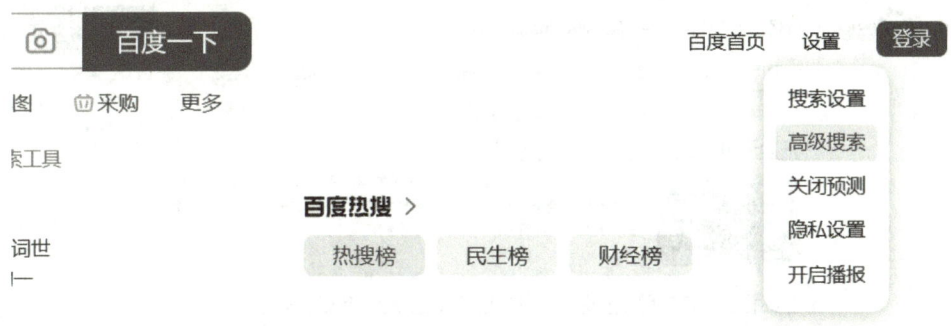

图 1-15　高级搜索

在"高级搜索"界面的参数中填入对应限制条件，如图 1-16 所示。

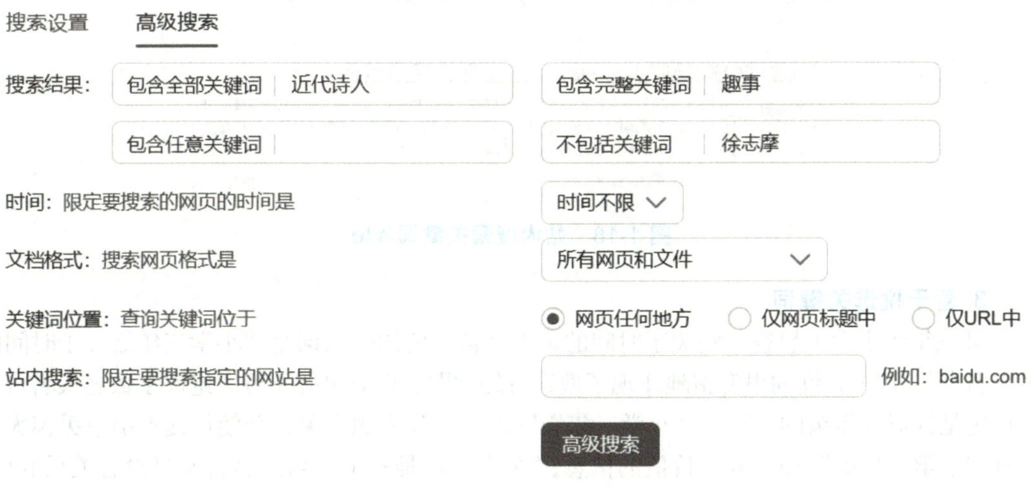

图 1-16　填入参数

如果发现上面操作之后的结果链接中，新浪网有许多文章或者某个栏目贴近我们想要的结果，可以在"高级搜索"界面中的"站内搜索"中填入新浪网的网址，如图 1-17 所示。

图 1-17　站内搜索

得到的搜索结果都是新浪网下各栏目的文章链接。从图 1-18 所示的搜索框中，可以推断限定站内搜索采用的指令为"site: 网址"。

图 1-18　站内搜索关键词 site

3. 善于挑选关键词

某三年级小学生想查一些关于时间的名人名言，他的查询词是"小学三年级关于时间的名人名言"。这个查询词很完整地体现了搜索者的意图，但效果并不好。绝大多数名人名言并不规定是针对几年级的，因此"小学三年级"事实上和主题无关，会使得搜索引擎丢掉大量不含"小学三年级"却非常有价值的信息；"关于"也是一个与名人名言本身没有关系的词，多一个这样的词又会减少很多有价值的信息；"时间的名人名言"，其中的"的"也不是一个必要的词，会对搜索结果产生干扰；"名人名言"中，名言通常就是名人留下来的，在"名言"前加上"名人"，是一种不必要的重复。因此，最好的查询词应该是"时间名言"。

例如，一位初中毕业准备读技工院校的同学，别人向他推荐了大数据技术这个专业，他应该如何了解该专业是否适合自己？

如果在百度上以"大数据技术专业怎么样"来搜索，就好比问别人"某某人怎么样"。对方不知道你具体问什么方面，只能用一个大体印象来回答你，而你真实的想法却是咨询具体的某几个方面。

如果想了解该专业的就业前景，不妨把提问的关键词改为"大数据技术专业　岗位"或者"大数据技术专业　工资薪酬"。如果想了解该专业开设的课程，提问的关键词可以为"大数据技术专业　核心课程"。在结果中发现一些自己不理解的课程时，可以用"大数据技术　××课程内容"关键词进行搜索，递进式了解该专业。

4. 筛选优质搜索结果

如果涉及一些热门的关键词或者想要下载一些免费资源，通常搜索结果中前三条是广告链接，后三条也是广告链接，如图 1-19 所示。

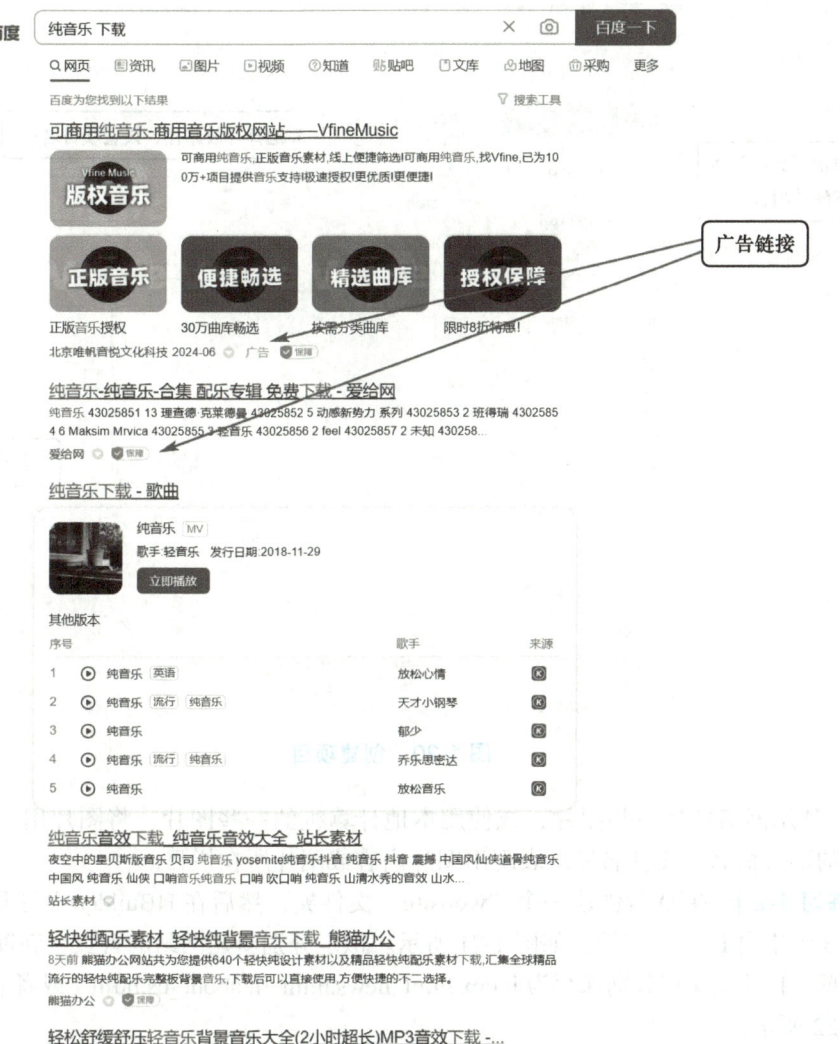

图 1-19　网址识别

在搜索结果页中部的链接中，要注意观察链接的网址，域名扩展为.com、net 的网站可信度高。同时也要观察域名是否规范、简短。一个有规划、有实力的企业或组织，注册的域名应该尽可能短，域名尽可能是英文单词；而带有英文和数字，尤其是一串数字的域名，专业程度就显得不足。假如一个企业将域名注册成 baidu2000.com，或者 baidu3721.com，你会觉得这个网站是百度的嫡系网站吗？

1.3　基础练习

【练习 1-1】　使用 HBuilder 新建一个基本 HTML 项目，并将所需图片放置在 "img" 文件夹。

1）在 "文件" 菜单下创建项目，并设置参数，如图 1-20 所示。

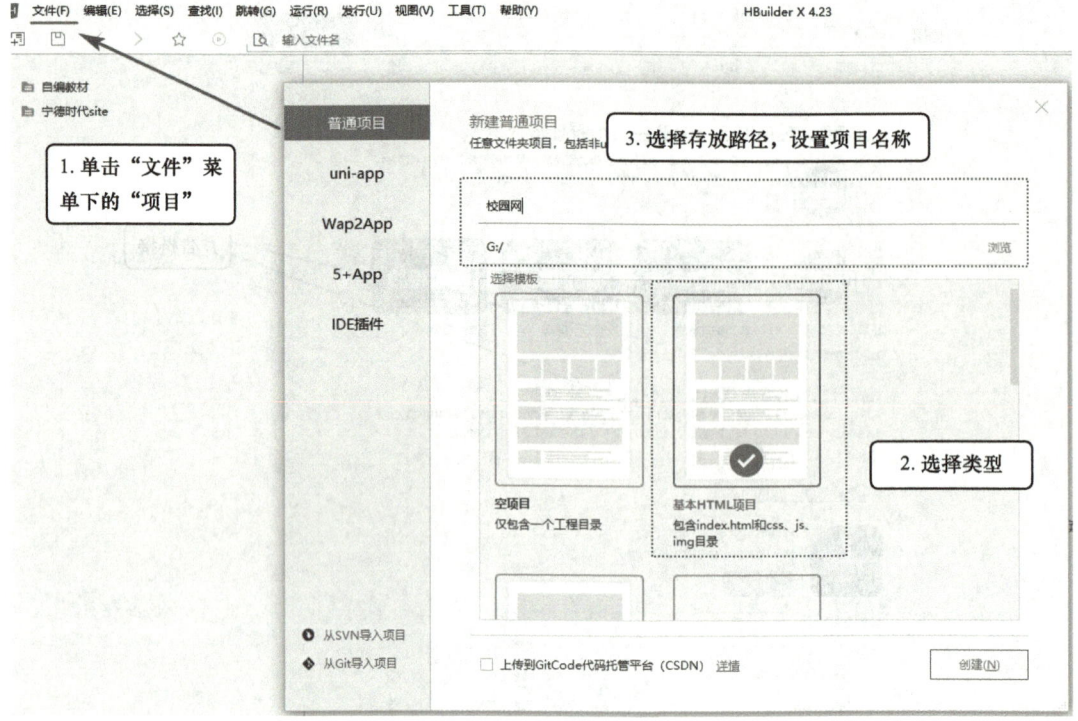

图 1-20　创建项目

2）利用网络搜集一些图片，或使用本地计算机的一些图片，将图片用"英文＋数字序列"的形式命名，文件名尽量表现出图片内容或图片所在栏目。

【练习 1-2】 在 D 盘创建一个"website"文件夹，然后在 HBuilder 中打开该目录，陆续新建 3 个空白 HTML 文档，如图 1-21 所示。拟定分别新建网站的首页、新闻栏目页、企业介绍页，将这些文档分别保存为 index.html、news.html 和 about_us.html（或者 profile.html），如图 1-22 所示。

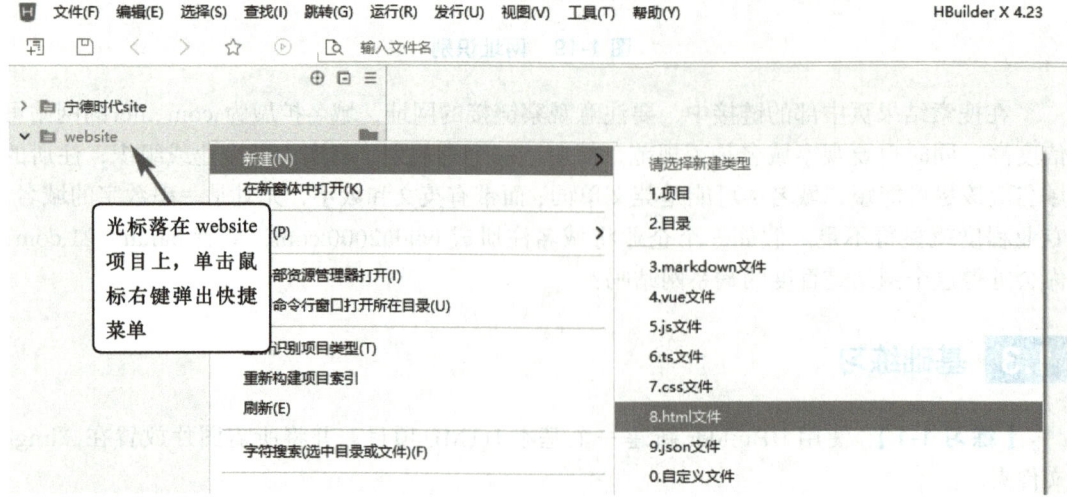

图 1-21　在指定目录下创建 HTML 文档

第 1 章 网页设计概述

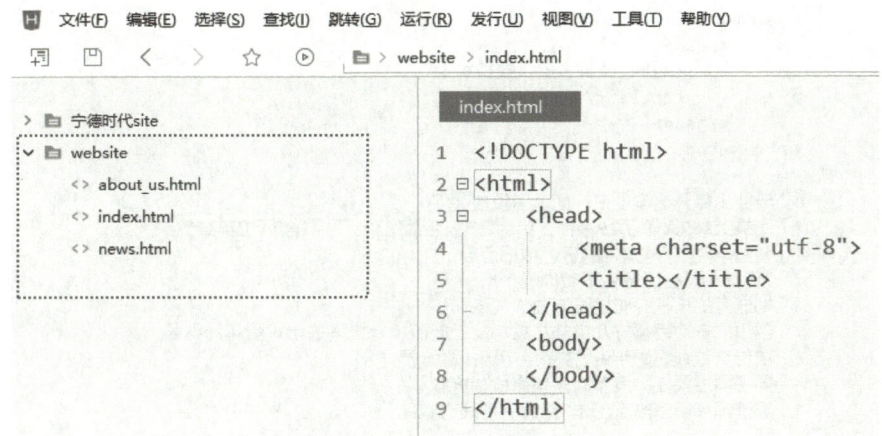

图 1-22 站点结构

【练习 1-3】 HBuilder 快捷键操作实践。

虽然多年接触计算机的人通常都会打字,但他们打字的效率可能并不高。如同许多人的手机中有很多 App 推送信息,微信中有很多未读信息,人们认为只需几秒钟就可以关闭、清空这些信息,却无视这个过程极有可能忽略了重要的事情。

回想一下,你一天要关闭几次垃圾信息?每次关闭耗时多少秒?将这个数字乘上你使用手机的历史天数,我相信这个时间数值应该会不小。为什么不趁早把无关的信息推送设置为关闭,把一些微信群设置为免打扰呢?

图 1-23 所示是 HBuilder 软件常用的快捷键及手势。建议大家在录入代码时,尽可能双手长时间脱离鼠标而采用键盘输入,碰到组合的快捷键时也尽量用一只手完成。

图 1-23 键盘输入技巧

除了中文字以外,所有字符均要求在英文输入法下进行,尤其是单/双引号、分号等。如果在中文输入法下,代码错误后进行调试时极难分辨,将会耗费大量时间。

1)打开 "HBuilder 快捷键操作" 文件夹下的 "index.html" 文件,如图 1-24 所示。

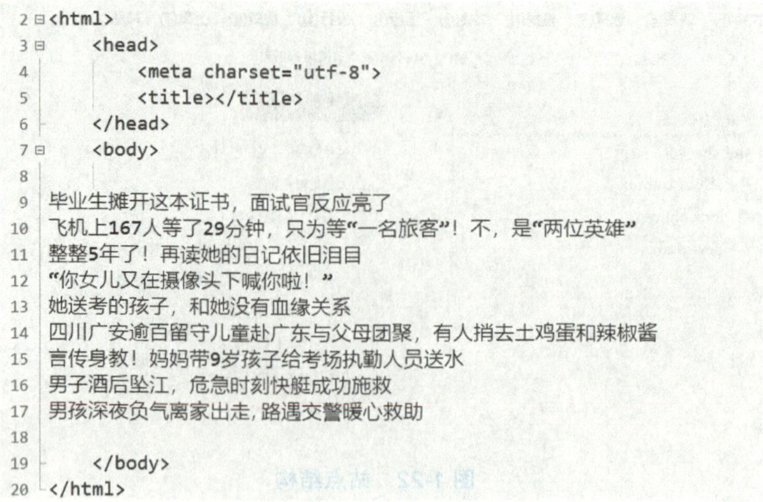

```
 2 <html>
 3     <head>
 4         <meta charset="utf-8">
 5         <title></title>
 6     </head>
 7     <body>
 8
 9 毕业生摊开这本证书，面试官反应亮了
10 飞机上167人等了29分钟，只为等"一名旅客"！不，是"两位英雄"
11 整整5年了！再读她的日记依旧泪目
12 "你女儿又在摄像头下喊你啦！"
13 她送考的孩子，和她没有血缘关系
14 四川广安逾百留守儿童赴广东与父母团聚，有人捎去土鸡蛋和辣椒酱
15 言传身教！妈妈带9岁孩子给考场执勤人员送水
16 男子酒后坠江，危急时刻快艇成功施救
17 男孩深夜负气离家出走,路遇交警暖心救助
18
19     </body>
20 </html>
```

图 1-24　打开文件

2）光标放在第 8 行，准备输入一对 <div> 标签。当键盘输入 "<div" 的时候，软件会不断给出最匹配的代码提示，如图 1-25 所示。

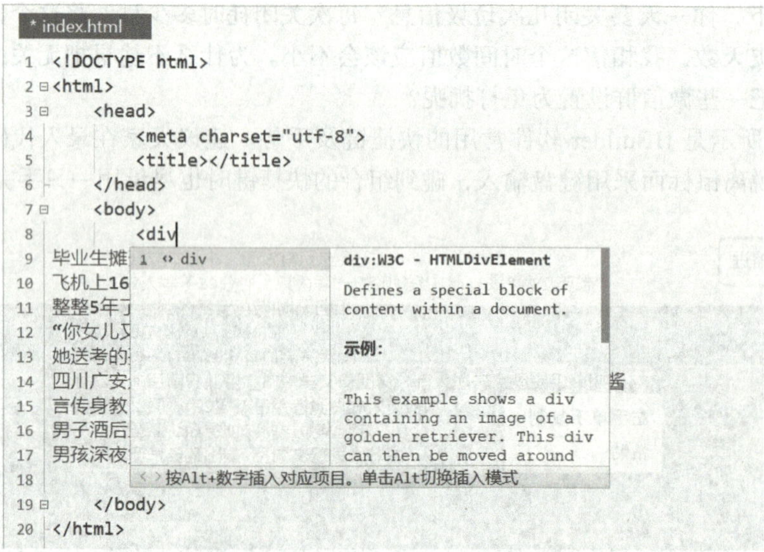

图 1-25　代码提示功能

此时如果需要输入的标签就在提示框第 1 行，那么可以直接按〈Enter〉键，或者按数字〈1〉键，软件会自动写上 "></div>"，如图 1-26 所示。

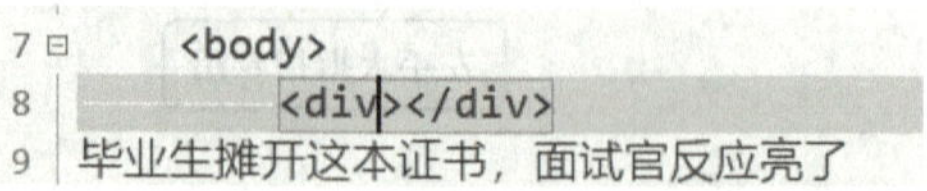

图 1-26　代码自动补全功能

利用距离键盘左、右光标键最近的右手小拇指，将光标移动到 "><" 之间，按〈Enter〉键，在这一对标签之间留下一个空行，同时光标位置在缩进一个单位的位置上。使用同样操作，输入一对 <ul> 标签，如图 1-27 所示。

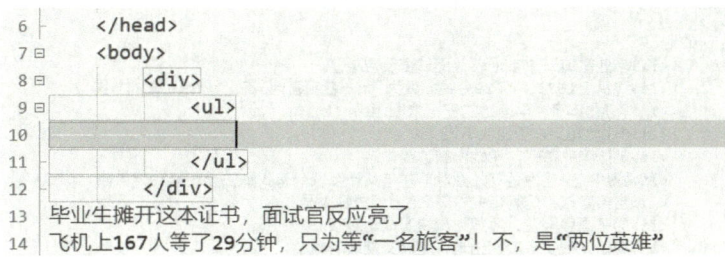

图 1-27 输入对标签

HTML绝大多数标签是成对出现的，格式为<标签名></标签名>，有点"神雕侠侣"的韵味，整齐的缩进对于判断标签的成对关系有很大帮助。

3）选中几段文本，按〈Ctrl+X〉键将它们剪切到标签内，如图 1-28 所示。

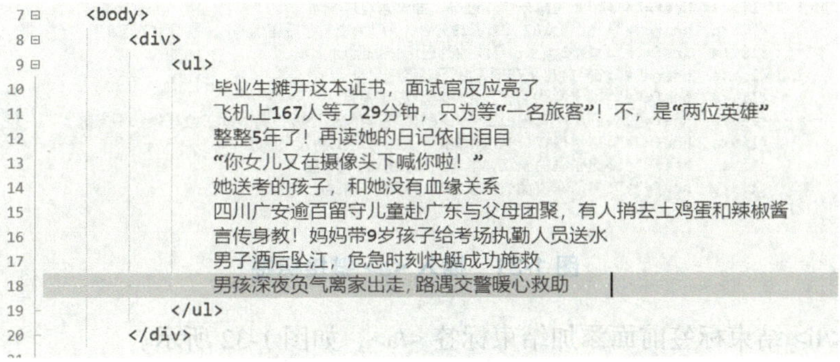

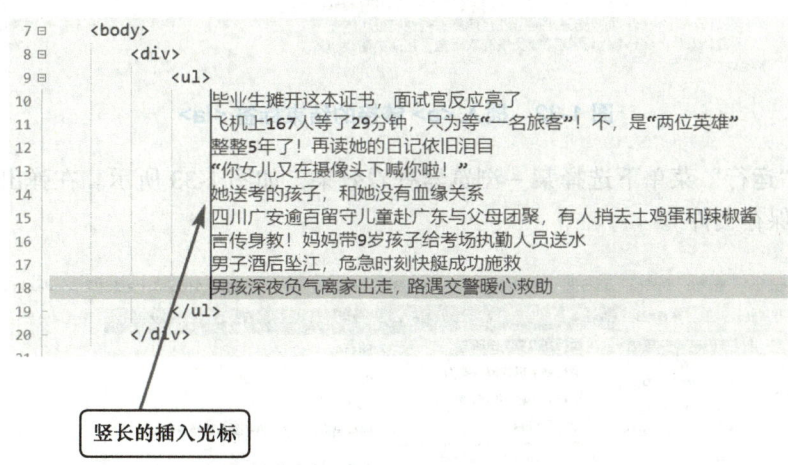

图 1-28 剪切文本

4）按住〈Alt〉键不放，同时按下鼠标左键竖直向下拖曳，产生一长条的输入光标线，如图 1-29 所示。然后松开〈Alt〉键和鼠标左键，输入"<li>"。

图 1-29 长条的输入光标线

5）鼠标单击后方的空白区，按住〈Alt〉键的同时按下鼠标左键拖曳，同样产生竖长的光标后输入"</li>"结束标签，如图 1-30 所示。

```
8        <div>
9            <ul>
10               <li>毕业生摊开这本证书,面试官反应亮了                            </li>
11               <li>飞机上167人等了29分钟,只为等"一名旅客"！不,是"两位英雄"    </li>
12               <li>整整5年了！再读她的日记依旧泪目                              </li>
13               <li>"你女儿又在摄像头下喊你啦！"                                </li>
14               <li>她送考的孩子,和她没有血缘关系                               </li>
15               <li>四川广安逾百留守儿童赴广东与父母团聚,有人捎去土鸡蛋和辣椒酱    </li>
16               <li>言传身教！妈妈带9岁孩子给考场执勤人员送水                   </li>
17               <li>男子酒后坠江,危急时刻快艇成功施救                           </li>
18               <li>男孩深夜负气离家出走,路遇交警暖心救助                       </li>
19           </ul>
20       </div>
```

图 1-30　输入结束标签

6）巩固操作。在 <li> 后面输入 "<a href="#">"，如图 1-31 所示。

```
9        <ul>
10           <li><a href="#">毕业生摊开这本证书,面试官反应亮了                    </li>
11           <li><a href="#">飞机上167人等了29分钟,只为等"一名旅客"！不,是"两位英雄"</li>
12           <li><a href="#">整整5年了！再读她的日记依旧泪目                      </li>
13           <li><a href="#">"你女儿又在摄像头下喊你啦！"                        </li>
14           <li><a href="#">她送考的孩子,和她没有血缘关系                       </li>
15           <li><a href="#">四川广安逾百留守儿童赴广东与父母团聚,有人捎去土鸡蛋和辣椒酱</li>
16           <li><a href="#">言传身教！妈妈带9岁孩子给考场执勤人员送水           </li>
17           <li><a href="#">男子酒后坠江,危急时刻快艇成功施救                   </li>
18           <li><a href="#">男孩深夜负气离家出走,路遇交警暖心救助               </li>
19       </ul>
```

图 1-31　插入 <a> 链接标签

7）在 </li> 结束标签前面添加结束标签 </a>，如图 1-32 所示。

```
9        <ul>
10           <li><a href="#">毕业生摊开这本证书,面试官反应亮了                    </a></li>
11           <li><a href="#">飞机上167人等了29分钟,只为等"一名旅客"！不,是"两位英雄"</a></li>
12           <li><a href="#">整整5年了！再读她的日记依旧泪目                      </a></li>
13           <li><a href="#">"你女儿又在摄像头下喊你啦！"                        </a></li>
14           <li><a href="#">她送考的孩子,和她没有血缘关系                       </a></li>
15           <li><a href="#">四川广安逾百留守儿童赴广东与父母团聚,有人捎去土鸡蛋和辣椒酱</a></li>
16           <li><a href="#">言传身教！妈妈带9岁孩子给考场执勤人员送水           </a></li>
17           <li><a href="#">男子酒后坠江,危急时刻快艇成功施救                   </a></li>
18           <li><a href="#">男孩深夜负气离家出走,路遇交警暖心救助               </a></li>
19       </ul>
```

图 1-32　插入 <a> 链接的结束标签 </a>

8）在"运行"菜单下选择某一浏览器查看效果，如图 1-33 所示。在弹出的保存对话框中选择"保存文件"。

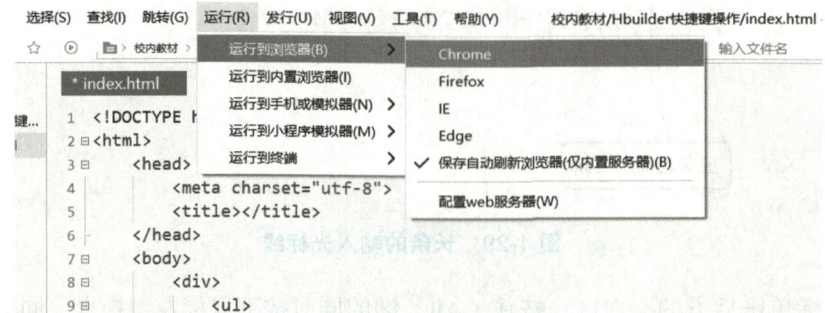

图 1-33　运行到浏览器

【练习1-4】 完成图1-34所示效果对应的HTML代码。

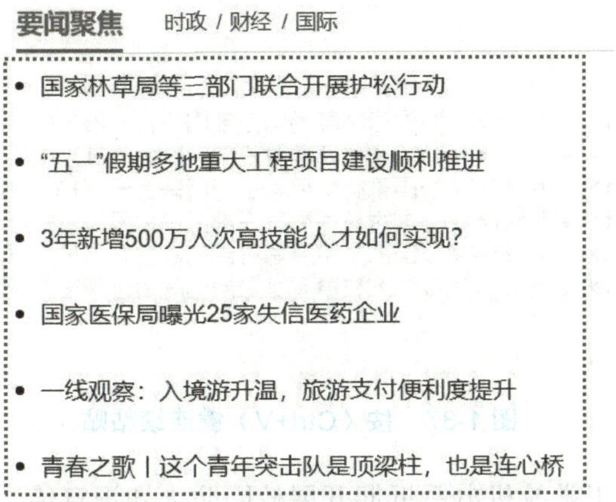

图1-34 "要闻聚焦"版面

尽可能快速地写完HTML结构代码，可以先使用〈Ctrl+C〉键和〈Ctrl+V〉键来复制粘贴，快速得出大致效果，有时间时再改文字的内容。"精力花在重点知识上，剩下的交给耐心。"

1）输入标签及文字，如图1-35所示。

```html
<html>
    <head>
        <meta charset="utf-8">
        <title></title>
    </head>
    <body>
        <ul>
            <li><a href="#">国家林草局等三部门联合开展护松行动</a></li>
        </ul>
    </body>
</html>
```

图1-35 第一行li元素代码

2）将光标移动至<li>这一行的任何一个位置，如图1-36所示。

```html
<body>
    <ul>
        <li><a href="#">国家林草局等三部门联合开展护松行动</a></li>
    </ul>
</body>
```

光标在此行，但注意不要选中任何文字

图1-36 移动光标

按〈Ctrl+C〉键进行复制，接着按〈Ctrl+V〉键 5 次来粘贴 5 遍，快速得到大体结构，如图 1-37 所示。如果课堂练习时间不够充裕，就不要花时间改中文字了。

```
 7  <body>
 8      <ul>
 9          <li><a href="#">国家林草局等三部门联合开展护松行动</a></li>
10          <li><a href="#">国家林草局等三部门联合开展护松行动</a></li>
11          <li><a href="#">国家林草局等三部门联合开展护松行动</a></li>
12          <li><a href="#">国家林草局等三部门联合开展护松行动</a></li>
13          <li><a href="#">国家林草局等三部门联合开展护松行动</a></li>
14          <li><a href="#">国家林草局等三部门联合开展护松行动</a></li>
15      </ul>
16  </body>
```

图 1-37　按〈Ctrl+V〉键连续粘贴

【练习 1-5】　某技工学校机电系近期开展校园防火知识宣传，并号召同学们积极参与活动策划及 PPT 制作。某同学想要搜索与本次防火安全主题有关的数据，在百度搜索引擎上他用什么关键词搭配才能提高数据搜索效率？

1.4　扩展练习

【练习 1-6】　搜索 2024 年中国百强企业名单，并以本人学号对应的百强排名找到相关企业的官网，将官网首页进行局部截图（包含网址），保存为"姓名 + 企业名称 .jpg"文件。

【练习 1-7】　打开"各章扩展练习 \ 第 1 章扩展练习 \ 练习 1-2"文件夹，仿照"基础练习 – 练习 1-4"的代码，完成对应学号图片的大致页面效果。

第 2 章　创建网站项目

知识与技能目标

1. 能够利用 HBuilder 软件创建项目，并能将素材及 HTML 文件正确放置在相应的文件夹中。
2. 深刻理解 HTML 文件、图片文件命名规范化的背景。
3. 能逐渐记住网页常见的英文单词，在课堂上敢于用"拆分法"拼读陌生的英文单词。
4. 理解不同类型的图片在网页中对应的使用场景。
5. 养成规范书写代码的习惯，包括缩进式书写、注释、标签语义化。

素养目标

1. 通过访问华为企业官网，了解华为的发展历程，支持民族企业，为实现中华民族伟大复兴而努力。
2. 了解本章成语的出处，理解成语含义与知识点的结合：
1)"蹈矩循规"：借此理解法律制度、校纪校规的重要性。
2)"各有千秋"：强调每个人都有优点，尽量扬长避短。
3)"削足适履"：强调每个人都有自己的学习技巧，如果不考虑自身特点而生搬硬套，则容易陷入窘境。
4)"言人人殊"：看待事情每个人都有各自的观点，重要事情未经验证前不轻信别人的说法，做到不信谣、不传谣。
5)"长幼有序"：弘扬中国传统道德价值观。
6)"事必躬亲"：在接触一门新知识、新技能、新工作的时候，必须要亲自完整地体验每个环节，有调查才有发言权。
7)"顾名思义"：强调编程中要培养认真专注的态度，切勿图一时方便给容器对象乱起名称。

2.1 站点相关命名规范

大部分网页服务器只支持英文网页路径，因此 HTML 文件名、图片名、文件夹名都需要用合理的英文命名，最好统一使用小写英文。

文件名可使用 a~z、A~Z、0~9、短横线（-）和下划线（_）等字符，禁止使用特殊字符，如 @、#、$、%、&、*。

文件名长度以简单、短小为原则。建议尽量使用一些简单易懂的缩写，例如对于集团介绍（group profile），可以将其网页命名为 group_pro.html。

常用英文单词见表 2-1。

表 2-1　常用英文单词

出现频率	中文	英文	出现频率	中文	英文
高↓低	公司简介	Profile 或 Company	高↓低	产品销售	Sales
	返回首页	Homepage		行业新闻	Trade News
	企业文化	Culture		联系我们	Contact Us
	版权所有	Copy Right		友情链接	Hot Link
	产品	Product		组织机构	Organization
	网站地图	Site Map		客户服务	Customer Service
	常见问题	FAQ		地址	ADD
	电话	TEL		传真	FAX
	注册	Login		合作加盟	Join In
	二维码	QR code		价格	Price
	产品描述	Description		尺寸	Size
	品牌	Brand		型号	Model
	信息	Information		论坛	Forum
	产品定购	Order		下载中心	Download
	行业	Industry		意见反馈	Feedback
	会员登录	Member Entrance		公司荣誉	Glories
	工程案例	Engineering Projects		社区	Community
	技术力量	Technology			

知识点： 文件命名规范

记忆关键词： 蹈矩循规

关键词解析：

文件名富有规律才便于管理、查找。网页中经常使用一大组 <li> 标签存放大量图片，如果图片文件是按数字递增规律来命名的，那就不必反复查看图片信息了，如：
<li><img src="img/news-00034.jpg"></li>

我们可以在 HBuilder 内快速复制若干遍这一行，然后把"34"对应换成 35、36、37……

正如我们所在的社会，无规矩不成方圆，懂规矩才能如鱼得水。

成语出处：

《三元记·格天》：积善存仁，蹈矩循规太古民。

蹈矩循规——遵守规矩，不越雷池一步。

【案例 2-1】 某企业要建立企业网站，拟定网站主要栏目包括最新资讯、企业介绍、产品目录、企业文化、商务联系。请用英文命名对应的文件夹，并将结果截图下来。

【解决策略】

优先采用英文单词表述，可以通过搜索引擎查询对应的英文单词。例如最新资讯，以"资讯"作为关键词，在搜索引擎中搜索"资讯 英文单词"，得到"information"。该单词偏长且不容易记忆，此时可以采用IT行业常用的缩写"info"（缩写有时并不是正式的英语词汇，只是能够一眼看得懂意思的约定，正如看到"txt"会联想到文本文档一样）。或者以"资讯"的中文近义词"新闻"作为关键词，对应的单词为"news"，大部分初学者都能拼出这个单词。

企业介绍不宜单独采用"企业"对应的英文单词，这是因为通常还有企业文化等栏目，会有歧义，所以采用"介绍"对应的英文单词。通过搜索引擎搜索后得知对应的英文单词为"introduce"，缩写为"intro"。也可以更正式地去搜索"公司介绍"，得到的英文词语为"company profile"，介绍对应的英文单词为"profile"。

可以将"profile"这个单词采用"pro+file"的方式来记忆。"pro"是不是看起来很熟悉？可能会联想到 Xiaomi 15 pro 和 iPhone 16 pro 等。英文"file"是文件的意思。

音标掌握不牢的同学在课堂上被提问时经常用字母来念出整个单词。其实碰到不熟悉的单词，我们完全可以采用"分开猜读"的方式，就是把完整单词拆解成你可以读出的部分。例如刚才连着读"pro"和"file"，很大概率能读对。

切记，尽量不要用汉语拼音来命名，更不能采用拼音首字母缩写来命名文件或文件夹，因为同音汉字太多，容易产生误解。

【案例 2-2】 上述公司随着业务蓬勃发展，预计未来 5 年内产品将形成化妆、服饰、生活用品三大类目，服饰类包括儿童、青少年、成年、老年人系列。请尝试规划"产品"目录下的文件夹结构和网页文件命名规则。

【解决策略】

子文件夹命名规则：儿童、青少年、成年、老年人对应的尽可能熟悉且短小的英文可采用"child""teen""adult""elder"。

"产品"目录下的网页文件命名规则尝试从以下两种思路来考虑。

思路一：假如青少年对应"teen"文件夹下的文件命名规则为"teen+年+月+日+序号"，考虑到一天能制作上百个文件，则拟定文件名为 teen20250507001~teen20250507999。

思路二：如果觉得一大串数字不好观察、管理，也可以写为 teen2025-05-07_001。

注意细节，这里出现了短横线"-"和下划线"_"，"双兔傍地走，安能辨我是雄雌？"在业界有这样一种说法：短横线"-"代表前后单词有强联系（较强的关联性），下划线"_"则只是表示分开前后两个单词。所以常见的日期表示采用 2025-05-07，而不采用 2025_05_07。

对 teen2025-05-07_001 这个文件名，有读者可能猜到它表示 2025 年 5 月 7 日的第一个文档。试问，如果将它改成 2025-05-07_002，这对网站资料的整理、归档工作有没有实质影响？

2.2 图片文件规范化

2.2.1 图片格式

网页中图片的格式有 JPG、GIF、PNG、SVG、WebP 等，此处只需了解最常见的三种即可。

JPG：压缩比高，适合色彩丰富的人像类图片。

GIF：通常用于少量色彩的小图标、图片，支持透明，但边缘的效果通常有残留的杂色痕迹，此外还支持小动画。

PNG：适合色彩丰富的图片，支持透明，对图片边缘几乎没有如 GIF 的弊端。

> **知识点**：图片格式类型
>
> **记忆关键词**：各有千秋
>
> **关键词解析**：
>
> 不同格式的图片，其适用场合不同，各种浏览器及版本支持程度不同。图标类图片考虑到透明底色原因，一般采用 PNG 格式。部分网站采用 SVG 技术绘制图标。可以认为 SVG 图片是一段纯粹的代码，可以借助一些 SVG 绘图工具来生成代码。
>
> **成语出处**：
>
> 《与苏武三首》：嘉会难再遇，三载为千秋。
>
> 各有千秋——各有各的存在价值。比喻在同一层次内，各人有各人的长处，各人有各人的特色。

【案例 2-3】 在 Photoshop 中打开"课本案例 + 练习 \unit2-img\ 输出透明底色 .psd"文件。将图标输出为透明底色，分别用 GIF、PNG 格式进行保存。然后将这两张图片插入到黑色背景色的网页中，预览效果并观察图标边缘的区别。

1）打开"输出透明底色 .psd"文件，该 psd 文件已做分层处理，如图 2-1 所示。

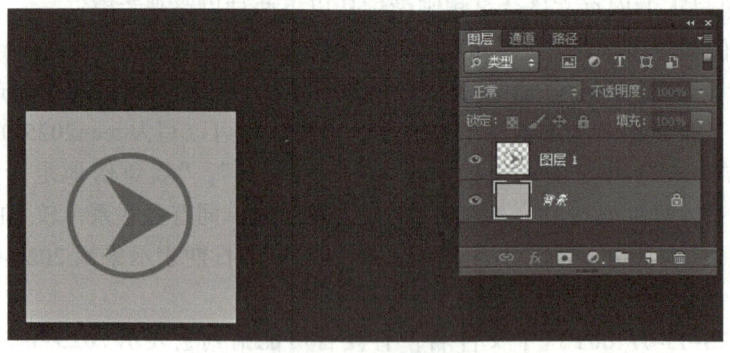

图 2-1 分层处理

2）隐藏背景图层，如图 2-2 所示。

3）选择"文件"菜单中的"存储为 Web 所用格式"命令，在弹出的对话框中选择"GIF"格式，如图 2-3 所示，单击"存储"后把文件保存到本地计算机的某一文件夹中。

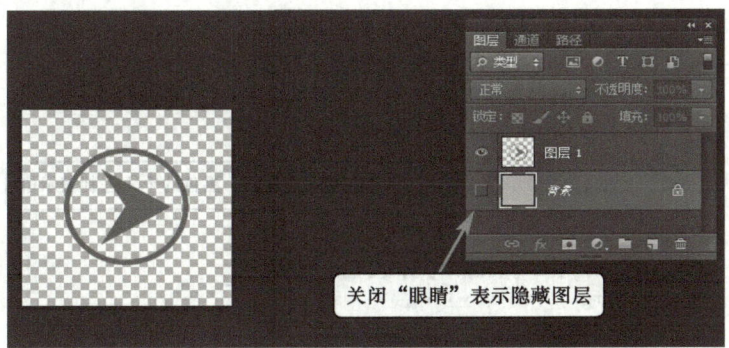

图 2-2　隐藏背景图层

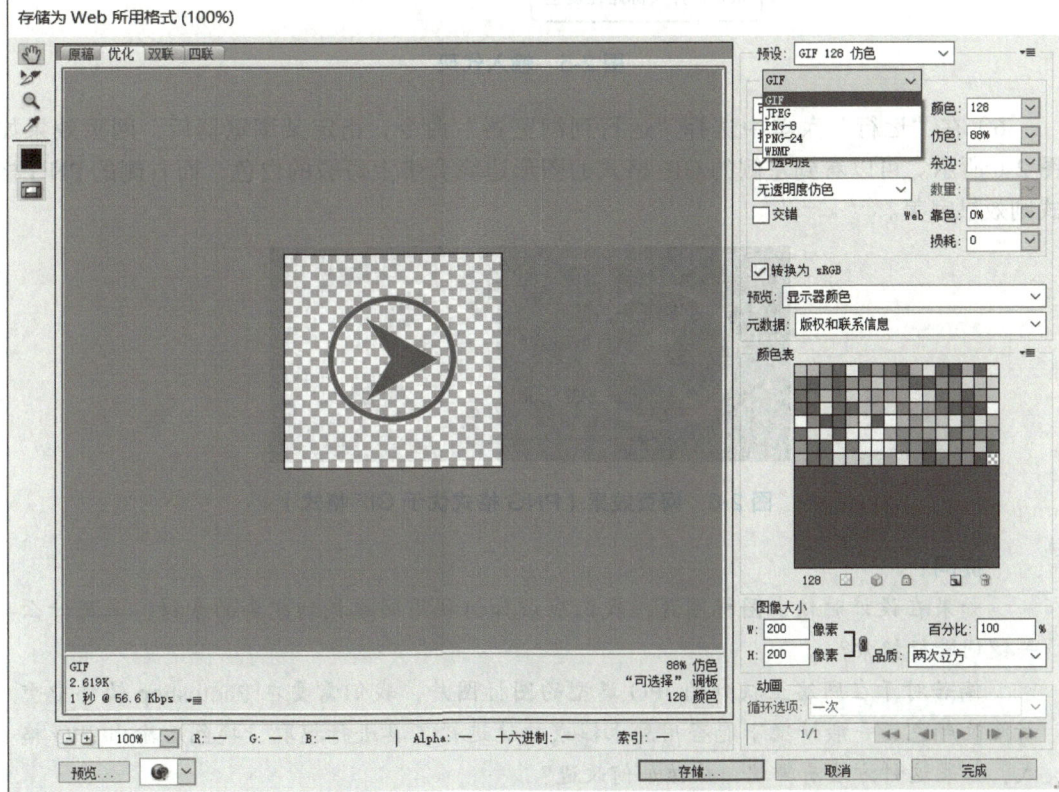

图 2-3　"存储为 Web 所用格式"对话框

在弹出的警告框中单击"确定",如图 2-4 所示。

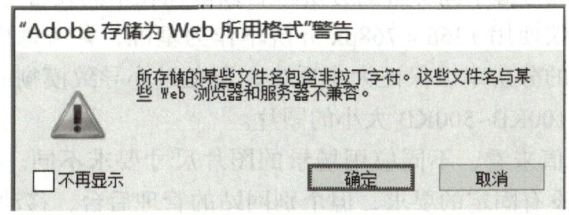

图 2-4　警告框

4）重复上一步骤，选择"PNG-24"格式输出。

5）新建一个 HTML 文档，输入如图 2-5 所示代码。

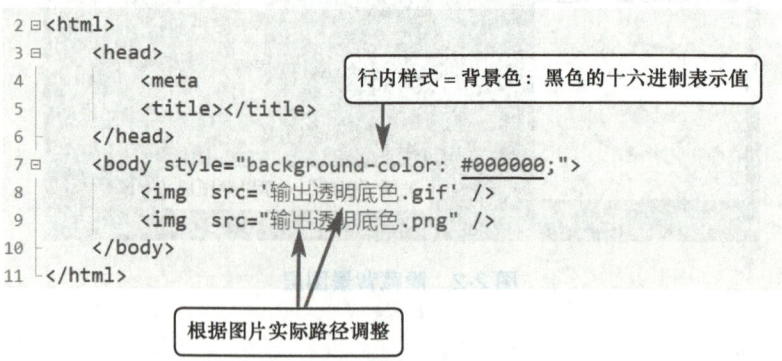

图 2-5 输入代码

6）在"运行"菜单中选择"运行到浏览器"命令，指定某浏览器后，网页效果如图 2-6 所示。可以看到左侧的 GIF 格式的图形边缘会带上斑驳的白色，而右侧的 PNG 格式则效果完美。

图 2-6 网页效果（PNG 格式优于 GIF 格式）

提问：

如果在设计时缺少图标图片，我们应该如何利用网络找到想要的素材？采用什么关键词进行搜索？

倘若对于在网络上找到的 JPG 类型的图标图片，我们需要在 Photoshop 软件中重新修改颜色，一般情况下能否用魔术棒或快速选择工具进行抠取、换色后输出 JPG 格式？如果这种方法有弊端，应该如何改进？

2.2.2 图片尺寸

在设计网页时，应考虑不同屏幕的分辨率，以确保在不同设备上都能获得良好的视觉体验。一般来说，建议使用 1366×768px 分辨率作为基准，并考虑更高的分辨率。因此，图片尺寸要考虑不同的分辨率以保证大小适中，避免过小导致模糊或过大占用过多空间。一般来说，建议使用 100KB~500KB 大小的图片。

从图片的宽高数值来看，不同应用场景的图片尺寸要求不同。标志、海报、标题图片、图标的尺寸通常没有固定的要求，但个别网站的管理后台、移动端开发任务等对图片的尺寸有特定要求，只需在工作场景中调整即可，在学习过程中无须关注。

> **知识点**：图片尺寸应该按 100% 比例输出以免失真
>
> **记忆关键词**：削足适履
>
> **关键词解析**：
>
> 在 Photoshop 中处理后的图片不建议通过 CSS 控制其缩放尺寸，以免造成宽高比失真、模糊等。尤其是图标图片，若网页中图标图片原设计的线条宽度为 2px，但设计实现时将整个图标图片尺寸扩大处理，在网页中再强行把尺寸压缩，则相当于把"脚"塞进"童时的鞋"，那线条的宽度很大概率就不再是 2px，偏离了设计师的意图。
>
> **成语出处**：
>
> 《淮南子·说林训》：夫所以养而害所养，譬犹削足而适履，杀头而便冠。
>
> 削足适履——把脚削去一块来凑合鞋的大小。比喻不合理地迁就凑合，或不顾具体条件地生搬硬套。

2.2.3 图片命名

对图片文件命名的最基本要求仍是"顾名思义"，此外还要尽可能表述该图片的其他特征。例如企业网页中有多个款式的标志，图片仅命名为 logo 显然不能全面表述该图片的位置、作用、颜色等信息。所以，这里介绍一种通用的图片文件命名方法。

图片文件的名称分为头尾两部分，用下划线或短横线隔开。头部分表示此图片的大类性质，如广告采用"banner"、标志采用"logo"、菜单采用"menu"、按钮采用"btn"、照片采用"pic"、标题图片采用"title"。尾部分表示图片的关联内容，也可以是图片当前的某种状态，如被按下用"press"、关闭用"off"、获得焦点用"focus"。例如，图片可以命名为 banner-sohu.jpg、menu_job.gif、title_news.gif、pic_people.jpg、btn-press.png、menu_focus.gif。

要特别说明的是，因时间关系，本书案例并没有严谨地按照以上命名方式给图片命名，敬请谅解。

> **知识点**：图片文件命名规则
>
> **记忆关键词**：言人人殊
>
> **关键词解析**：
>
> 图片文件规范命名有助于在众多图片文件中快速定位所需文件，提高工作效率。规范的命名方式不仅能使文件整理更加有序，还能体现个人或团队的专业素养，这对于提升个人职业形象、增强客户信任度等都有积极作用。
>
> 网页设计者在遵循一定命名规则的基础上，可以自定义命名规则，只要能提高工作效率，我们就可以认为该命名规则是合理的。但在团队项目中，言人人殊，必须要制定一套所有团队成员都遵循的规则。
>
> **成语出处**：
>
> 《史记·曹相国世家》：参尽召长老诸生，问所以安集百姓，如齐故诸儒以百数，言人人殊。参未知所定。
>
> 言人人殊——每个人的说法都不相同，各有各的看法。

2.3 书写 HTML 代码的习惯

在 HTML 和 CSS 代码的编写中，推荐使用英文小写进行编写，这既是 CSS 官方推荐做法，也符合大多数编码规范和命名约定。

2.3.1 保持正确的缩进

何为缩进？类似写作文时，每段前面总是空两格。对于编写 HTML 代码来说，缩进可以理解为"给一个元素添加子元素的时候，子元素代码就应该往右移动一些位置"，如图 2-7 所示。

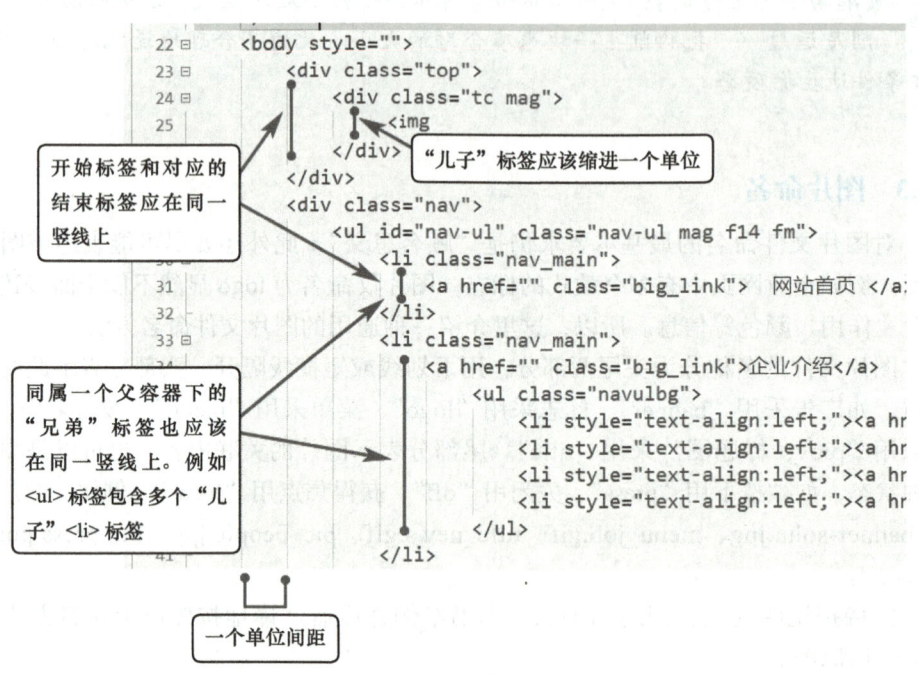

图 2-7 正确的缩进

虽然 HTML 代码有无缩进都不会产生错误，但对于任何程序员来说，良好的代码缩进都有助于使编写、调试阶段快速无误进行。

在 HBuilder 软件中，按一次〈Tab〉键代表往后缩进一个单位，按〈Shift+Tab〉键或者〈Backspace〉键可以往前回退一个单位。千万别拼命按〈Space〉键来产生缩进，费时且缩进不均匀。

> **知识点**：缩进式书写代码
> **记忆关键词**：长幼有序
> **关键词解析**：
> 从代码中分辨元素（容器）的包含关系，如同看家族族谱。父元素有若干子元素，父元素如首领站在队伍前面，所有子元素是平级关系，站在首领后方，依次类推形成层次递进的关系。

成语出处：

《荀子·君子篇》：故尚贤使能，则主尊下安；贵贱有等，则令行而不流；亲疏有分，则施行而不悖；长幼有序，则事业捷成而有所休。

长幼有序——年长的和年少的是有顺序的。

当看到代码量比较大，页面效果出现异常的时候，通常都要检查 HTML 结构是否书写正确。初学者往往由于缩进书写不规范，而经常忘记写结束标签。

在 HBuilder 软件中，应该从 <body> 标签开始，逐级检查相关标签是否成对出现。

可以在标签前面双击鼠标左键，以便快速选中该标签包含的代码块。确定首尾标签成对后，可以利用代码折叠功能"折叠屏幕"，节省滚动代码窗口的时间，如图 2-8 所示。

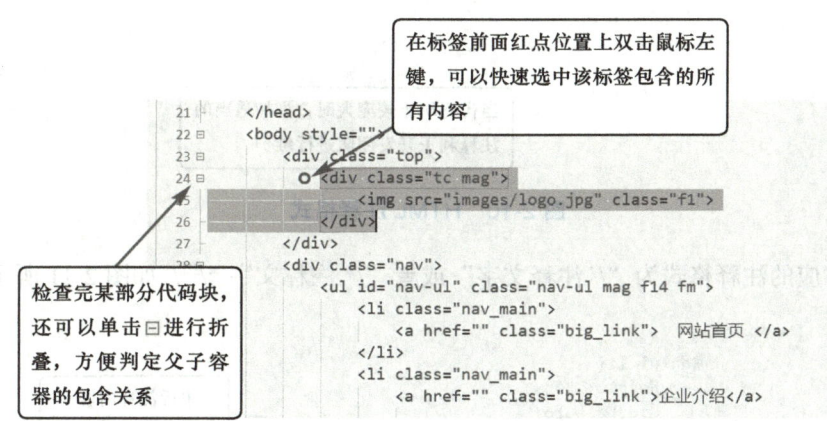

图 2-8 选择标签

逐个检查 <body> 标签及它的"儿子"容器，从外层往内层检查各"儿子"的"儿子"，对代码进行缩进的修正、头尾标签的补全，确认代码无误后将其折叠，如图 2-9 所示。

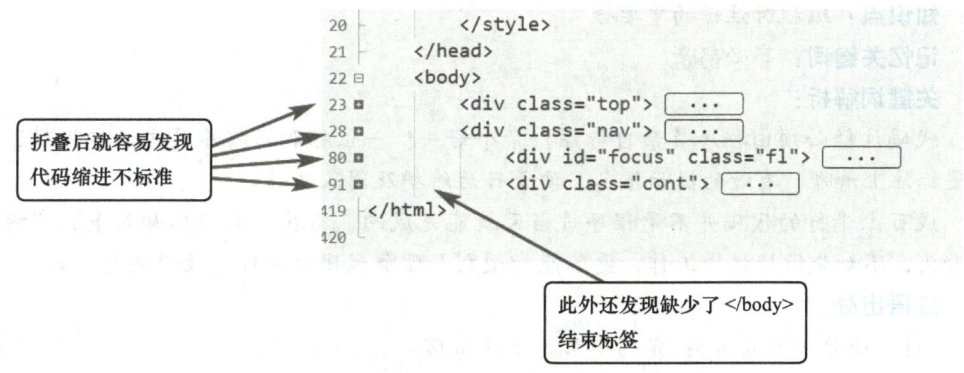

图 2-9 逐层检查

2.3.2 充分的注释

注释，实际就是"工作记录""看书笔记"，注释对程序的运行毫无影响。

注释的主要作用是增强代码的可读性，方便代码维护和调试，以及帮助团队成员理解代码逻辑。在这些作用中，增强代码可读性尤为重要。编写清晰、易懂的注释可以让其他开发者（包括今后的自己）快速理解代码的目的和逻辑，这对于维护大型项目和团队协作尤其关键。

HTML 的注释语句在浏览器中并不会运行，其格式为"<!-- 注释内容 -->"，如图 2-10 所示。

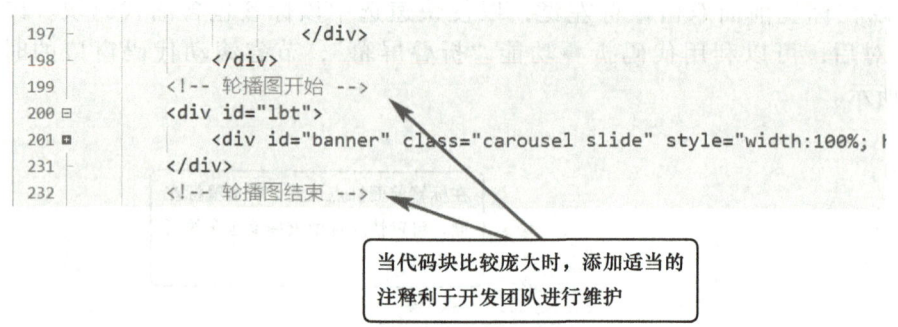

图 2-10　HTML 注释格式

CSS 对应的注释格式为"// 注释文字"或者"/* 注释文字 */"，如图 2-11 所示。

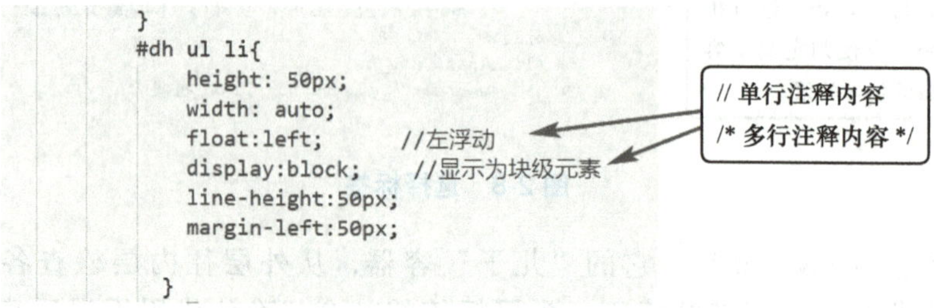

图 2-11　CSS 注释格式

知识点：编程时注释的重要性

记忆关键词：事必躬亲

关键词解析：

代码注释必须由程序员亲自标注，带个好头！一位称职的程序员应该在代码适当位置标注上清晰、有效的提示信息，便于日后维护及团队协作。

成百上千行的代码并不是程序员当天就能完成的，与其几天后忘却而重新审视代码含义，不如先做好注释工作，更不能指望别人理解代码时帮你写注释语句。

成语出处：

《诗·小雅·节南山》：弗躬弗亲，庶民弗信。

事必躬亲——不论什么事，都要亲自去做、亲自过问。

2.3.3 标签尽可能语义化

HTML 语义化是指使用合适的标签来展示内容的结构和意义，而不是仅仅为了样式表现。这样做的好处如下：

1）有利于搜索引擎优化（SEO），这是因为搜索引擎可以根据标签来确定上下文和权重。
2）方便开发者阅读和理解。
3）方便维护，更改代码时容易定位。
4）方便设备（如屏幕阅读器、盲人阅读器等）解析。
5）方便团队合作，语义化使得项目更加标准化和规范化。

> **知识点：** 标签语义化
>
> **记忆关键词：** 顾名思义
>
> **关键词解析：**
>
> 一个好名字，能让人读懂其父母的殷殷期待；一个语义化的标签，能让机器与人都读懂网页的内容和深意。
>
> 标签不仅是代码的堆砌，更是赋予每个元素以灵魂，使搜索引擎可以轻松捕捉页面主旨，优化排名；标签可以使视障人士通过屏幕阅读器感知世界；标签可以使开发者维护代码如行云流水，使得代码结构清晰。
>
> **成语出处：**
>
> 《三国志·魏书·王昶传》：欲使汝曹立身行己，遵儒者之教，履道家之言，故以玄默冲虚为名，欲使汝曹顾名思义，不敢违越也。
>
> 顾名思义——看到名称就想到它的含义。

以文章详情页的标签选择为例，参考标签有 \<h1>\<h2>\<h3>\<h4>\<h5>\<h6> 标题、\<p> 段落、\<section> 板块/区块、\<article> 文章、\<em> 强调（斜体外观）、\<strong> 强调（粗体）、\<time> 时间，如图 2-12 所示。

```
<body>
    <section>
        <article>
            <h2>全面深化改革：高质量发展的强劲动力</h2>
            <time>2024-08-09 15:39:12</time>
            <p>高质量发展既是全面建设社会主义现代化国家的首要任务，也是事关我国经济社会长远发展的改革内容。当前，我国推动高质量发展需要着力在以下几方面实现突破。</p>
            <p><strong>第一，深入实施创新驱动发展战略。</strong>党的二十届三中全会提出，必须深入实施科教兴国战略、人才强国战略、创新驱动发展战略，统筹推进教育科技人才体制机制一体改革，健全新型举国体制，提升国家创新体系整体效能。加快完善有助于实现技术革命性突破的体制机制，是我国推动经济高质量发展的应有之义。</p>
            <p><strong> 第二，加快实现生产要素创新性配置。</strong>构建更加完善的要素市场制度和规则，进一步激发全社会创新活力。党的二十届三中全会提出，必须更好发挥市场机制作用，创造更公平、更有活力的市场环境，实现资源配置效率最优化和效益最大化，既"放得活"又"管得住"，更好维护市场秩序、弥补市场失灵，畅通国民经济循环，激发全社会内生动力和创新活力。</p>
            <p><strong>第三，全面推进现代化产业体系建设。</strong>作为推动经济高质量发展的重要内容，提升产业链供应链韧性和安全水平的关键，是建立健全面向现代化产业体系建设的体制机制。</p>
            <p><strong>第四，完善推动高质量发展激励约束机制。</strong>高质量发展是体现新发展理念的发展，其主攻方向和重点任务就是要提升经济发展质量和效益。而完善激励约束机制的本质，是完善高质量发展的制度安排，重点形成推动高质量发展的指标体系、政策体系、标准体系、统计体系、绩效评价体系、政绩考核体系，确保我国经济高质量发展扎实推进。</p>
        </article>
    </section>
</body>
```

图 2-12　标签语义化

2.4 基础练习

【练习 2-1】 打开资源包"各章扩展练习\第 2 章扩展练习\练习 2-1"文件夹下的"修改缩进 1""修改缩进 2"和"修改缩进 3"三个文件夹,如图 2-13 所示,修改文件夹中的若干个书写不标准的 HTML 代码。

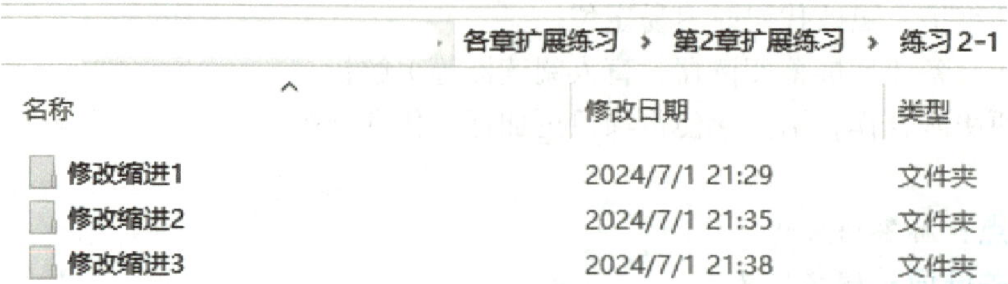

图 2-13 修改缩进练习

【练习 2-2】 挑选几家企业网站或几个新闻门户网站,仔细观察不同区域的图片的文件名称。

门户网站图片的文件名称比较长,不限于包含年月日等信息,也包含部分公司内部的文件编码格式,这是比较正常的。企业网站图片多,如果采用英文命名方式就会过于复杂也不好归类,还容易产生歧义。联想一下,我们的身份证号码也不能采用拼音来表示。

例如,在网易科技栏目中某页面的图片上右击鼠标,查看"属性",如图 2-14 所示。

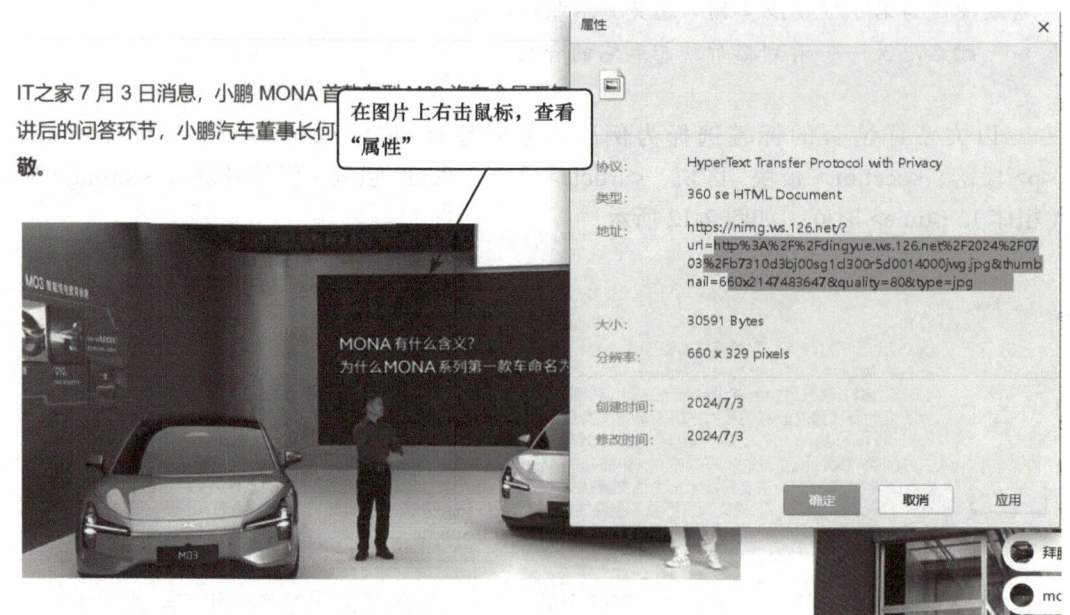

图 2-14 查看图片属性

可以发现,图片的统一资源定位符(URL)地址包含了众多的 %、&、= 符号,看不出连贯的图片文件名,这是基于 URL 编码的需要。通过浏览器的保存功能将该页面的图片保存到本地,如图 2-15 所示。

打开对应的本地文件夹,如图 2-16 所示,观察图片命名规则。

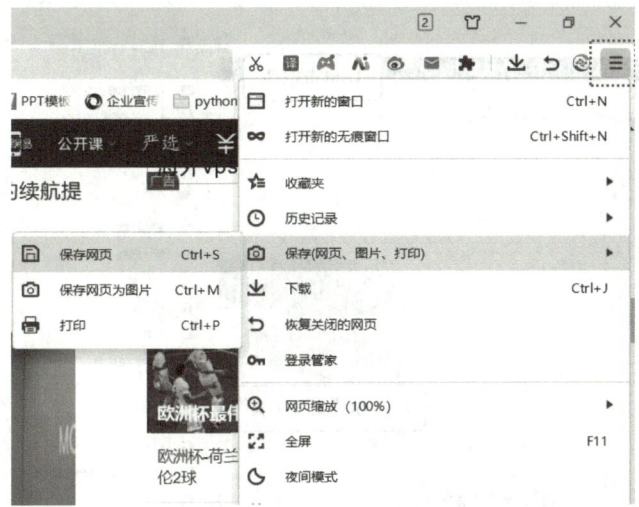

图 2-15　保存页面图片

图 2-16　观察图片命名规则

【练习 2-3】 在"开发者工具"模式下观察几家企业(不宜选门户网站)的主页、一级页面或详情页,用"选择元素"工具观察网页的结构。在 HBuilder 中新建一个空白 HTML 文件,将网页框架大体结构表述出来。

例如,分析华为企业官网首页(https://www.huawei.com/cn/)的主体框架容器。

1)使用浏览器打开网页,进入设置菜单,选择"更多工具"→"开发者工具"命令,如图 2-17 所示。

进入"开发者工具"模式后可以看到网页代码,折叠标签以观察结构,如图 2-18 所示。

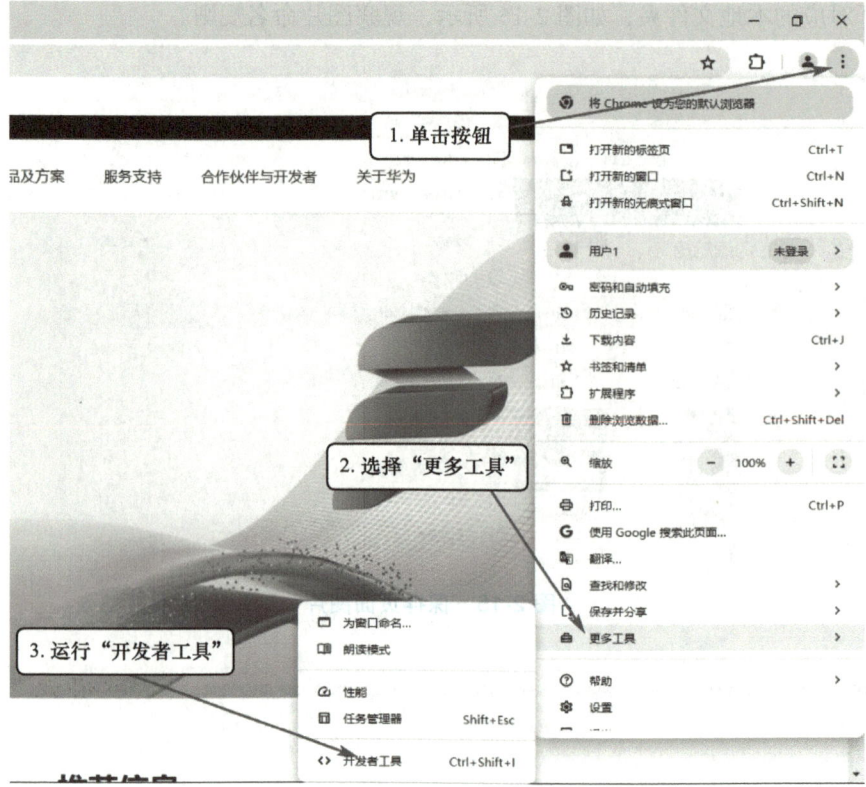

图2-17 进入"开发者工具"模式

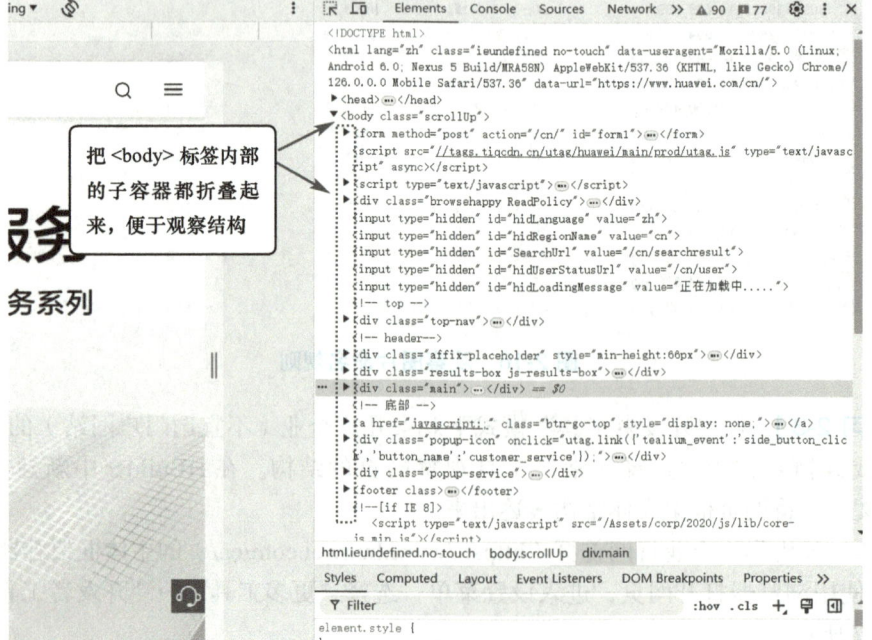

图2-18 折叠标签以观察结构

2）我们想要参考其框架结构，该如何判断哪些容器才是需要记录下来的？将光标浮在 Elements（元素）面板的某一标签上面的时候，左侧页面窗口若出现淡蓝色"薄膜"覆盖对应的页面元素，该标签通常就是我们想要研究的容器对象。也可以通过激活"选择元素"工具 ，在左侧页面窗口中移动光标来查找 Elements 面板中对应的代码块。

剔除掉一些不想要研究的容器对象（如一些非主体容器），如图 2-19 所示。

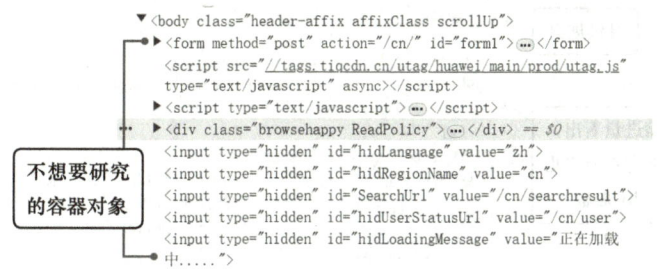

图 2-19　剔除掉不想要研究的容器对象

重点观察想要研究的容器对象，如图 2-20 所示。

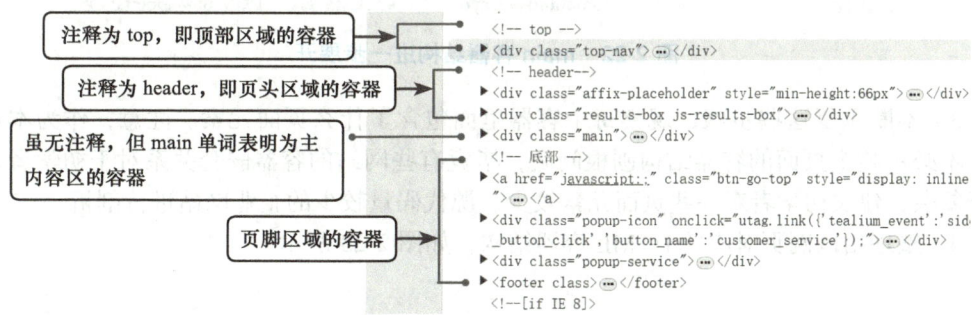

图 2-20　页面容器大体结构

由于商业网站内容区的容器结构较复杂，重点观察 <div class="main"> 至 </div> 之间的代码结构，如图 2-21 所示。取消折叠，展开结构。

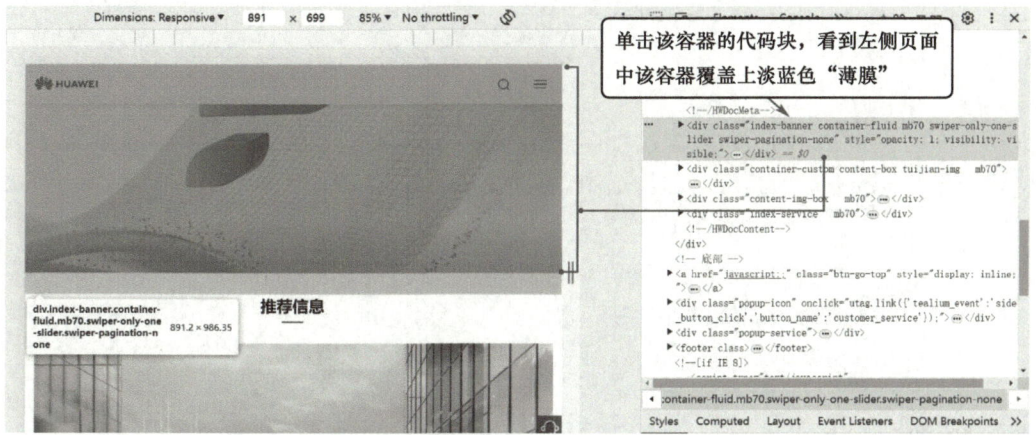

图 2-21　main 容器结构初步展开

从以上操作中可知，该代码块实现了左侧的页面效果。如果想分析得更细致些，可以继续展开标签，如图 2-22 所示。

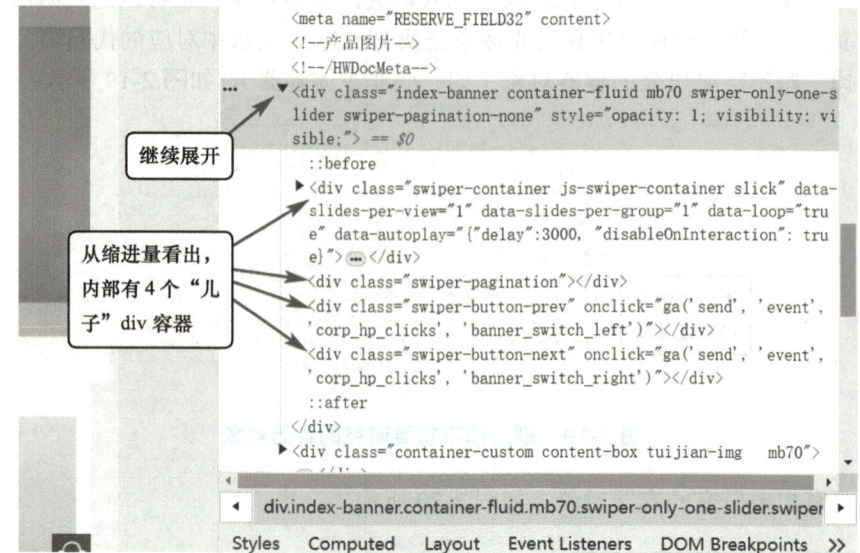

图 2-22　main 容器结构进一步展开

3）不断重复这些步骤，观察每个容器里面包含了什么页面元素。注意，作为本章练习，不必对整个页面的容器结构刨根问底，毕竟有些网站的容器嵌套关系对于初学者来说过于复杂，建议初学者对一些页面元素较少、源代码量较少的企业网站进行剖析。

4）整理出该网页对应的 HTML 容器结构，如图 2-23 所示。

```
7   <body>
8       <div class="top-nav">
9           <div class="top-nav-height">
10          </div>
11          <div class="top-nav-content menu-fixed-right">
12          </div>
13      </div>
14
15      <!--页头部分-->
16      <div class="affix-placeholder">
17          <header class="affix-placeholder">
18          </header>
19      </div>
20
21      <!--主内容区-->
22      <div class="main">
23          <div class="index-banner container-fluid mb70 swiper-only-one-slider swiper-pagination-none">
24          </div>
25          <div class="container-custom content-box tuijian-img   mb70">
26          </div>
27      </div>
28
29      <!--页脚部分-->
30      <footer>
31          <div class="container-custom">
32          </div>
33          <div class="copy">
34          </div>
35      </footer>
36   </body>
```

图 2-23　整理后的 HTML 容器结构

2.5 扩展练习

【练习2-4】 搜索2024年中国百强企业，按个人学号对应的百强排名企业，进入对应官网，进行以下操作：

1）打开"新闻"栏目下的任一新闻页面，记录下浏览器中的网址，如中国五矿的某一新闻页面网址如下：

https://www.minmetals.com.cn/xwzx/wkxw/202505/t20250527_308871.html。

2）根据网址分析出网站的目录结构，拟定根目录为"site"文件夹，在本地计算机中创建对应的目录结构，如图2-24所示。

图2-24　目录结构

【练习2-5】 在上一题的基础上将网页改版，根据企业网站页面（最好是首页、栏目页）出现的小图标，思考企业文化、产品特点或者图标风格，完成以下练习：

1）通过搜索引擎搜索可用于替换的图标。

2）如果搜索出的图片是图标集合，请截取所需的图标，并自行给图标命名。

3）优先搜索透明底的PNG格式图片文件。

【练习2-6】 打开"各章扩展练习\第2章扩展练习\练习2-6"下的"news-20240922.html"文件，采用标签语义化的思维，为<body>容器内的元素添加适当的标签，标签对应的语义已在文档中注释，如图2-25所示。最后查看页面的运行效果。

【练习2-7】 打开"各章扩展练习\第2章扩展练习\练习2-7"下的"中国石化集团公司网站.htm"文件，仿照基础练习的练习2-3，用"开发者工具"观察网站首页，在新建的"index.html"中编写对应的容器结构。

```html
news-20240922.html
 1  <!DOCTYPE html>
 2  <html>
 3      <head>
 4          <meta charset="utf-8">
 5          <title></title>
 6      </head>
 7      <!--各标签的意义
 8          <div>标签，无语义，只代表一个容器。 格式参考 <div> 容器内容 </div>
 9          <p>标签，代表一个段落 。 格式参考  <p> 段落内容 </p>
10          <a>标签，代表超链接 。 格式参考    <a href="#"> 链接文字 </a>
11          <img>标签，代表图片 。 格式参考   <img  src="图片路径" />
12          <h1>标签，最重要的标题文字，通常表述整个网站的宣传语或企业名称。 格式参考  <h1> 标题 </h1>
13          <h2>标签，重要程度仅次于 h1的标题文字，通常表述为该页面的主要板块。 格式参考   <h2>  标题  </h2>
14          <h3>标签，可作为文章的标题。
15          <strong>标签,起到加重语气的语义效果。 格式参考  <strong> 被加强语气的文字 </strong>
16          <b>标签，无语义，仅仅是一个外观为粗体的标签。   格式参考   <b> 显示粗体的文字 </b>
17      -->
18      <body>
19          中华网新闻
```

图 2-25 标签语义化

第 3 章　盒子模型

知识与技能目标

1. 理解盒子模型的特点，知晓盒子模型的种类。
2. 熟记常见容器的英文名称。
3. 深刻理解标准盒模型的构成，掌握宽高、内外边距、边框属性的代码格式。
4. 能够通过数值计算，正确设置较复杂嵌套结构的容器的各项属性。
5. 了解容器溢出、容器坍塌等现象的原因。
6. 能根据页面效果合理地定义、绘制页面的容器结构图。
7. 养成给目标容器设置边框或背景色辅以观察的良好习惯。

素养目标

1. 通过对盒子各属性的精确计算，提升一丝不苟的学习态度和精益求精的工作态度。
2. 通过布局案例，了解"感动中国"的众多人物，树立正确的时代价值观，远离畸形的饭圈文化。
3. 认识世界最大单口径射电望远镜——"中国天眼"，了解"中国天眼"的技术含量。
4. 欣赏北京奥运会吉祥物"福娃"，观看奥运开幕式精彩纷呈的视频，体会国人天马行空的智慧和创意。
5. 了解本章成语的出处，理解成语含义与知识点的结合：
"层见叠出"：一个看似复杂的大项目也可拆解为一个个简单的知识点，将知识点理解透彻后再组合起来形成完整项目，强调培养由繁入简、由简返繁的能力。

3.1　盒子模型的特点

浏览器在渲染（显示）网页时，会将网页中的元素看作一个个的矩形区域，我们形象地称之为盒子。网页中的每一对标签都可看作一个"盒子"，通过盒子嵌套的形式进行布局。

CSS 中规定每个盒子从内到外分别由内容区域（content）、内边距区域（padding）、边框区域（border）、外边距区域（margin）构成，这就是盒子模型。

盒子模型分为两种：第一种是 W3C 标准的盒子模型，第二种是 IE 浏览器下的 IE 盒子模型。在 IE 8 版本以上的浏览器中默认是标准盒模型，所以我们不需要考虑过时的 IE 浏览器版本，毕竟 IT 行业中软硬件更新换代速度极快。IE 盒子模型的计算方式在本书中不再论述，以免读者混淆。

从本章开始，我们在介绍盒子模型的同时，将通过大量案例给盒子（容器）定义 id 或者 class 选择器。这些选择器的名称虽然是自定义的，但不能使用毫无意义的 a1、a2、a3 等名字。

常用盒子对应的命名见表 3-1。

表 3-1 常用盒子的命名

容器内容	id 或 class 名称	容器内容	id 或 class 名称
整个页面或很大的容器	container	海报区	banner
主内容区	content、main	菜单	menu
主导航	mainnav	子菜单	submenu
子导航	subnav	标题	title
页头	header	图标	icon
页脚	footer	面包屑导航（当前所处位置提示）	breadcrumb
顶导航	topnav	搜索	search
边导航（侧边栏）	sidebar	登录	login
公司标志	logo		

3.2 标准盒子模型

标准盒子模型如图 3-1 所示，width 指的是内容区域 content 的宽度，height 指的是内容区域 content 的高度。

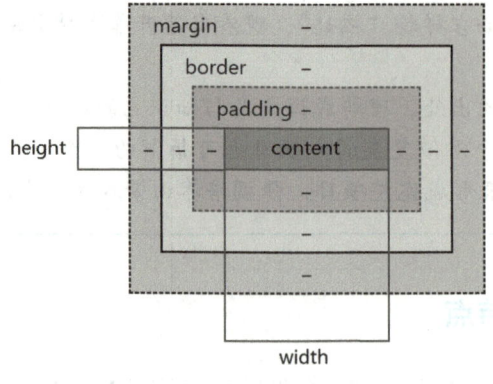

图 3-1 标准盒子模型

W3C 标准盒子模型下，盒子的大小 = width/height+padding+border+margin。

> **知识点**：标准盒子模型
> **记忆关键词**：层见叠出
> **关键词解析**：
> 为容器计算宽高数值时要考虑接连不断的父子嵌套关系。
> 将网页容器比喻成一个集装箱，它里面包含很多大箱子，大箱子里面又装着若干个中箱子……
> 从单个容器来看，内容区以外有三层（内边距、边框、外边距）。装物品的纸盒可以认为是容器的边框，那么内边距就是纸盒与物品之间的防撞填充物，外边距就是防止纸盒被挤压的木箱子。
> 在精确计算网页中每个元素的宽高时，要先固定总体的宽高值，如同集装箱尺寸在国际标准中是固定的，然后一层一层往内部计算各种中小箱子的尺寸，而不是从内部最小的箱子开始计算。
> **成语出处**：
> 《万历野获编补遗·场题犯讳》：盖上是时方修祈年永命故事，臣下争进谀词以求媚，故至诚无息一章，层出叠见，初不计及御名上一字也。
> 层见叠出——接连不断出现，比喻事物很多。

3.3 盒子模型的相关属性

盒子模型的相关属性包括 width、height、padding、border 和 margin 等。

width 和 height：在 W3C 盒子模型（标准盒模型）中，width 和 height 指的是内容区域的宽度和高度。

padding：内边距，定义了内容和边框之间的内部空间。

border：边框，定义了盒子边框的样式、宽度和颜色。

margin：外边距，定义了盒子与其他元素之间的空间。

此外，盒子模型还有一些扩展属性，如背景、颜色透明度、圆角、图片边框、阴影和渐变等，这些属性为网页元素提供了更多的视觉效果。

3.3.1 width 和 height 属性

width 和 height 属性用于定义元素的宽度和高度，通常使用像素、百分比等单位来指定数值。大家只需要知道这些单位的应用场景和所起作用即可。

像素（px）：像素值是固定的，不论屏幕分辨率如何变化，它的宽度都是不变的。例如，width:300px。

百分比（%）：百分比宽度是相对于父元素的宽度。例如，width:50%。

em：这是一个相对单位，通常表示相对于当前元素的字体大小。例如，width:2em。

rem：表示相对于根元素（html）的字体大小。例如，width:2rem。

vw/vh：分别代表视图窗口宽度/高度的1%。例如，width:50vw。

auto：当设置为 auto 时，浏览器将自动决定元素的宽度。例如，width:auto。

fit-content：该值会根据内容的多少自动调整元素的宽度，但是最大不会超过它的父元素的宽度。例如，width:fit-content。

min-content 和 max-content：这两个值会根据内容的最小尺寸或最大尺寸自动调整元素的宽度。例如，width:min-content 或 width:max-content。

【案例 3-1】 完成图 3-2 所示的"推荐信息"版块的 HTML 代码。

图 3-2 "推荐信息"版块

1）将以上内容看成一个整体，用一个大盒子装住全部东西。"推荐"的英文单词为"recommend"，对应的代码可以参考如图 3-3 所示的设计。

2）设置这个盒子的 CSS 样式，指定宽高值。建议初学者对每个盒子都设置一个边框，以便观察盒子对象的 CSS 样式是否正确，如图 3-4 所示。

图 3-3 "推荐"容器 id 命名

```
2  <html>
3      <head>
4          <meta charset="utf-8">
5          <title></title>
6          <style type="text/css">
7              #recommend{
8                  width: 500px;
9                  height: 300px;
10                 border: 1px solid red;    //设置1像素红色的实线边框
11             }
12         </style>
13     </head>
14     <body>
15         <div id="recommend">
16
17         </div>
18     </body>
19 </html>
```

图 3-4 "推荐"容器的 CSS 样式

由于在 <div id="recommend"> 中设置了 id 选择器，在 <style> 样式内就以 # 符号标识的 id 选择器名称进行声明。

3）选择 HBuilder 软件"运行"菜单中的"运行到浏览器"命令，预览效果如

图 3-5 所示。

图 3-5 预览效果

4）继续往这个大盒子里加入小盒子（子元素）。添加标题文字和对应装图片的盒子，如图 3-6 所示。

```
14  <body>
15      <div id="recommend">
16          <h2>推荐信息</h2>
17          <div id="recommend-img">
18              <!-- 这盒子将要装左右两张图片 -->
19
20          </div>
21      </div>
22  </body>
23  </html>
```

图 3-6 添加子元素

设置如图 3-7 所示对应的 CSS 样式。

```
6   <style type="text/css">
7       #recommend{
8           width: 500px;
9           height: 300px;
10          border: 1px solid red;        //设置1像素红色的实线边框
11      }
12      h2{
13          height: 30px;
14          border: 4px solid green;
15      }
16      #recommend-img{
17          width: 800px;
18          height: 200px;
19          border: 4px solid blue;
20      }
21  </style>
```

图 3-7 设置子元素的样式

预览效果如图 3-8 所示。

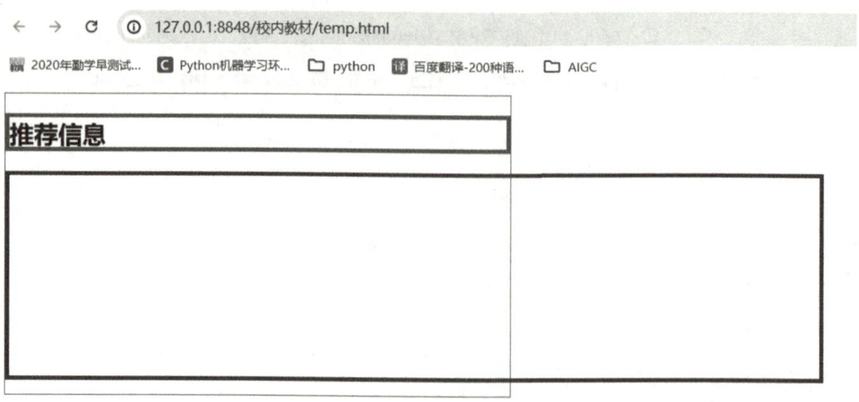

图 3-8　子元素预览效果

5）先降低本练习的难度，用 Photoshop 软件把两张图片处理成一张图片，然后把图片元素放进代码，如图 3-9 所示。

```html
<body>
    <div id="recommend">
        <h2>推荐信息</h2>
        <div id="recommend-img">
            <!-- 这盒子将要装左右两张图片 -->
            <img src="unit3-img/2024-07-14_161208.png">
        </div>
    </div>
</body>
</html>
```

图 3-9　把两张图片处理成一张图片

预览效果如图 3-10 所示。

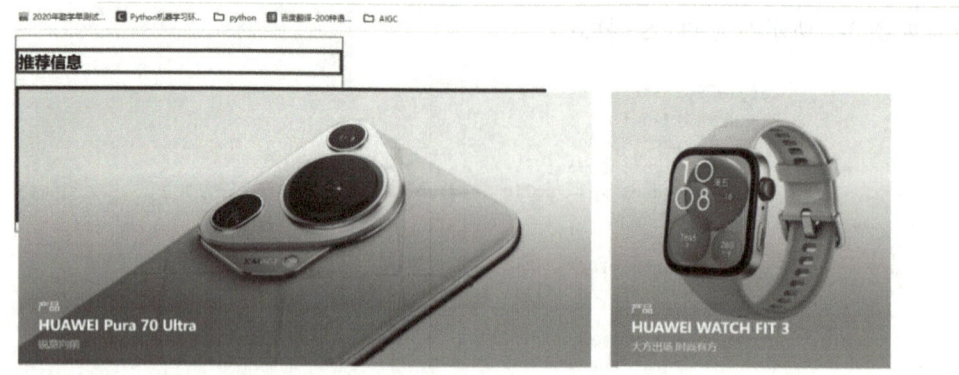

图 3-10　添加图片的预览效果

可以发现，图片的宽高远超过蓝色边框盒子的尺寸。如果抱着侥幸、不负责的态度，为了将图片硬塞入盒子，初学者可能会强行设置图片的宽高，如图 3-11 所示。

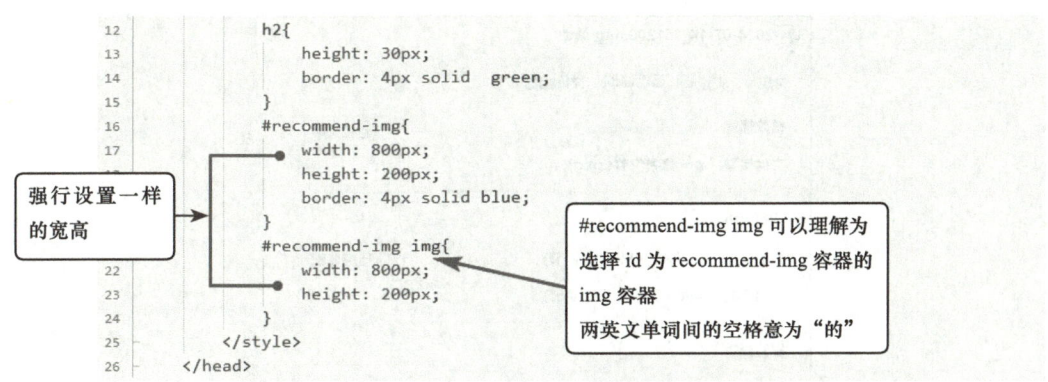

图 3-11　强行设置图片的宽高

虽然图片尺寸效果符合我们的要求，但是图片宽高比改变了。即便保留宽高比，但非矢量图的图片会因为放大或缩小而有细节的失真，尽管缩小的失真比放大图片的失真要小许多，如图 3-12 所示。

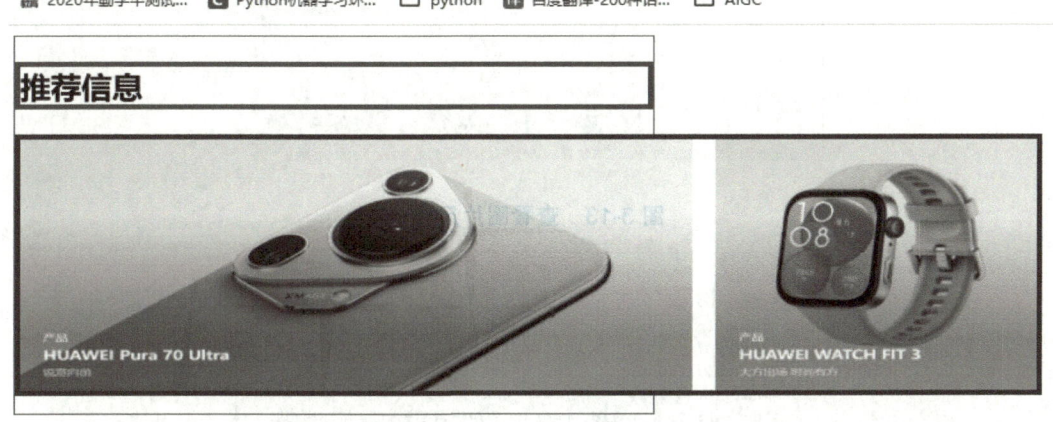

图 3-12　图片失真

回过头看，之前设计的众多盒子宽度都不适合，如果想要做到百分百准确，就应该从盒子内部的图片真实尺寸开始规划。从文件属性得知该图片的尺寸为 1325×422px，如图 3-13 所示。

6）调整代码，如图 3-14 所示。

对应的预览结果如图 3-15 所示。

建议等大部分内容完成之后，再把用于观察的 border 属性去除。

7）理解一张图设置样式的原理之后，回到用两张图来进行布局的场景。在 Photoshop 或者其他有标尺的截图软件中，观察左图、右图的宽高值，如图 3-16 所示。

根据测量，左图容器的宽高为 872×422px。回忆下截图输出的知识点，顺便把左图输出为 JPG 格式，如图 3-17 所示，命名为 "rec-left.jpg"。

8）采用同样步骤，右图容器的宽高为 422×422px。把右图也输出为 JPG 格式，如图 3-18 所示，命名为 "rec-right.jpg"。

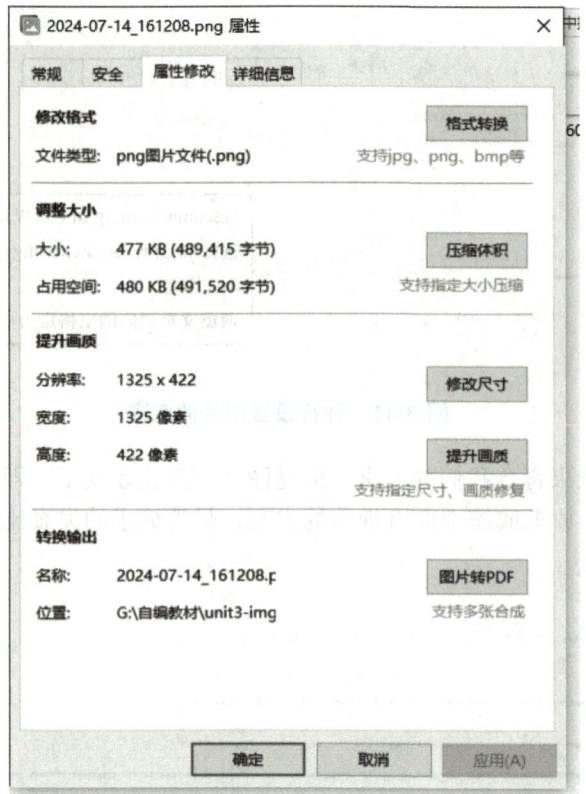

图 3-13　查看图片尺寸

```
5      <title></title>
6      <style type="text/css">
7          #recommend{
8              width: 1325px;
9              height: 452px;
10             border: 1px solid red;      //设置1像素红色的实线边框
11         }
12         h2{
13             height: 30px;
14             border: 4px solid green;
15         }
16         #recommend-img{
17             width: 1325px;
18             height: 422px;
19             border: 4px solid blue;
20         }
21     </style>
22     </head>
23     <body>
24         <div id="recommend">
25             <h2>推荐信息</h2>
26             <div id="recommend-img">
27                 <!-- 这盒子将要装左右两张图片 -->
28                 <img src="unit3-img/2024-07-14_161208.png">
29             </div>
30         </div>
31     </body>
32 </html>
```

暂时把大盒子的高度设置为内部两行盒子高度的总和

图 3-14　调整父盒子宽高

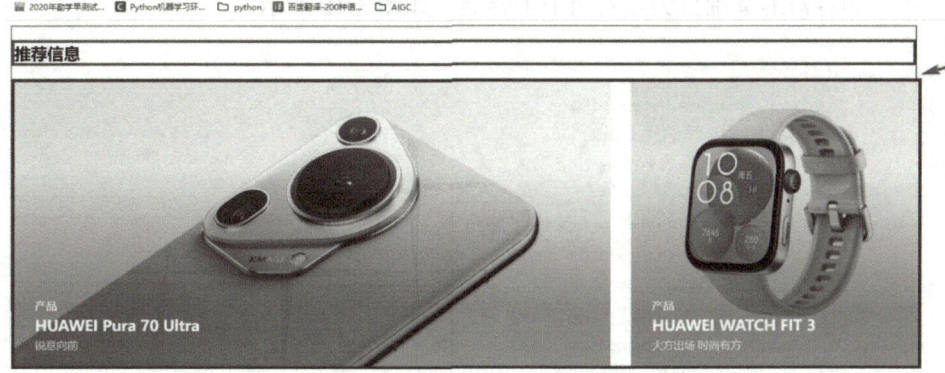

图 3-15 调整父盒子宽高后的预览效果

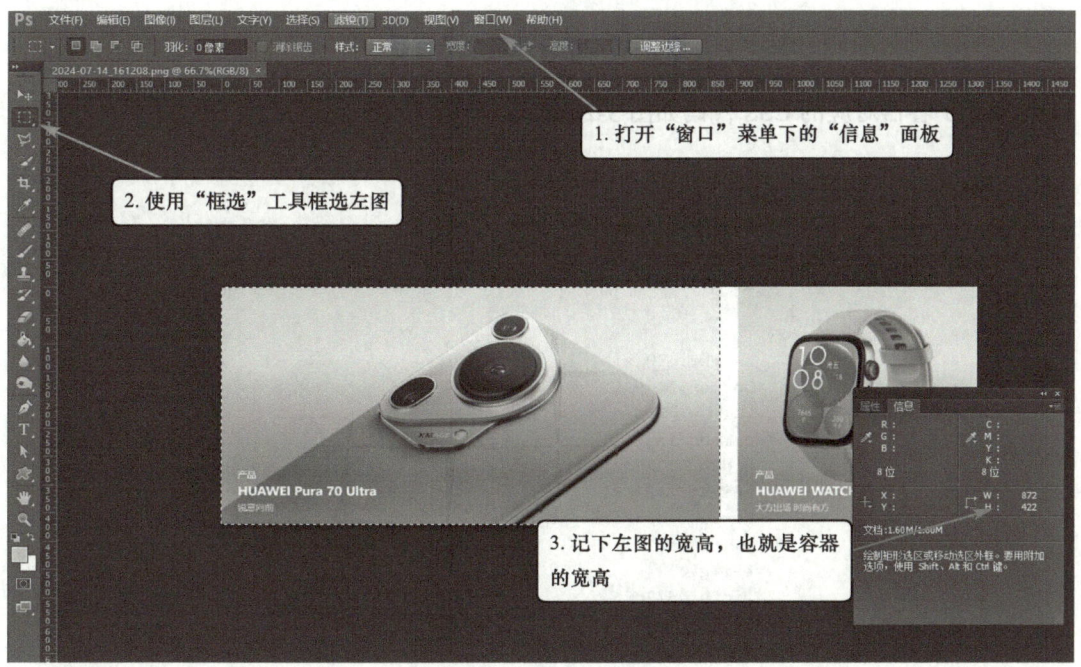

图 3-16 观察宽高值

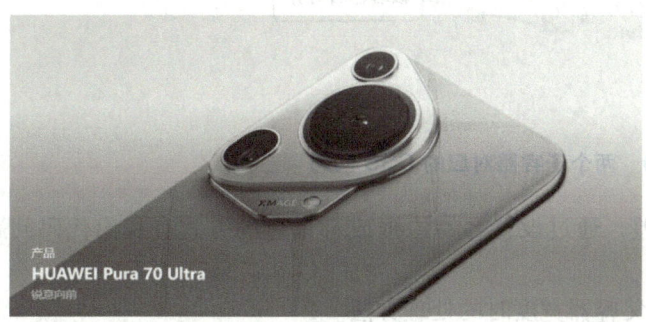

图 3-17 输出左图

图 3-18 输出右图

9）将装图片的容器继续细分为左右两个子容器，如图 3-19 所示。

```html
<body>
    <div id="recommend">
        <h2>推荐信息</h2>
        <div id="recommend-img">
            <!-- 这盒子将要装左右两张图片 -->
            <div id="left-img">
                <img src="unit3-img/rec-left.jpg" />
            </div>
            <div id="right-img">
                <img src="unit3-img/rec-right.jpg" />
            </div>
        </div>
    </div>
</body>
</html>
```

图 3-19　细分为两个子容器

两个子容器对应的 CSS 代码如图 3-20 所示。

```css
<style type="text/css">
    #recommend{
        width: 1325px;
        height: 452px;
        border: 1px solid red;       //设置1像素红色的实线边框
    }
    h2{
        height: 30px;
        border: 4px solid green;
    }
    #recommend-img{
        width: 1325px;
        height: 422px;
        border: 4px solid blue;
    }
    #left-img{
        width: 872px;
        height: 422px;
        float: left;                 ← 该容器左对齐
    }
    #right-img{
        width: 422px;
        height: 422px;
        float: right;                ← 该容器右对齐
    }
</style>
</head>
```

图 3-20　两个子容器对应的 CSS 代码

10）预览效果，若外观有偏差，通过设置容器边框或背景色的方式查找出代码问题所在。

【案例 3-2】　子元素宽度大于父容器宽度时的处理方法。

1）编写消防英雄们的相关页面的 HTML 结构，如图 3-21 所示。

```
 1   <!DOCTYPE html>
 2   <html>
 3       <head>
 4           <meta charset="utf-8">
 5           <title></title>
 6           <style>
 7               #box{width: 500px;height: 400px;border: 10px solid #333;}
 8           </style>
 9       </head>
10       <body>
11           <div id="box">
12               <img src="unit3-img/zhongnanshan.jpg">
13           </div>
14       </body>
15   </html>
```

图 3-21　编写 HTML 结构

2）在浏览器预览后，发现图片过大，如图 3-22 所示。

图 3-22　图片尺寸超过容器

3）逐一尝试以下思路，并查看页面效果。

思路一：将 overflow（溢出）属性设置为隐藏，如图 3-23 所示。可以看到图片的大部分面积都"裁剪"掉了，显然只能处理图片与容器大小相差无几的情况。

思路二：强行修改宽高值，如图 3-24 所示。优点是能保留图片所有内容，缺点是可能出现图片的宽高比例偏差过大。

```
 6      <style>
 7          #box{width: 500px;height: 400px;border: 10px solid #333;
 8              overflow: hidden;
 9          }
10      </style>
11  </head>
```

← overflow 属性设置为隐藏

图 3-23 overflow 属性设置为隐藏

```
 2  <html>
 3      <head>
 4          <meta charset="utf-8">
 5          <title></title>
 6          <style>
 7              #box{width: 500px;height: 400px;border: 10px solid #333; }
 8              #box  img{width: 500px; height: 400px;}
 9          </style>
10      </head>
11      <body>
12          <div id="box">
13              <img src="unit3-img/zhongnanshan.jpg">
14          </div>
15      </body>
16  </html>
```

图 3-24 强行修改宽高值

思路三：将图片设置为容器的背景图，采用背景图片在 X、Y 方向上偏移一定比例的方式，如图 3-25 所示。优点是不影响原图比例，缺点是舍弃了图片四周内容。预览效果如图 3-26 所示。

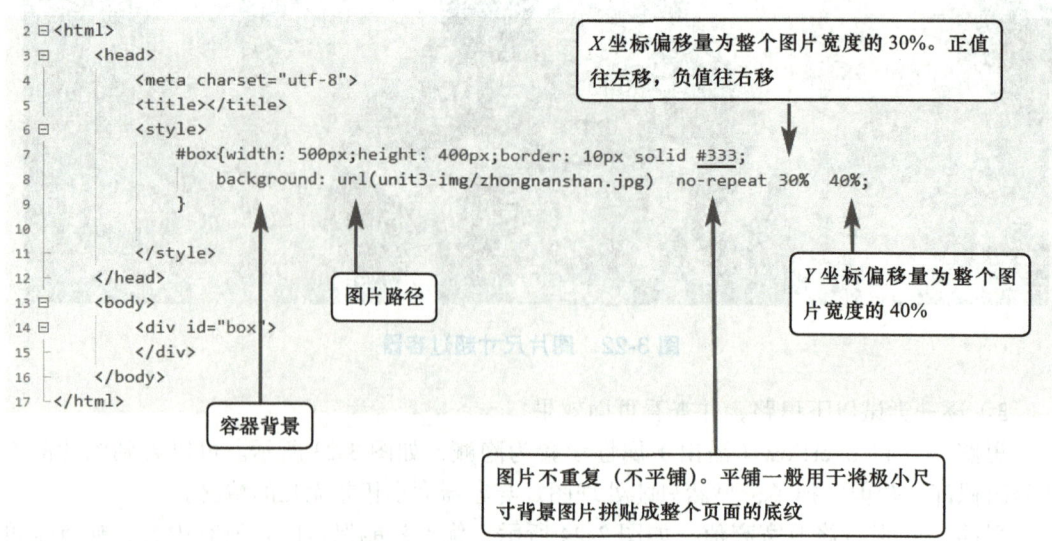

图 3-25 图片设为背景图

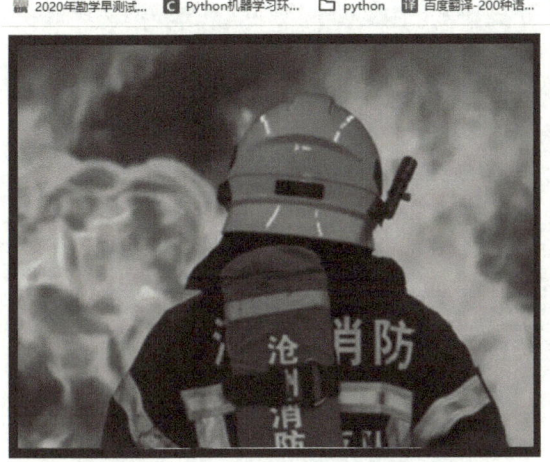

图 3-26　图片设为背景图的预览效果

通常，如果人物及物品采用居中构图的摄影方式，采用背景图 X/Y 偏移的比例均为 50%，也可以同时设置背景图的大小——background-size 属性，使定位更加准确。但从流量等运营角度来说，即便在页面上强行调整了图片显示大小，该图片的实际存储大小不变，图片存储大小过大会影响下载和显示速度。

【案例 3-3】　文字超过容器宽度时，将后续文字改成省略号，如图 3-27 所示。

将过长文字用省略号替代，既能起到提示有后续文字的作用，也不会使文字被切割得支离破碎。

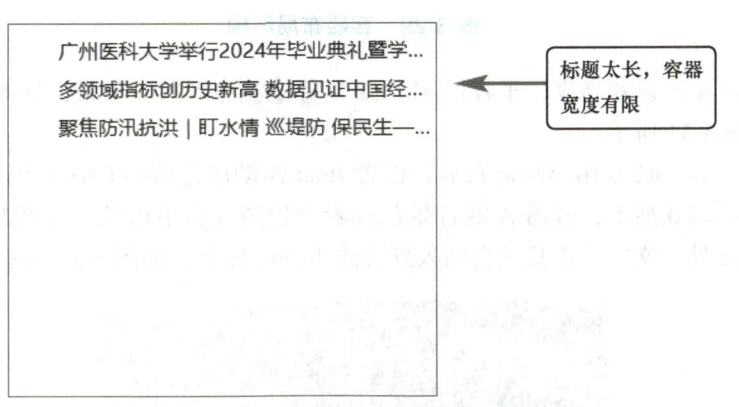

图 3-27　文字过长的显示

对应的 HTML 代码如图 3-28 所示。

【案例 3-4】　容器异常塌陷。

容器塌陷，可以理解为元素位置偏离预期，毫无道理地窜到前面元素的位置。产生塌陷的原因主要是前面元素出现浮动属性，而父容器未设置高度。

大家要谨记，在标准流布局下容器不设置 height 属性时，可以由子元素撑开高度。但如果子元素使用了浮动或定位方式，就会出现该父容器高度值被认为是 0px 的情况，也就产生了高度塌陷问题。

```
2  <html>
3      <head>
4          <meta charset="utf-8">
5          <title></title>
6          <style>
7              #news{width:300px;  height:300px;  border:1px red  solid; }
8              #news li{
9                  margin:10px 0;
10                 white-space: nowrap;        /* 确保文本在一行内显示，不会因为超出容器宽度而发生换行 */
11                 overflow: hidden;           /* 隐藏超出容器宽度的文本 */
12                 text-overflow: ellipsis;    /* 使用省略号表示被截断的文本 */
13             }
14
15         </style>
16     </head>
17     <body>
18         <ul id="news">
19             <li>广州医科大学举行2024年毕业典礼暨学位授予仪式，"共和国勋章"获得者、中国工程院院士、广州国家实验室主任钟南山出席仪式。</li>
20             <li>多领域指标创历史新高  数据见证中国经济"拔节向上"</li>
21             <li>聚焦防汛抗洪丨盯水情 巡堤防 保民生—"千里淮河第一闸"王家坝闸防汛一线直击</li>
22         </ul>
23     </body>
24 </html>
```

图 3-28　溢出文字显示为省略号的 HTML 代码

假设容器布局结构如图 3-29 所示。

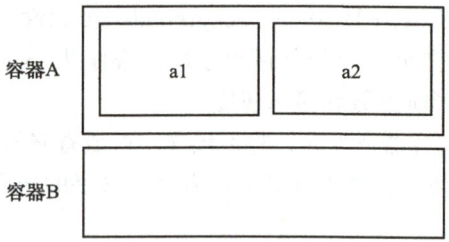

图 3-29　容器布局结构

如果容器 A 不设置高度，子容器 a1、a2 以标准流布局时无异常，如图 3-30 所示，对应的代码如图 3-31 所示。

当子容器 a1、a2 采用浮动流布局，设置 float 浮动属性后的 CSS 代码如图 3-32 所示。将容器 A 坍塌成 0 高度，容器 A 的背景色或者背景图片将不可见，容器 B 内的背景色会延伸到 a1、a2 处，文字元素甚至会插入到意想不到的位置，如图 3-33 所示。

图 3-30　标准流布局无异常

```
 2  <html>
 3      <head>
 4          <meta charset="utf-8">
 5          <title></title>
 6          <style type="text/css">
 7              #boxA{width: 600px;background-color:#aa9922;}
 8              #boxB{width: 600px;height: 200px;background-color: #3377aa;}
 9          </style>
10      </head>
11      <body>
12          <div id="boxA">
13              <div id="left-box"><img src="unit3-img/panda01.jpg"></div>
14              <div id="right-box"><img src="unit3-img/panda02.jpg"></div>
15          </div>
16          <div id="boxB">
17              注意看文字的位置变化。
18          </div>
19      </body>
20  </html>
```

图 3-31 标准流布局代码

```
 6  <style type="text/css">
 7      #boxA{width: 600px;background-color:#aa9922;}
 8      #boxB{width: 600px;height: 200px;background-color: #3377aa;}
 9      #left-box{float: left;}
10      #right-box{float: right;}
11  </style>
```

图 3-32 浮动流布局代码

图 3-33 出现坍塌现象

怎么理解这个现象？可以把容器想象成如图 3-34 所示的一根老款橡皮筋。橡皮筋没绑东西前的状态就是高度为 0px。用橡皮筋绑两个名片盒后，高度自动由填充物撑开。取出里面的名片盒后，橡皮筋又变回原来的样子，高度为 0px。

图 3-34 老款橡皮筋

3.3.2 margin 属性

margin 属性是 CSS 中用于设置元素周围空间的关键属性，它允许开发者控制元素的上、右、下、左四个方向的外边距，从而影响元素与其周围元素的间距。

简单理解，只要不属于该容器内部的元素都算"外部"元素，margin 属性就是拉开与其他元素的距离，可谓有点儿"拒人于千里之外"的意味。

margin 属性允许使用负值，但建议非特殊场景不要使用负值写法。margin 相关属性描述见表 3-2。

表 3-2　margin 相关属性描述

属性	描述
margin	简写属性。在一个声明中设置所有外边距属性
margin-top	设置元素的上外边距
margin-right	设置元素的右外边距
margin-bottom	设置元素的下外边距
margin-left	设置元素的左外边距

margin 简写时，按"上右下左"顺序设置外边距数值（顺时针方向），如图 3-35 所示。

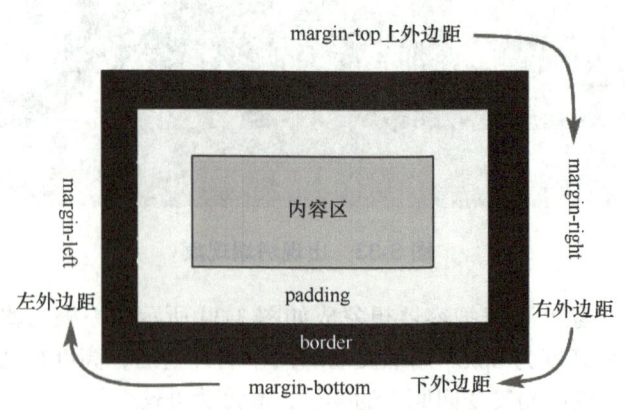

图 3-35　margin 属性简写顺序

示例如下：

margin:10px 20px 30px 40px; /* 上边有 10px 的边距，右边有 20px 的边距，下边有 30px 的边距，左边有 40px 的边距 */

以上示例的效果如图 3-36 所示。

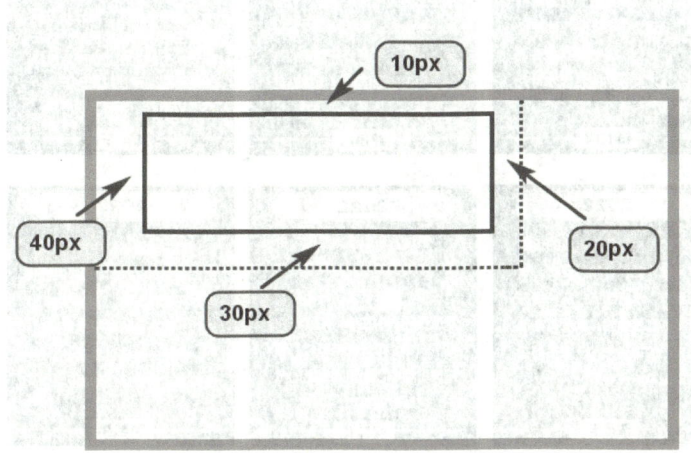

图 3-36　margin 属性示例

图 3-36 对应的 HTML 代码如图 3-37 所示。

```
2  <html>
3      <head>
4          <meta charset="utf-8">
5          <title></title>
6          <style type="text/css">
7              #box{width: 500px;height: 300px; border: 10px solid #ccc;}
8              #sub-box{width: 300px; height: 100px; border: 4px solid red; margin: 10px 20px 30px 40px; }
9          </style>
10     </head>
11     <body>
12         <div id="box">
13             <div id="sub-box"></div>
14         </div>
15     </body>
16 </html>
```

图 3-37　margin 属性简写代码

margin: 10px; /* 四个边都有 10px 的边距 */

margin: 10px 20px;/* 上、下边有 10px 的边距，左、右边有 20px 的边距 */

margin: 10px 20px 30px;/* 上边有 10px 的边距，左、右边有 20px 的边距，下边有 30px 的边距 */

【案例 3-5】　完成如图 3-38 所示的浅灰色容器在浏览器中水平居中的效果，同时设置各图片之间保持一定的间距，不要求整体图片集与灰色边框的左右间距对称。

1）编写对应的 HTML 结构，如图 3-39 所示。

2）编写对应的 CSS 样式，如图 3-40 所示。

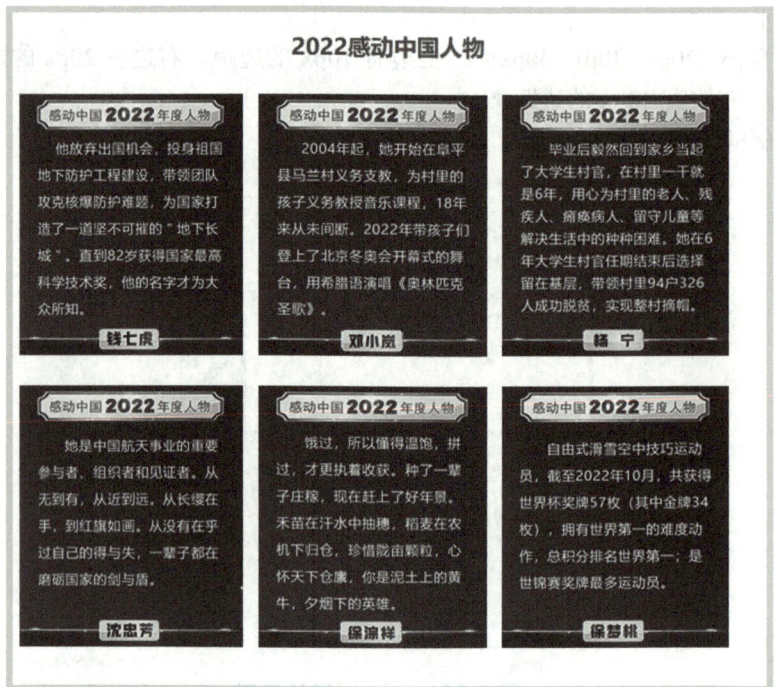

图 3-38　2022 感动中国人物版面

```
25  <body>
26      <div id="news-box">
27          <h2> 2022感动中国人物</h2>
28          <ul>
29              <li><img src="unit3-img/MovedChina01.jpg"/></li>
30              <li><img src="unit3-img/MovedChina02.jpg"/></li>
31              <li><img src="unit3-img/MovedChina03.jpg"/></li>
32              <li><img src="unit3-img/MovedChina04.jpg"/></li>
33              <li><img src="unit3-img/MovedChina05.jpg"/></li>
34              <li><img src="unit3-img/MovedChina06.jpg"/></li>
35          </ul>
36      </div>
37  </body>
```

图 3-39　编写 HTML 结构

```
5   <title></title>
6   <style type="text/css">
7       #news-box{
8           width: 1000px;height: 900px;
9           border: 10px solid #ddd;
10          margin: 50px auto;         /* 左右margin值为auto时，容器水平居中 */
11      }
12      #news-box h2 { text-align: center; font-size: 30px; color: #BB2233; }
13      #news-box  ul{
14          margin: 0; padding: 0;
15          /*margin和padding设置为 0，消除 ul 容器固有的间隙，方便计算内部 li 容器所占宽高*/
16          list-style-type: none;
17      }
18      #news-box  ul li {
19          width: 300px;height: 350px;
20          float: left;      /* 设置左浮动，可以让各图片从左到右依次排列 */
21          margin: 20px 10px;
22      }
23  </style>
24  </head>
```

图 3-40　编写 CSS 样式

3）保存文件，并在网页浏览器中预览结果。

3.3.3 padding 属性

CSS 的 padding 属性用于定义元素内部的空间，即元素内容和元素边框之间的空白区域。它允许设置元素的上、右、下、左四个方向的内边距。

padding 属性不允许使用负值。padding 相关属性描述见表 3-3。

表 3-3　padding 相关属性描述

属性	描述
padding	简写属性。在一个声明中设置所有内边距属性
padding-top	设置内容（子元素）与该元素顶部（上边框）的距离
padding-right	设置内容（子元素）与该元素右边（右边框）的距离
padding-bottom	设置内容（子元素）与该元素底部（下边框）的距离
padding-left	设置内容（子元素）与该元素左边（左边框）的距离

与 margin 的参数一样，padding 也可以采用 1 个参数、2 个参数、3 个参数、4 个参数的写法，同样遵循"上右下左"的书写顺序。

【案例 3-6】　设置"天眼"图片与边框之间的间距，如图 3-41 所示。

图 3-41　"天眼"版面

1）输入如图 3-42 所示基础代码。
预览后的效果如图 3-43 所示。
2）通过 padding 设置内边距，如图 3-44 所示。

```
 2  <html>
 3      <head>
 4          <meta charset="utf-8">
 5          <title></title>
 6          <style type="text/css">
 7              #box{width: 400px;height: 700px;border: 10px solid #dd1133; margin: 0 auto;}
 8              #box  img{width: 400px;height: 700px;}
 9          </style>
10      </head>
11      <body>
12          <div id="box">
13              <img src="unit3-img/Heavenly eye.png">
14          </div>
15      </body>
16  </html>
```

图 3-42　基础代码

图 3-43　预览效果

```
#box{width: 400px;height: 700px;border: 10px solid #dd1133; margin: 0 auto;
     padding: 50px;
}
```

图 3-44　设置内边距

3）保存文件后，在浏览器中运行，观察效果是否达到预期。

3.3.4　border 属性

border 简写属性在一个声明中设置所有边框属性。可以按顺序设置如下属性：border-width、border-style、border-color。

border 相关属性描述见表 3-4。

表 3-4 border 相关属性描述

属性	描述
border	border 边框属性的简写
border-width	指定边框的宽度
border-style	指定边框的样式。其中，dotted 表示点线，dashed 表示虚线，solid 表示实线，double 表示双边框
border-color	指定边框的颜色。CSS 颜色表达方式有： • 颜色名称，如 red、blue、green 等 • 十六进制颜色代码，如 #FF0000 表示红色，#0000FF 表示蓝色 • RGB 值，如 rgb(255,0,0) 表示红色，rgb(0,0,255) 表示蓝色 • RGBA 值，类似于 RGB，但增加了 alpha 透明度值，如 rgba(255,0,0,0.5) 表示半透明红色
border-radius	设置 4 个角的圆角半径（圆角度）

之前练习的代码中，曾采用 border 简写格式，如图 3-45 所示。

```
#box{width: 400px;height: 700px;border: 10px solid #dd1133; margin: 0 auto;
    padding: 50px;
}
```

图 3-45 border 简写

"border:10px solid #dd1133;"这一行就是简写，3 个参数依次代表边框宽度、边框样式和边框颜色。这 3 个参数没有固定的先后顺序，喜欢先写哪个就写哪个。

3.3.5 background 属性

background 属性是一个简写属性，用于设置一个或多个背景相关的子属性。最常用的语法如下：

background:\<background-color>\<background-image>\<background-repeat>\<background-position>\<background-size>;

其中，background-color 为背景颜色，background-image 为背景图片，background-repeat 规定如何重复背景图片，background-position 为背景图片的位置，background-size 为背景图片的尺寸。

【案例 3-7】 应用精灵图技术的列表布局效果。

所谓的精灵图（sprite），就是先将多个小的图标集合到一张图片上，然后通过 CSS 背景定位来显示不同的图标。这样做可以减少 HTTP 请求的次数，从而加快页面加载速度。核心的做法就是对容器设置左内边距（padding-left），这个区域专门用于显示背景图。

接下来使用图 3-46 所示的 sprite.png 图片文件，完成 3 个容器显示不同图标的效果，如图 3-47 所示。

图 3-46 sprite.png 图片文件

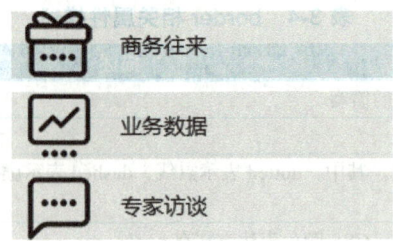

图 3-47 版面效果

1）编写 HTML 结构代码，如图 3-48 所示。

```
1  <!DOCTYPE html>
2  <html>
3      <head>
4          <meta charset="utf-8">
5          <title></title>
6      <body>
7          <ul class="aside-nav">
8              <li>商务往来</li>
9              <li>业务数据</li>
10             <li>专家访谈</li>
11         </ul>
12     </body>
13 </html>
```

图 3-48 HTML 结构代码

2）编写对应的 CSS 代码，如图 3-49 所示。

```
3   <head>
4       <meta charset="utf-8">
5       <title></title>
6       <style type="text/css">
        .aside-nav{margin: 0;padding: 0;list-style-type: none; width: 280px; height:210px; }
        .aside-nav li{width: 200px;height: 50px;margin:10px 0; padding-left:80px; line-height:50px;}
        /*图标尺寸为50 x 50px，且紧密衔接，所以这个li高度设置为50px。 */
        .aside-nav li:nth-of-type(1){background:#eee url("unit3-img/sprite.png") no-repeat 10px 0;}
        .aside-nav li:nth-of-type(2){background:#eee url("unit3-img/sprite.png") no-repeat 10px -50px;}
        /*第二个图标的偏移Y值以第一个图标的 Y=0 为基础，加上图标大小的50px。以此类推其他图标的位置。
        X/Y值为正，往右、下偏移； X/Y值为负，往左、上偏移。
        */
        .aside-nav li:nth-of-type(3){background:#eee url("unit3-img/sprite.png") no-repeat 10px -100px;}
17      </style>
18  </head>
```

- 所有 li 容器
- 第 1 个 li 容器
- 第 2 个 li 容器
- 第 3 个 li 容器

图 3-49 CSS 代码

3）保存文件，并在浏览器中运行以测试效果。

3.4 基础练习

【练习 3-1】以某公司页面的产品或新闻区（见图 3-50）为例，使用 Photoshop 或画笔工具绘制容器包含关系。

图 3-50　"新闻区"版面

图 3-51 所示为参考格式，可用线框、底色来表示容器，并用中文标注容器的用途。

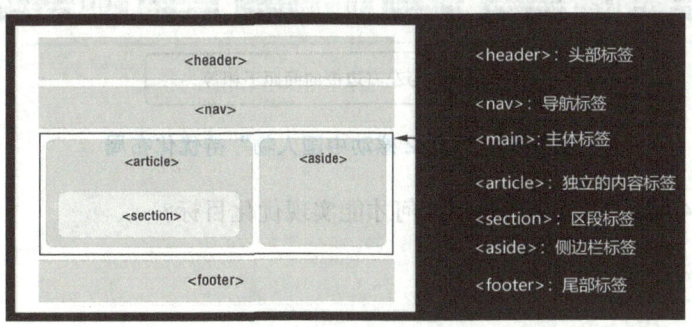

图 3-51　容器结构图

【练习 3-2】 以某公司首页的页脚区域（见图 3-52）为例，使用 Photoshop 或画笔工具绘制页脚区域的容器包含关系。

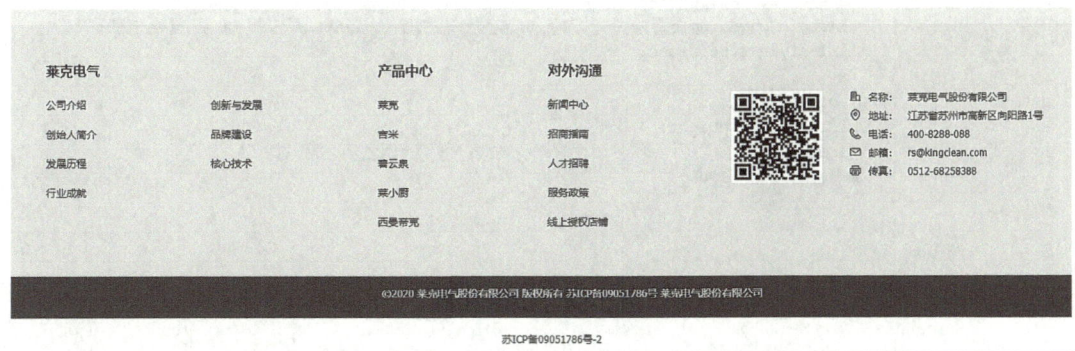

图 3-52　页脚区域

【练习3-3】 如图3-53所示，图片组与左右边框的间距不相等。通过计算容器的width、padding、margin等属性数值，使得左右边框与图片组的间距相等。

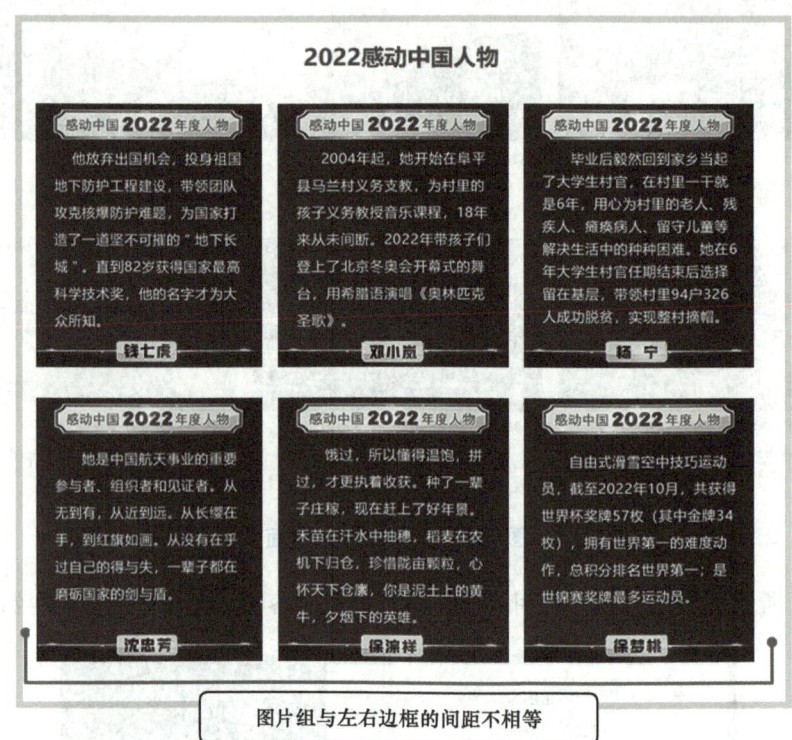

图 3-53 "2022 感动中国人物"待优化布局

根据图 3-54 所示的 CSS 代码，如何才能实现优化目标？

```
5       <title></title>
6       <style type="text/css">
7           #news-box{
8               width: 1000px;height: 900px;
9               border: 10px solid #ddd;
10              margin: 50px auto;        /* 左右margin值为auto时，容器水平居中 */
11          }
12          #news-box  h2 { text-align: center; font-size: 30px; color: #BB2233; }
13          #news-box  ul{
14              margin: 0; padding: 0;
15              /*margin和padding设置为0，消除ul容器固有的间隙，方便计算内部li容器所占宽高*/
16              list-style-type: none;
17          }
18          #news-box  ul li {
19              width: 300px;height: 350px;
20              float: left;        /* 设置左浮动，可以让各图片从左到右依次排列 */
21              margin: 20px 10px;
22          }
23      </style>
24  </head>
```

图 3-54 CSS 代码

计算各元素四周的 margin 数值，如图 3-55 所示。

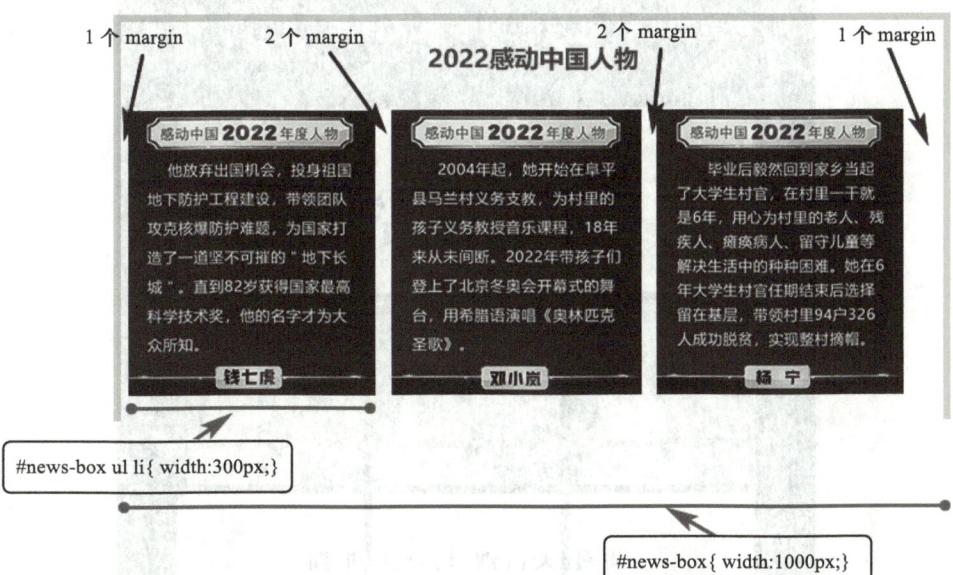

图 3-55　计算 margin 数值

经过计算，调整 margin 左右外边距，如图 3-56 所示。

```
18    #news-box  ul li {
19        width: 300px;height: 350px;
20        float: left;          /* 设置左浮动,可以让各图片从左到右依次排列 */
21        margin: 20px 16px;
22    }
```

图 3-56　修改 margin 数值

> **思考：**
> 左右间距问题经过改善后，肉眼看上去基本达到一致。如果想要绝对一致，我们还可以采用什么方法？
> 思路一：修改图片尺寸是否可行？
> 思路二：同时修改图片尺寸和 margin 是否可行？
> 思路三：左右 margin 采用不同数值是否可行？
> 思路四：设置父容器的左 padding 是否可行？

【练习 3-4】 完成图 3-57 所示的九宫格布局。
【解决策略】
思路一：将这一张大图切成 9 张小图来布局。
1）使用 <ul> 标签作为大容器，使用 <li> 标签分别装入 9 张图片，如图 3-58 所示。

图 3-57 九宫格布局

```
 7  <body>
 8      <div id="box">
 9          <h2>希望我们的九月顺风顺水又顺意</h2>
10          <ul id="box-img">
11              <li><img src="unit3-img/September_1.jpg"></li>
12              <li><img src="unit3-img/September_2.jpg"></li>
13              <li><img src="unit3-img/September_3.jpg"></li>
14              <li><img src="unit3-img/September_4.jpg"></li>
15              <li><img src="unit3-img/September_5.jpg"></li>
16              <li><img src="unit3-img/September_6.jpg"></li>
17              <li><img src="unit3-img/September_7.jpg"></li>
18              <li><img src="unit3-img/September_8.jpg"></li>
19              <li><img src="unit3-img/September_9.jpg"></li>
20          </ul>
21      </div>
22  </body>
```

图 3-58 9张小图布局的 HTML 结构代码

2）从文件属性中可知，每张小图的尺寸为 213×213px，图之间的间距预估为 20px（也就是每张图片的外边距为 10px），每张图占用 233×233px 的面积，三张图加起来为 699px，外部的大容器的内容宽度（width）必须不小于这个数值。相应的 CSS 代码如图 3-59 所示。

```
 6    <style type="text/css">
 7        #box{width: 699px;height: 900px; background-color: #000; }
 8        #box h2{color: #FFF; }
 9        #box-img {margin: 0; padding: 0; list-style-type: none;}
10        #box-img li { float: left; margin:10px;}
11    </style>
```

图 3-59　9 张小图布局的 CSS 代码

预览效果如图 3-60 所示。

图 3-60　9 张小图布局的预览效果

3）调整一下细节，如图 3-61 所示。

```
 6    <style type="text/css">
 7        #box{width: 699px;height: 900px; background-color: #000;
 8        padding: 20px;         /* 拉开内部元素与自身（边框）的距离 */
 9        }
10        #box h2{color: #FFF; font-size: 40px;
11        margin-left: 10px;     /*使首字在竖直方向上与图片对齐*/
12        font-weight:lighter;   /* font-weight可设置字粗细，bold为粗体，normal为正常，lighter为细体 */
13        }
14        #box-img {margin: 0; padding: 0; list-style-type: none;}
15        #box-img li { float: left; margin:10px;}
16    </style>
```

图 3-61　微调 CSS 代码

思路二：将大图作为整个大容器的背景图，然后利用 9 个空白内容的子容器的边框来构建中间网格。

1）依然使用 <ul> 标签搭建主体框架，如图 3-62 所示。

```
12    <body>
13        <div id="box">
14            <h2>希望我们的九月顺风顺水又顺意</h2>
15            <ul id="box-img">
16                <li></li>
17                <li></li>
18                <li></li>
19                <li></li>
20                <li></li>
21                <li></li>
22                <li></li>
23                <li></li>
24                <li></li>
25            </ul>
26        </div>
27    </body>
28 </html>
```

图 3-62　大图作为背景图的 HTML 结构代码

2）编写对应的 CSS 代码，如图 3-63 所示。

```
6    <style type="text/css">
7        #box{width:800px;height: 900px; background-color: #000; }
8        #box h2{color: #FFF; font-size: 40px; font-weight:lighter; }
9        #box-img{margin:0 auto; padding:0; width:699px; height:699px; border:1px solid red;}
10   </style>
```

图 3-63　大图作为背景图的 CSS 代码

预览效果从而确定大体框架，如图 3-64 所示。

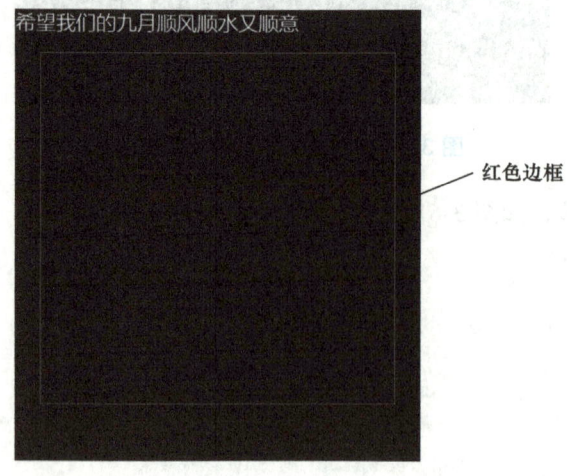

图 3-64　预览效果

3）解决红色边框容器内的背景图问题，输入图 3-65 所示的修正样式代码，保存文件并预览效果，如图 3-66 所示。

```
 6  <style type="text/css">
 7      #box{width:800px;height: 900px; background-color: #000; }
 8      #box h2{color: #FFF; font-size: 40px; font-weight:lighter; }
 9      #box-img{margin:0 auto; padding:0; width:699px; height:699px; border:1px solid red;
10          background:url('unit3-img/September_all.jpg') no-repeat;
11      }
12  </style>
```

图 3-65　修正样式代码

4）可以发现底图的面积不足以覆盖红色边框对应的容器。在资源管理器中，右击该文件查看其属性，在属性对话框的"详细信息"选项卡中看到该图大小为 625×625px，如图 3-67 所示。

图 3-66　修正样式后的预览效果

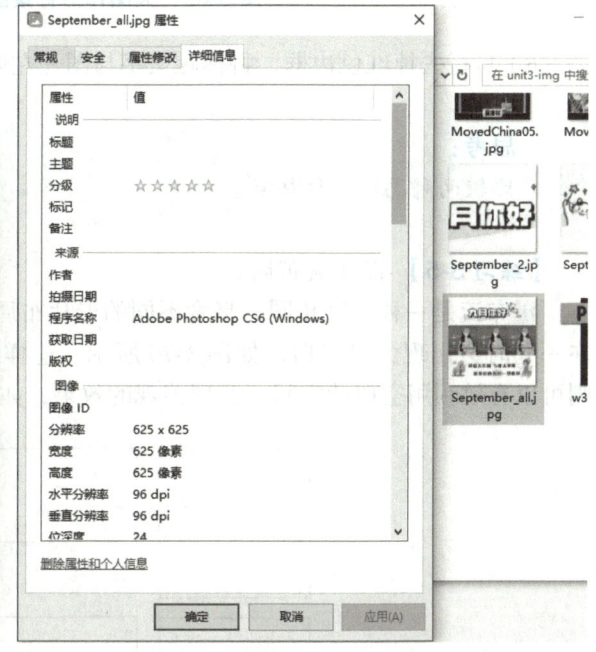

图 3-67　观察图片尺寸

重新调整 <ul> 容器的宽高，或者在影响不大的情况下，也可以强制修改背景图的尺寸。

5）接下来将 <ul> 内部 9 个 <li> 元素设计成空内容，只有 10px 边框的效果，如图 3-68 所示。

```
13  #box-img li{
14      list-style-type: none;      ← list-style-type 既可以设置在 ul
15      width: 213px;height: 213px;    中，也可以设置在 li 中
16      border: 10px solid #000;
17      float: left;
18  }
19  </style>
```

图 3-68　<li> 元素样式

保存文件后预览效果，如图 3-69 所示。

图 3-69　大图作为背景图的预览效果

6）自行去掉红色边框，将标题文字与图片左侧对齐。

> **思考：**
> 比较两种思路的优缺点。

【练习 3-5】　瀑布流布局。

瀑布流是一种宽度相同、高度不同的卡片布局方式。传统布局中高度各异的卡片排列在一起时会出现大量空白，如图 3-70 所示。这样既浪费了空间，又不美观。瀑布流布局则可以有效利用空白的空间，实现美观的效果，如图 3-71 所示。

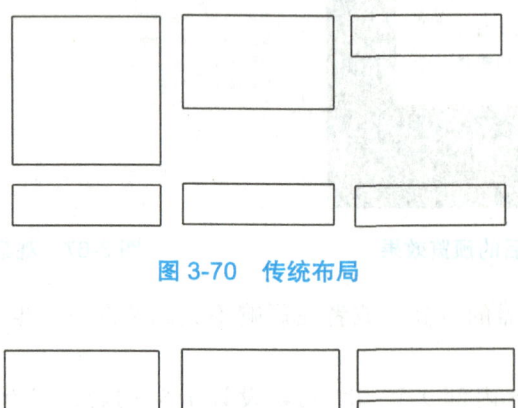

图 3-70　传统布局

图 3-71　瀑布流布局

企业页面的瀑布流布局会动态刷新不同尺寸的图片，而不是固定某几张图片，如图 3-72 所示，这就需要结合 JavaScript、弹性盒子等技术来实现。这里采用瀑布流布局作为布局练习，旨在考察对盒子模型的掌握程度。

图 3-72　瀑布流布局效果图

【解决策略】

思路一：常规思路是指页面分为均匀的 3 列，每列装入对应的多张图片。

1）使用 3 个 <ul> 标签分别代表 3 列，每个 <li> 元素中装入不同图片，代码如图 3-73 所示。

```
12  <body>
13      <div id="container">
14          <ul class="col">
15              <li><img src="unit3-img/Waterfall01_01.jpg"></li>
16              <li><img src="unit3-img/Waterfall01_04.jpg"></li>
17              <li><img src="unit3-img/Waterfall01_07.jpg"></li>
18          </ul>
19          <ul class="col">
20              <li><img src="unit3-img/Waterfall01_02.jpg"></li>
21              <li><img src="unit3-img/Waterfall01_05.jpg"></li>
22              <li><img src="unit3-img/Waterfall01_08.jpg"></li>
23          </ul>
24          <ul class="col">
25              <li><img src="unit3-img/Waterfall01_03.jpg"></li>
26              <li><img src="unit3-img/Waterfall01_06.jpg"></li>
27              <li><img src="unit3-img/Waterfall01_09.jpg"></li>
28          </ul>
29      </div>
30  </body>
```

图 3-73　常规思路的 HTML 代码

2）编写对应的 CSS 代码，如图 3-74 所示。

$$3 \times 250 + 6 \times 20 = 870$$

```
 6   <style type="text/css">
 7       #container{width: 870px;height: 1300px;border: 4px solid #ddd;}
 8       #container  .col{width: 250px;height: 1300px; margin:20px;padding: 0;
 9           float: left;list-style-type: none;}
10   </style>
```

图 3-74　常规思路的 CSS 代码

3）在浏览器中的预览效果如图 3-75 所示，我们看到图片宽度与预期相差不大，可以通过 CSS 将各种尺寸的图片强制统一尺寸。

图 3-75　常规思路的预览效果

4）调整 CSS 代码，将 <img> 容器强制设置为 250px，如图 3-76 所示。

```
 7       #container{width: 870px;height: 1300px;border: 4px solid #ddd;}
 8       #container  .col{width: 250px;height: 1300px; margin:20px;padding: 0;
 9           float: left;list-style-type: none;}
10       .col  img{
11           width:250px;
12           border-radius: 20px;          /* 控制四个角的圆角半径为20px */
```

图 3-76　设置 <img> 容器

预览效果如图 3-77 所示。

5）给每张图片添加图片标题，这里可以采用 <h3>、<h4>、<p>、<div> 标签作为块级容器。从语义角度来说，虽然标题用 <h> 类标签比较适合，但是面对海量的图片都强调标题的语义等于毫无重点。基于这样的考虑，用普通 <p> 标签也有一定道理。

图 3-77　设置 <img> 容器后的预览效果

回忆下 HBuilder 的快捷键。按住〈Alt〉键，竖直拖曳出多行输入光标。复制、粘贴也采用这个操作，如图 3-78 所示。

```
<ul class="col">
    <li><img src="unit3-img/Waterfall01_01.jpg"><p>图片标题，有空则改</li>
    <li><img src="unit3-img/Waterfall01_04.jpg"><p>图片标题，有空则改</li>
    <li><img src="unit3-img/Waterfall01_07.jpg"><p>图片标题，有空则改</li>
</ul>
<ul class="col">
    <li><img src="unit3-img/Waterfall01_02.jpg"></li>
    <li><img src="unit3-img/Waterfall01_05.jpg"></li>
    <li><img src="unit3-img/Waterfall01_08.jpg"></li>
```

按住〈Alt〉键，竖直拖曳出多行输入光标

图 3-78　添加标题文字 1

快速修改后的代码如图 3-79 所示。

```
16  <body>
17      <div id="container">
18          <ul class="col">
19              <li><img src="unit3-img/Waterfall01_01.jpg"><p>图片标题，有空则改</p></li>
20              <li><img src="unit3-img/Waterfall01_04.jpg"><p>图片标题，有空则改</p></li>
21              <li><img src="unit3-img/Waterfall01_07.jpg"><p>图片标题，有空则改</p></li>
22          </ul>
23          <ul class="col">
24              <li><img src="unit3-img/Waterfall01_02.jpg"><p>图片标题，有空则改</p></li>
25              <li><img src="unit3-img/Waterfall01_05.jpg"><p>图片标题，有空则改</p></li>
26              <li><img src="unit3-img/Waterfall01_08.jpg"><p>图片标题，有空则改</p></li>
27          </ul>
28          <ul class="col">
29              <li><img src="unit3-img/Waterfall01_03.jpg"><p>图片标题，有空则改</p></li>
30              <li><img src="unit3-img/Waterfall01_06.jpg"><p>图片标题，有空则改</p></li>
31              <li><img src="unit3-img/Waterfall01_09.jpg"><p>图片标题，有空则改</p></li>
32          </ul>
33      </div>
34  </body>
```

图 3-79　添加标题文字 2

思路二：利用 float 属性，试试不同大小的容器能否自动见缝插针，自行利用空间。

1）编写对应的 HTML 代码及样式，如图 3-80 所示。

```html
<html>
    <head>
        <meta charset="utf-8">
        <title></title>
        <style type="text/css">
            #container{width: 870px;height: 1300px;border: 4px solid #ddd;}
            .col {width: 870px; height: 1300px;margin:0;padding:0;}
            .col li {width: 250px; margin:20px; padding: 0; float:left; list-style-type: none;}
            .col  img{ width:250px; border-radius: 20px; }
        </style>
    </head>
    <body>
        <div id="container">
            <ul class="col">
                <li><img src="unit3-img/Waterfall01_01.jpg"></li>
                <li><img src="unit3-img/Waterfall01_02.jpg"></li>
                <li><img src="unit3-img/Waterfall01_03.jpg"></li>
                <li><img src="unit3-img/Waterfall01_04.jpg"></li>
                <li><img src="unit3-img/Waterfall01_05.jpg"></li>
                <li><img src="unit3-img/Waterfall01_06.jpg"></li>
                <li><img src="unit3-img/Waterfall01_07.jpg"></li>
                <li><img src="unit3-img/Waterfall01_08.jpg"></li>
                <li><img src="unit3-img/Waterfall01_09.jpg"></li>
            </ul>
        </div>
    </body>
</html>
```

图 3-80　利用 float 属性的 HTML 结构代码

2）预览后发现页面效果有点乱。只有通过试验才能深刻理解容器在 float 属性下的布局表现。页面效果分析如图 3-81 所示。

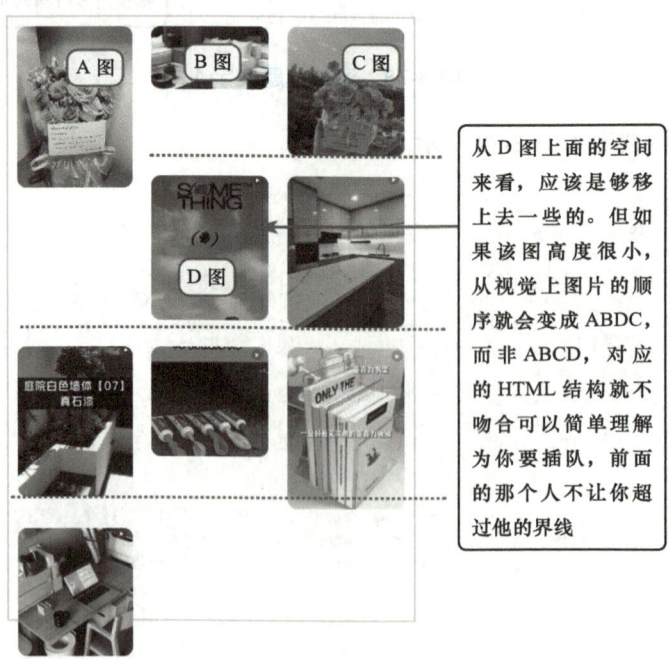

图 3-81　页面效果分析

【练习 3-6】 利用 border-radius 属性生成圆形、胶囊形、门形等形状的容器外观，从下面 5 个福娃（见图 3-82）中挑 4 个福娃来添加图片造型。

图 3-82 福娃图片

1）编写 HTML 代码，如图 3-83 所示。

```
32  <body>
33      <div id="shape1"  class="box"><img src="unit3-img/Fuwa1.jpg"></div>
34      <div id="shape2"  class="box"><img src="unit3-img/Fuwa2.jpg"></div>
35      <div id="shape3"  class="box"><img src="unit3-img/Fuwa3.jpg"></div>
36      <div id="shape4"  class="box"><img src="unit3-img/Fuwa4.jpg"></div>
37  </body>
```

id 选择器用于个性定制某个 div 属性

class 选择器用于定义 4 个 div 的公共属性

图 3-83 利用 border-radius 属性的 HTML 结构代码

2）编写对应的 CSS 代码，如图 3-84 所示。

```
<style type="text/css">
    .box{margin: 100px; border: 4px solid #999; overflow: hidden; float: left;}
    #shape1 {
        width:400px; height: 100px;
        border-radius: 50px;
    }
    #shape2 {
        width:300px;height: 300px;
        border-radius: 150px;
    }
    #shape3 {
        width: 200px; height: 200px;
        transform:rotate(45deg);
        margin: 100px;
    }
    #shape3 img { transform:rotate(-45deg)  translate(-100px,-150px);  }
    #shape4{
        width: 200px;height: 300px;
        background-color: red;
        border-radius: 50%  50%  0%  0% ;
    }
    #shape4 img { transform:translate(-150px,0px); }
</style>
```

溢出设为隐藏才能看到效果

矩形 4 个角的圆角半径均为 50px

圆角半径达到正方形长度的 1/2 就变为圆形

将正方形顺时针旋转 45°，内部元素也跟着旋转

X 轴方向往左平移 100px，Y 轴方向往上平移 150px

将图片逆时针旋转 45°

除了用 px 作为单位，也可以采用百分比。4 个圆角半径分别对应左上角、右上角、右下角和左下角

图 3-84 利用 border-radius 属性的 CSS 代码

3）保存 HTML 文件并预览效果。

3.5 扩展练习

【练习 3-7】 主要使用 <ul> 标签、float 属性和 border-radius 属性完成图 3-85 所示的布局效果。

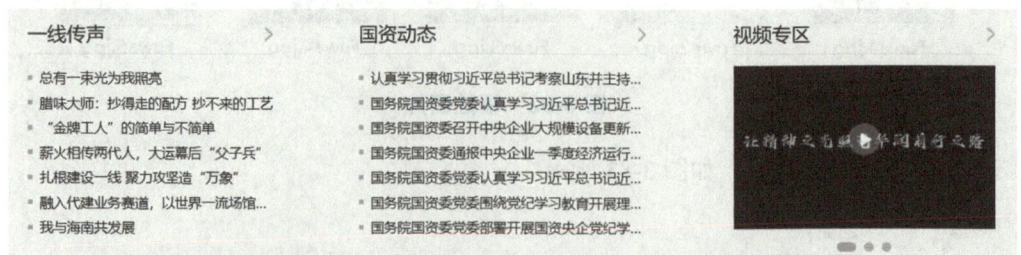

图 3-85　新闻版块布局效果

【练习 3-8】 将图 3-86 所示的产品图进行切片输出，利用 float 属性完成所示效果。

图 3-86　产品图

【练习 3-9】 使用 <ul> 标签完成图 3-87 所示的新闻列表布局，使用 CSS 生成列表左侧的三角形图标。

▶ 第二届中国海洋美食文化节暨2024民族美食文化节将在青岛西海岸新	06-06
▶ 集团园区事业部召开2024年"安全生产月"部署会暨安全生产专题培训	06-06
▶ 青岛嘉年华开展"爱心救·5分钟救人一命"应急救援培训活动	06-06
▶ 80余家央企负责人参加"央企青岛西海岸行"活动，12个项目集中签约	06-03
▶ 西海岸新区新型显示产业链链长会议召开	05-23
▶ 首场新型显示人才市集暨民族学生专场招聘在新区举办	05-18

图 3-87　新闻列表布局

第 4 章 常见的 HTML 标签与 CSS 的搭配

知识与技能目标

1. 深刻理解块元素、内联元素、内联块级元素的特征。
2. 进一步熟练编写常见 HTML 标签及对应的 CSS 属性，包括属性的简写格式。
3. 理解并牢记常见的若干种类型的选择器的使用场景。
4. 理解选择器的优先顺序。
5. 能从多种角度思考页面效果布局的实现过程。
6. 养成使用选择器的组合申明目标样式的习惯，并在 <style> 标签内部形成整齐的选择器名称排列。
7. 进一步培养编写代码时在重点位置书写注释的习惯。

素养目标

1. 独自完成与学号对应的绘制容器关系图练习，培养独立学习的能力，消除集体学习环境下的依赖行为。
2. 通过个人简历表格布局练习，培养动手完成实习期前必做工作的能力。
3. 通过"校园霸凌问卷"练习，了解校园霸凌的特点、处理方式等，掌握正确的应对措施，提高防霸凌意识。
4. 了解本章成语的出处，理解成语含义与知识点的结合：
1)"文武兼备""横行天下"：对于个人而言，勤修内外功，才能在企业、行业中闯出一方天地。
2)"无孔不入"：强调规则和制度可能有滞后性，切勿钻漏洞以获取不当利益。
3)"同气连枝""株连蔓引"：在集体生活中应当团结友爱，亲如兄弟，切勿做损伤集体利益的事情，避免一损俱损的情况。
4)"屡次三番"：上课屡屡迟到者却无改进的意愿和措施，吃一堑却不长一智。
5)"人微言轻""一呼百诺"：有力量的人，周围的人都愿意听从他的建议，并不因为他的职位高低，这股力量来自坚定、勇气、自信……

在本章中，要深刻理解块元素、内联元素、内联块级元素的特征表现，只有了解常见的这三种类型，才能合理地采用对应的 CSS。

值得注意的是，接下来的案例代码量增加了不少，如果在练习过程中出现异常，一定要给可疑的元素设置背景色或者边框，以便查看容器情况。优先采用背景色，毕竟有时候 1px 的边框也有可能导致元素的位置混乱。

4.1 块元素、内联元素、内联块级元素的特征

1. 块元素

块（block）元素的特征如下：

1）每个块元素都单独占用一行。
2）元素的高度、宽度、内外边距都可设置。
3）元素宽度在不设置的情况下，占据其父容器的全部内容宽度。
4）常见的块元素有 <div>、<p>、<ul>、<li>、<table>、<form>、<h1>~<h6> 等。

> **知识点**：块元素特征
>
> **记忆关键词**：横行天下
>
> **关键词解析**：
>
> 块元素横着占用一行，即便设置了宽度，也依然不允许后面的元素排上来，霸道至极，可谓武将。
>
> **成语出处**：
>
> 《庄子·盗跖》：盗跖从卒九千人，横行天下，侵暴诸侯。
>
> 横行天下——形容遍行天下，不受阻碍；也形容东征西战，到处称强，没有敌手。

2. 内联元素（行内元素）

内联（inline）元素也称行内元素，其特征如下：

1）和其他内联元素都在同一行上。
2）元素的高度、宽度、上/下内边距、上/下外边距不可设置，但是可以设置左/右内边距、左/右外边距。
3）元素的宽度就是它包含的文字的宽度。
4）常见的内联元素有 <a>、<span>、
、<i>、<em>、<strong>、<label> 等。

> **知识点**：内联元素特征
>
> **记忆关键词**：无孔不入
>
> **关键词解析**：
>
> 实力弱小，在块元素之间求生存发展，竭尽所能靠近"上层"，前排哪里有空位挤哪里。
>
> **成语出处**：
>
> 《官场现形记》第三十五回：况且上海办捐的人，钻头觅缝，无孔不入。
>
> 无孔不入——有空子就钻，比喻不放过任何一个机会（多指做坏事）。

3. 内联块级元素（行内块元素）

内联块级（inline-block）元素也称行内块元素，其特征如下：

1）和其他内联元素都在同一行上。
2）元素的高度、宽度可设置。
3）常见的内联块级元素有 <img>、<input>、<button>、<td> 等。

> **知识点**：内联块级元素特征
> **记忆关键词**：文武兼备
> **关键词解析**：
> 具备内联元素共用一行的特征，同时又可以像块元素一样设置四周的外边距。
> **成语出处**：
> 《汉纪·宣帝纪》：文武兼备，惟所施设。
> 文武兼备——同时具有文才和武才，文武双全。

通过 CSS 的 display 属性，可以将元素在这 3 种类型之间进行转换。例如，设置"display: inline-block;"可以将元素转换为内联块级元素。

4.2 常见 CSS 属性

常见 CSS 属性见表 4-1。一定要认得常用的英文单词，至少要记住每个单词的前几个字母，编写代码时根据 HBuilder 的代码提示功能找到正确的属性即可。因篇幅有限，关于属性值设置的用法示例，请读者以属性名称为关键词自行通过搜索引擎进行搜索。

表 4-1 常见 CSS 属性

属性名称	含义	属性作用
background	背景	所有属性的简写
border	边框	所有边框属性的简写
border-radius	边框半径	设置边框的圆角半径
box-shadow	盒子阴影	设置容器的阴影
clear	清除	清除浮动带来的影响
color	颜色	设置文本的颜色
content	内容	与 :before 和 :after 伪元素一起使用，来插入生成的内容
cursor	光标	规定当指向元素时要显示的光标
display	显示	规定如何显示某个 HTML 元素
filter	滤镜	定义元素显示的滤镜效果
float	浮动	设置容器进行浮动
font-family	文字家族	规定文本的字体系列
font-size	文字大小	规定文本的字体大小
font-weight	文字粗细	规定字体的粗细
letter-spacing	字符间距	增加或减少文本中的字符间距
line-height	行高	设置行高，一行文本可以理解为文字上下均占用一些空白区域
list-style-type	列表样式	规定列表项标记的类型
opacity	透明度	设置元素的不透明等级
overflow	溢出	规定如果内容溢出元素框会发生什么情况
position	位置	规定元素的定位类型（静态、相对、绝对或固定）
text-align	文字对齐	规定文本的水平对齐方式
text-decoration	文字装饰	规定文本的装饰效果
text-indent	文字缩进	规定文本块中的首行缩进
transform	变换	元素应用 2D 或 3D 转换

（续）

属性名称	含义	属性作用
transition-delay	（动画）过渡延迟	规定何时开始过渡效果
transition-duration	（动画）过渡持续时间	规定完成过渡效果所需的秒或毫秒数
transition-timing-function	（动画）过渡时间函数	规定过渡效果的速度曲线
vertical-align	垂直对齐	设置元素的垂直对齐方式
visibility	能见度	规定元素是否可见
word-spacing	单词间隔	增加或减少文本中的单词间距，仅对英文有效
z-index	Z轴的堆叠顺序	设置定位元素的堆叠顺序，Z轴指的是眼睛视线垂直于计算机屏幕的轴线

4.3 常见的选择器类型

4.3.1 标签选择器

一个完整的 HTML 页面是由很多不同的标签组成的，标签选择器则决定了哪些标签采用定义的 CSS。

所有 HTML 的标签都能当作标签选择器，标签选择器选中的是指定容器中的所有相应标签。

标签选择器以标签名来定义，用法示例如下：

h1 {color:red;}

ul {list-style-type:none;}

在本书案例中，<h1>、<header>、<footer> 等少数几个标签在代码中具有特殊性，可以不采用 id 选择器、类选择器等，直接使用标签选择器也不会被其他容器误用。

> 知识点：标签选择器的意义
>
> 记忆关键词：同气连枝
>
> 关键词解析：
>
> "同气"指的是具有相同标签的元素，它们因为采用相同的属性而被归类在一起；"连枝"则形象地表达了这些元素通过标签选择器被连接在一起，共同接受对应样式的影响。
>
> 成语出处：
>
> 《千字文》：孔怀兄弟，同气连枝。
>
> 同气连枝——比喻同胞的兄弟姐妹。

【案例 4-1】 基于 SEO（搜索引擎优化）优化排名的原因，公司网页 logo 处采用 <h1> 标签，logo 图片作为背景图片。

logo 是整个网站最重要的元素之一。如何能让公司网页尽可能地被搜索引擎收录？如何便于搜索引擎识别出正确的站点信息？我们要思考以下几个因素：①在浏览网页时，图片有可能刷不出来，尤其是图片较大时。②图片刷不出来时，怎么体现出这个位置放置了什么内容？③搜索引擎喜欢"标题"语义，也就是喜欢收录能概括整个页面结构的元素。

1）编写 HTML 结构，采用 <h1> 标签强调 logo，logo 应能体现网站名及网址信息。同时在文件头 <head> 标签内的 <title> 标题上写上对应的网站名、网址、宣传语，代码如图 4-1 所示。

2）编写对应的 CSS 代码，如图 4-2 所示。

```
2  <html>
3    <head>
4      <meta charset="utf-8">
5      <title>中华网 china.com 弘扬中华文化，共创全球华人精神家园</title>
6    </head>
7    <body>
8      <h1><a href="//www.china.com">中华网 china.com </a></h1>
9    </body>
10 </html>
```

图 4-1 用 <h1> 标签构建 logo

```
6  <style type="text/css">
7    h1{
8      width: 220px; height: 55px;
9      margin: 20px auto;
10     background: url("unit3-img/china_logo2023.png")  no-repeat;
11     background-size: 220px auto;          /*图片强制改宽度，高度auto按原有比例缩放 */
12   }
13   h1 a{
14     display: block;           /*块元素的宽度默认填满父容器 */
15     height: 100%;             /* 高度采用父容器 h1 的高度 */
16     text-indent: -666px;      /*文本缩进到边框左边很远很远 */
17     overflow: hidden;         /* 双保险，把超过容器尺寸的溢出内容隐藏掉 */
18   }
19 </style>
20 </head>
```

图 4-2 <h1> 标签的 CSS 代码

4.3.2 id 选择器

id 选择器可以为标有特定 id 的 HTML 元素指定样式。id 选择器以"#"来定义，用法示例如下：

#box-red {color:red;}

#bg {color:green;}

引用 id 一定要加"#"，id 的名称只能由字符、数字、下划线组成，且不能以数字开头，更不能以 HTML 关键字作为 id 名，如 #p、#a 和 #img 等。

> **知识点**：id 选择器的应用场景
>
> **记忆关键词**：寡二少双
>
> **关键词解析**：
>
> 每个标签都可以设置唯一的 id，id 就相当于人/标签的身份证，因此在同一页面内 id 选择器绝不能重复。

> **成语出处：**
> 《汉书·吾丘寿王传》：子在朕前之时，知略辐凑，以为天下少双，海内寡二。
> 寡二少双——很少有第二个，形容极其突出。

【案例 4-2】 完成中华网 www.china.com 的页面框架布局。

1）拟定给图 4-3 所示的页头部分划分区域，原则上一行视为一个大容器。

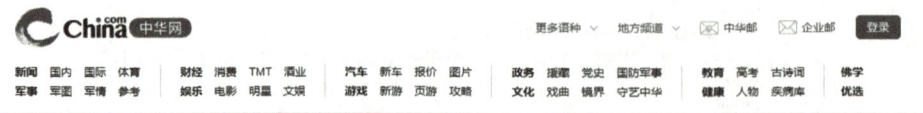

图 4-3 中华网页头部分

页头部分的容器结构关系如图 4-4 所示。

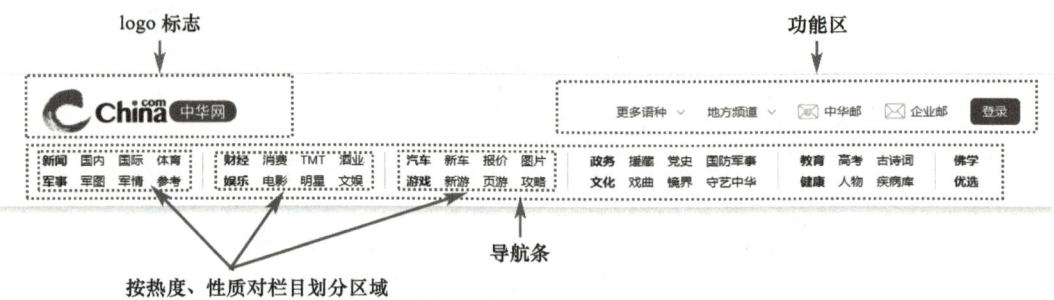

图 4-4 容器结构关系

2）对应的 HTML 结构如图 4-5 所示。

```
 2  <html>
 3   <head>
 4    <meta charset="utf-8">
 5    <title>中华网 china.com 弘扬中华文化，共创全球华人精神家园</title>
 6    <style type="text/css">
 7     #header{width: 1200px;height: 300px;margin: 0 auto;border: 4px solid red;}
 8     #header-top{width: 1100px;height: 160px;border: 1px solid blue; margin: 0 auto;}
 9    </style>
10   </head>
11   <body>
12    <div id="header">
13     <div id="header-top">    <!--按照一行一个大容器装载的方式，第一行 -->
14
15     </div>
16     <div id="nav">           <!-- 第二行，整个导航条 -->
17
18     </div>
19    </div>
20   </body>
21  </html>
```

图 4-5 中华网页头部分的 HTML 结构

先看看初步预览效果是否正确，再循序渐进地补充新的内容，如图 4-6 所示。

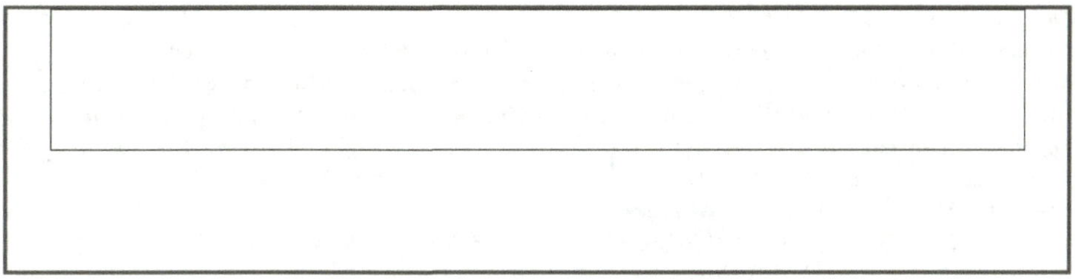

图 4-6 中华网页头部分初步预览效果

3）编写第一行的结构，对应的 HTML 和 CSS 代码如图 4-7 所示。

```
 6      <style type="text/css">
 7          #header{width: 1200px;height: 300px;margin: 0 auto;border: 4px solid red;}
 8          #header-top{width: 1100px;height: 160px;border: 1px solid blue; margin: 0 auto;}
 9          #logo {width: 200px;height: 150px; float: left; border: 1px solid #666; margin:0; }
10          #header-top-right{ width: 400px; height: 150px; float: right; border: 1px solid #666;}
11      </style>
12  </head>
13  <body>
14      <div id="header">
15          <div id="header-top">        <!--按照一行一个大容器装载的方式，第一行 -->
16              <h1 id="logo">
17
18              </h1>
19              <div id="header-top-right">   <!--有些区域不好用英文单词来表达语义，这种情况下可以采用位置英文单词表达-->
20
21              </div>
22          </div>
23          <div id="nav">               <!-- 第二行，整个导航条 -->
24
25          </div>
26      </div>
27  </body>
```

图 4-7 第一行结构的 HTML 和 CSS 代码

4）观察效果无误后，把第二行的导航部分完成。要重点留意，由于 6 个区域的布局、元素款式一致，如图 4-8 所示，因此可以采用"选择器并列声明"的方式，简化代码，如图 4-9 所示。

```
21  <body>
22      <div id="header">
23          <div id="header-top">        <!--按照一行一个大容器装载的方式，第一行 -->
24              <h1 id="logo">
25
26              </h1>
27              <div id="header-top-right">   <!--有些区域不好用英文单词来表达语义，这种情况下可以采用位置英文单词表达-->
28
29              </div>
30          </div>
31          <div id="nav">               <!-- 第二行，整个导航条 -->
32              <ul id="nav-item01"></ul>
33              <ul id="nav-item02"></ul>
34              <ul id="nav-item03"></ul>
35              <ul id="nav-item04"></ul>
36              <ul id="nav-item05"></ul>
37              <ul id="nav-item06"></ul>
38          </div>
39      </div>
40  </body>
```

图 4-8 导航各区域的布局、元素款式一致

```
<style type="text/css">
    #header{width: 1200px;height: 300px;margin: 0 auto;border: 4px solid red;}
    #header-top{width: 1100px;height: 160px;border: 1px solid  blue; margin: 0 auto;}
    #logo {width: 200px;height: 150px; float: left; border: 1px solid #666; margin:0; }
    #header-top-right{ width: 400px; height: 150px; float: right; border: 1px solid #666;}
    #nav {width: 1100px; height: 120px ; border: 1px solid blue; margin: 0 auto;}
    #nav-item01, #nav-item02, #nav-item03, #nav-item04, #nav-item05, #nav-item06 {
        /* 选择器的并列声明，简单地说就是以上 6个id选择器都采用相同的设置    */
        width: 110px;height: 100px;
        border: 1px solid red;
        float: left;
        margin: 10px;
    }
</style>
```

图 4-9　选择器并列声明

刚才用并列声明来指定选择器，虽然只有 6 个，但代码看起来还是有点臃肿，如果希望代码精简些，可以参考下一节类选择器的知识点。既然可以精简，为什么要大家辛苦复制多次？"天将降大任于是人也，必先苦其心志。"通过工作量的对比，可以更加真切地感受到相关知识的重要性。

5）在浏览器中预览，效果如图 4-10 所示。

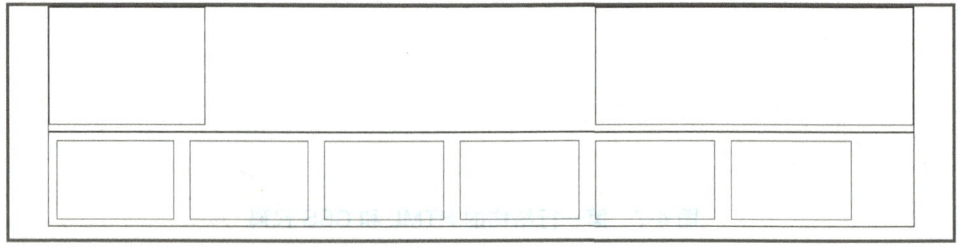

图 4-10　预览效果

6）将上面步骤完成的代码折叠起来，如图 4-11 所示。

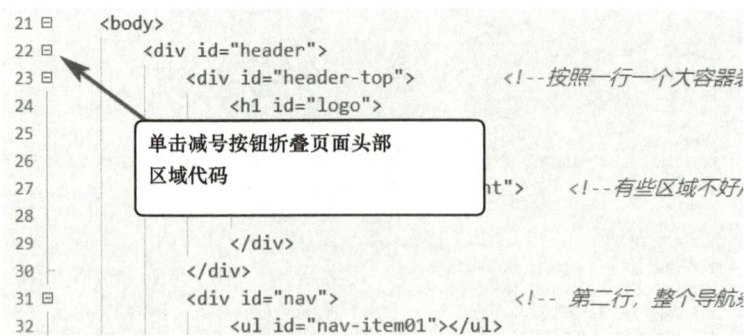

图 4-11　折叠代码

7）简化"中华网"首页内容区的主要栏目，参考如图 4-12 所示的汽车栏目，现拟定设计"中华视点""军事""文化""财经""汽车" 5 个栏目。搜索得知这 5 个栏目对应的英文单词为 view、military、culture、finance、car。如果个别英文单词过长，可采用缩写。

第 4 章 常见的 HTML 标签与 CSS 的搭配

图 4-12 内容区版块之一

8) 编写对应的 HTML 代码, 如图 4-13 所示。

```
28  <body>
29      <div id="header"> ... 
47      <div id="main">
48          <div id="view"></div>
49          <div id="military"></div>
50          <div id="culture"></div>
51          <div id="finance"></div>
52          <div id="car"></div>
53      </div>
54  </body>
```

图 4-13 HTML 代码

9) 添加对应的 CSS 代码, 如图 4-14 所示。

```
19  #main{width: 1200px;height: 1400px;margin: 20px auto; border: 4px solid red;}
20  #view ,#military ,#culture , #finance, #car {
21      width: 1000px;height: 200px; margin: 10px auto; border: 1px solid  #666;
22  }
23  #culture{
24      height: 400px;    /* 如果个别容器的少量属性不同,则可以重写属性来产生样式 */
25  }
```

图 4-14 CSS 代码

10) 保存文件, 预览效果, 如图 4-15 所示。

【案例 4-3】 打开手机中的某个 APP, 这里以图 4-16 所示的唯品会 APP 界面为例, 用直尺在 A4 纸上绘制容器结构图, 并辅以箭头和文字给各容器命名 id, 如图 4-17 所示。

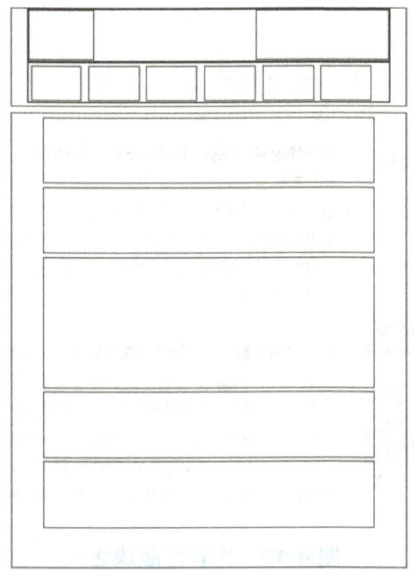

图 4-15 预览效果

图 4-16 唯品会 APP 界面

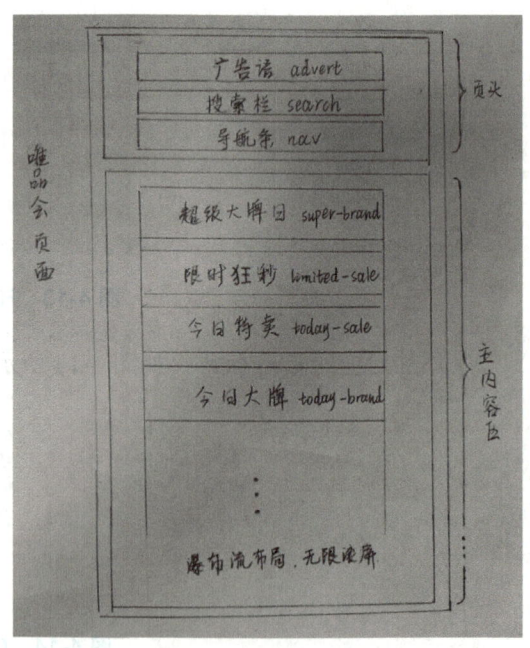

图 4-17 容器结构图

4.3.3 类选择器

类选择器用于选择若干个有特定 class 属性的 HTML 元素。同一页面内 class 可以重复。在编写样式时尽量使用类选择器,由于 id 选择器的优先级比类选择器高,因此 id 选择器在后期样式的控制中会越来越难以控制。

如需选择拥有特定 class 的元素，在类名前写一个句点"."字符，用法示例如下：

.center {text-align: center; color: red;}

HTML 元素也可以引用多个类。每个元素都可以设置一个或多个 class（以空格分隔）。例如，<p> 元素可以根据 CSS 代码区的 center 和 large 样式进行设置，那么可以写成：

<p class="center large"> 本行文字会受到两个样式影响 </p>

> **知识点**：类选择器有利于代码复用
>
> **记忆关键词**：屡次三番
>
> **关键词解析**：
>
> 实际项目中为了使一个元素能被多个样式应用效果，复用样式可以提高效率。简单地说，就是一个元素可以拥有多个类，一个类也可以应用到多个元素上。
>
> **成语出处**：
>
> 《官场现形记》第二十九回：徐大军机本来是最恨舒军门的，屡次三番请上头拿他正法。
>
> 屡次三番——形容反复多次。

【案例 4-4】 打开之前做的案例 4-2 的"中华网"布局练习作业（见图 4-18），利用类选择器完成页头部分的布局。

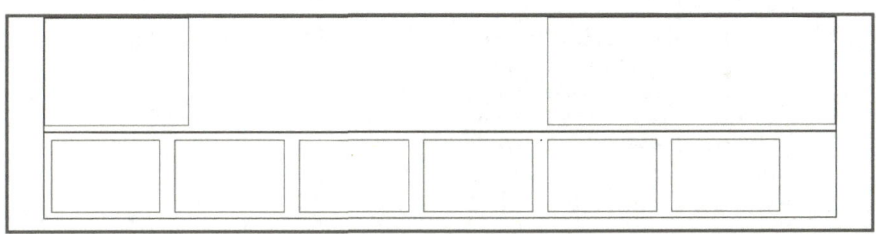

图 4-18 "中华网"布局练习作业

1）打开资源包"课本案例 + 练习 \ 第 4 章 – 常用选择器 -id 选择器　中华网 .html"，找到图 4-19 所示的区域。

```
38    <div id="nav">                <!-- 第二行, 整个导航条 -->
39        <ul id="nav-item01"></ul>
40        <ul id="nav-item02"></ul>
41        <ul id="nav-item03"></ul>
42        <ul id="nav-item04"></ul>
43        <ul id="nav-item05"></ul>
44        <ul id="nav-item06"></ul>
45    </div>
```

图 4-19 <ul> 采用 id 选择器

先把 id 选择器换成类选择器，如图 4-20 所示。

```
38  <div id="nav">                         <!-- 第二行，整个导航条 -->
39      <ul class="nav-item"></ul>
40      <ul class="nav-item"></ul>
41      <ul class="nav-item"></ul>          共用一个 class 名称
42      <ul class="nav-item"></ul>
43      <ul class="nav-item"></ul>
44      <ul class="nav-item"></ul>
45  </div>
```

图 4-20　<ul> 采用类选择器

2）修改后的 CSS 代码如图 4-21 所示。

```
12  .nav-item {
13      /* 看到 id 选择器并列声明的弊端，就要明白类选择器的优势 */
14      width: 110px;height: 100px;
15      border: 1px solid red;
16      float: left;
17      margin: 10px;
18  }
```

图 4-21　nav-item 的 CSS 代码

3）同理，把后面的 id 选择器改为类选择器，如图 4-22 所示。

```
47  <div id="main">
48      <div class="channel"></div>      <!-- 这5个区域就暂时叫作channel（频道）-->
49      <div class="channel"></div>
50      <div class="channel"></div>
51      <div class="channel"></div>
52      <div class="channel"></div>
53  </div>
54  </body>
```

图 4-22　修改 HTML 代码

4）对应的 CSS 代码如图 4-23 所示。

```
19  #main{width: 1200px;height: 1400px;margin: 20px auto; border: 4px solid red;}
20  .channel {
21      width: 1000px;height: 200px; margin: 10px auto; border: 1px solid #666;
22  }
23  #culture{
24      height: 400px;      /* 如果个别容器的少量属性不同，则可以重写属性来产生样式 */
25  }
```

图 4-23　channel 的 CSS 代码

细心的读者可以看到，去掉原来的 id 选择器后，CSS 中多出来的 #culture 样式并不会让页面出现错误信息，只是这个样式找不到对应的元素，无法生效而已。

5）如果需要把其中一个 <div> 容器的高度调整为特殊的 400px，那么可以为该容器再附加上一个 class 名，如图 4-24 所示。

```
47    <div id="main">
48        <div class="channel"></div>      <!-- 这5个区域就暂时叫作channel（频道）-->
49        <div class="channel"></div>
50        <div class="channel culture"></div>
51        <div class="channel"></div>         一个元素可以附加多个类
52        <div class="channel"></div>
53    </div>
54  </body>
```

图 4-24　一个元素附加多个类的 HTML 代码

6）对应的 CSS 代码如图 4-25 所示。

```
20  .channel {
21      width: 1000px;height:              border: 1px solid #666;
22  }                                   注意把 # 符号改为 . 符号
23  .culture{
24      height: 400px;
25      background:#ccaa22;
26  }
```

图 4-25　一个元素附加多个类的 CSS 代码

扩展一下知识，假如 .channel 和 .culture 设置了不同的 width 属性，最终效果仍取决于在 <style> 标签内的声明样式的先后顺序，后面声明的 .culture{ } 代码块的 width 属性会覆盖 .channel{ } 的 width 属性。用一句话理解，就是"<style> 标签内，在权重相同的情况下，后面声明的样式优先于前面声明的样式"。

4.3.4　通配符选择器（通用选择器）

HTML 通配符选择器是一个通配符，用 * 符号表示，用于匹配任何 HTML 元素。它可用于设定全局样式和初始化元素样式。

用法格式如下：

*{ 属性：值 ;}

在企业项目开发中一般不会使用通配符选择器，这是因为通配符选择器会设置页面上所有标签的属性，解释时会遍历所有标签，如果当前页面上的标签比较多，那么性能就会比较差。可以参考以下写法，对常设定为某个值的标签采用并列声明来写：

body, ul,ol,li,h1,h2,h3,form,th,td {margin:0; padding:0;}

知识点：通配符选择器的范围

记忆关键词：一呼百诺

关键词解析：

通配符选择器就是给所有元素附加指定的样式。如果确实需要使用通配符，一般设置大部分元素都有的 margin、padding、font-size、color 这几个公共属性。

成语出处：

《韩诗外传》第五卷：当前快意，一呼再诺者，人隶也。

一呼百诺——一人召唤，百人响应。形容响应附和的人众多。

4.3.5 后代选择器

后代选择器,是一种用空格分隔的多个选择器的组合。
用法格式如下:
选择器1 选择器2{属性:值;}
每个空格符可以解释为"在……找到……"。例如选择器为 ul a{…},这个语法就会选择 <ul> 元素内部的所有 <a> 元素,而不论 <a> 的嵌套层次多深。

> **知识点**:后代选择器无视嵌套层次
> **记忆关键词**:株连蔓引
> **关键词解析**:
> 后代不仅包括儿子,也包括孙子、重孙子。后代选择器可以通过空格一直延续下去,但不需要把完整的族谱写出来,例如可以声明为"父亲 曾孙子",而不需要声明为"父亲 我 儿子 孙子 曾孙子"。
> 如果家族中恰好出现了两位同名的后代,应该如何称呼其中一位?起码也要在中间增加一个能确定结果的身份吧。
>
> **成语出处**:
> 《明史·奸臣传·胡惟庸》:帝发怒,肃清逆党,词所连及坐诛者三万余人。及为《昭示奸党录》,布告天下,株连蔓引,迨数年未靖云。
>
> 株连蔓引——株连对象广泛。

4.3.6 标签选择器、id 选择器、类选择器的优先级

所谓样式优先权,即"谁的优先级最高,最终样式就由谁决定"。
关于 CSS 的选择器优先级,W3school 文档中并没有准确的说明文档,业界对不同选择器给予不同的数值代表其权重高低。初学者目前只需要知道以下规则:

id 选择器 > 类选择器 > 标签选择器 > 通配符选择器

为什么没有加入后代选择器的优先级?在上述话语中,后代选择器其实是一种复合(组合)的选择器。以图 4-26 所示的一段 HTML 结构及 CSS 为例,其中,选择器第一位置同为 id 选择器,权重一样;但在第二位置上,.title 类选择器的权重高于 <h2> 标签选择器,所以最终这个 <h2> 容器的宽度为 800px。

```html
2  <html>
3      <head>
4          <meta charset="utf-8">
5          <title></title>
6          <style type="text/css">
7              #id-box  .title {width:800px; border: 10px solid red;}
8              #id-box  h2{width:200px; border: 10px solid green;}
9          </style>
10     </head>
11     <body>
12         <div id="id-box">
13             <h2  class="title">后代选择器是一种组合,拼的是基本选择器的总权重 </h2>
14         </div>
15     </body>
16 </html>
```

图 4-26 选择器优先权示例

有时候，我们会发现属性后写有"!important"，如图 4-27 所示，这个声明会强制该样式为页面的最终效果，过多使用会使关系非常混乱，因此不建议使用。

```
6  <style type="text/css">
7      #myid { background-color: blue; }
8      p { background-color: red !important; }    /*最终结果底色为红色*/
9  </style>
10 </head>
11 <body>
12     <p id="myid"> !important 与优先级无关，但它与最终的结果直接相关。</p>
13 </body>
```

图 4-27 important 关键字

知识点：优先级与权重

记忆关键词：人微言轻

关键词解析：

当声明选择器时，想要样式发挥作用，就看选择器的"背景"够不够雄厚。例如"我"这个选择器没什么份量，换一个说法，"与企业有业务往来的我"，"我"的地位瞬间"提高"一个档次；当换成"与全球 500 强企业的中国银行有业务往来的我"，"我"的地位是不是又"提高"一个档次？

当不同的选择器指定了相同的属性时，一般会给目标选择器增加 id 选择器或类选择器，以增加它的权重，一个不够就再增加一个。父容器分不出胜负，再把爷辈容器搬出来，就是要依仗更大的"势"。

成语出处：

《上执政乞度牒赈济及因修廨宇书》：某已三奏其事，至今未报，盖人微言轻，理当自尔。

人微言轻——职位低，言论主张不被人重视。

【案例 4-5】 尝试不同选择器的优先级。

1）输入图 4-28 所示的代码，观察样式效果。

```
6  <style>
7      * { color: red; }              /* 通配符选择器优先级最低 */
8      p { color: blue; }             /* 标签选择器次之 */
9      .highlight { color: green; }   /* 类选择器优先级高于标签选择器 */
10     #important-text { color: orange; }  /* id 选择器优先级高于类选择器 */
11 </style>
12 </head>
13 <body>
14     <p>这段文字将会是蓝色的。</p>
15     <p class="highlight"> 这段文字将会是绿色的。</p>
16     <p id="important-text"> 桔色文字。</p>
17     <p style="color: purple;"> 紫色文字。</p>  <!-- 内联样式优先级最高，并会覆盖其他所有样式 -->
18 </body>
```

图 4-28 优先级练习

2）有时候，恰好有多个样式对某个属性定义了不同数值，例如将上述代码修改成如图 4-29 所示，文字将变成黄色。

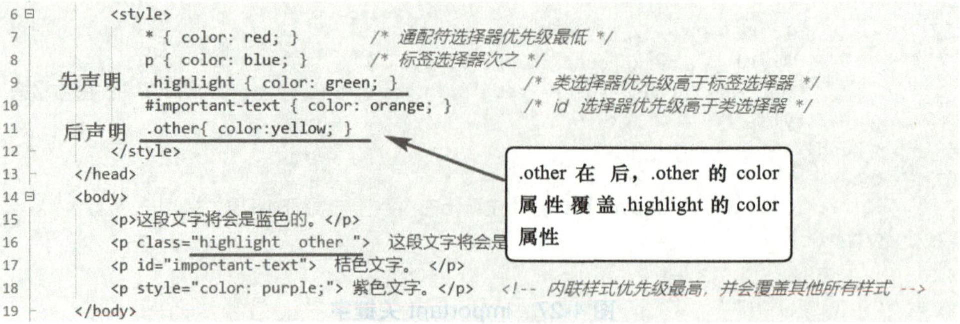

```
 6  <style>
 7       * { color: red; }          /* 通配符选择器优先级最低 */
 8       p { color: blue; }         /* 标签选择器次之 */
 9  先声明  .highlight { color: green; }        /* 类选择器优先级高于标签选择器 */
10       #important-text { color: orange; }    /* id 选择器优先级高于类选择器 */
11  后声明  .other{ color:yellow; }
12  </style>
13  </head>
14  <body>
15       <p>这段文字将会是蓝色的。</p>
16       <p class="highlight other"> 这段文字将是
17       <p id="important-text"> 桔色文字。</p>
18       <p style="color: purple;"> 紫色文字。</p>    <!-- 内联样式优先级最高，并会覆盖其他所有样式 -->
19  </body>
```

.other 在 后，.other 的 color 属性覆盖 .highlight 的 color 属性

图 4-29　后声明的样式优先权较高

.highlight 样式并不服气，它想把文字调回绿色，但 .highlight 和 .other 都是类选择器，它们的权重相同。.highlight 想出一个主意，告诉浏览器"我爸是 body 标签"，也就是 body. highlight {color:green;}，这时浏览器就会把它的权重增加，这段文字就会变回绿色。

简单地理解，就是元素在拼实力时，压不住场子的时候就拼"爹"（父容器），拼不过就叫"爷爷"出面（父容器的父容器），总之冠上头衔的份量越重（参考选择器的优先级），它就越有话语权。

4.4　结构类标签

出现频率最高的结构类标签之一是 <div> 标签，此外 HTML5 新增了几个其他标签，下面简单介绍。

4.4.1　<header> 标签

<header> 标签是 HTML5 新引入的标签，用来表示网页或一段内容的头部区域。它通常包含网站标题、搜索表单、导航链接等。

搜索引擎收录网站时，并不会把页面所有内容保存下来，头部区域是重点关注的内容。

<header>…</header> 的写法，类似于 <div id="header"> 的写法，不过从语义上来说，前者更符合搜索引擎收录的喜好。

4.4.2　<nav> 标签

<nav> 标签定义导航栏链接的部分，一般用于页面中主要的导航链接，如传统的导航条、侧边导航栏和页面导航栏等。

【案例 4-6】　完成图 4-30 所示的纵向排列的导航。

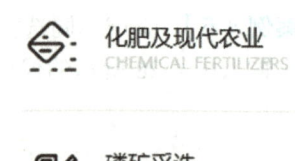

图 4-30　纵向排列的导航

【解决策略】

栏目名称前面的图标属于装饰用途，按 HTML5 标准来说，装饰用途的元素不应该采用插入图片，通常可以采取容器背景图的方式实现。如果拟定栏目中文下方的英文词组为装饰，也可以采用背景图方式实现，但考虑到企业可能拥有一批国外客户，我们也要适当提供英文关键字的内容，而不是作为一种装饰。出于这些考虑，把栏目中文名称用 <h3> 标签、英文用 <h4> 标签来构建布局。

1）先搭建大体的框架 HTML 代码，如图 4-31 所示。

```html
<body>
    <nav class="nav_box">
        <ul>
            <li><a href="#"><h3>化肥及现代农业</h3> <h4>CHEMICAL   FERTILIZERS</h4> </a></li>
            <li><a href="#"><h3>磷矿采选</h3> <h4>PHOSPHORITE</h4> </a></li>
            <li><a href="#"><h3>精细化工</h3> <h4>ORGANIC   MATERIALS</h4> </a></li>
            <li><a href="#"><h3>商贸及物流</h3> <h4>COMMERCE</h4> </a></li>
        </ul>
    </nav>
</body>
```

图 4-31　纵向排列的导航的 HTML 代码

2）对应的 CSS 代码如图 4-32 所示。

```css
<style type="text/css">
    h3,h4,ul,li{margin: 0;padding: 0;}
    .nav_box{width:350px;height: 500px;border:2px solid #ccc; margin:50px;}
    .nav_box ul{ padding:0 40px; list-style-type:none;
        height:inherit;        /* inherit 关键字用于指示元素从其父元素继承CSS属性的值 */
    }
    .nav_box li{height:100px; padding:10px 0 10px 60px; border-bottom:1px solid #ccc; }
    .nav_box li:nth-of-type(1) { background:url("unit4-img/indexicn2.png") no-repeat 0 30px; }
            /* :nth-of-type(1)是一种伪类选择器，选中"同类型中的第n个同级兄弟元素"    */
    .nav_box li:nth-of-type(2) { background:url("unit4-img/indexicn1.png") no-repeat 0 30px; }
    .nav_box li:nth-of-type(3) { background:url("unit4-img/indexicn3.png") no-repeat 0 30px; }
    .nav_box li:nth-of-type(4) { background:url("unit4-img/indexicn4.png") no-repeat 0 30px; }
    .nav_box a{display: block;height: 100px; background-color: orange;}
</style>
```

图 4-32　纵向排列的导航的 CSS 代码

3）保存文件后运行，预览效果如图 4-33 所示。

图 4-33　纵向排列的导航的预览效果

4）添加 <h3>、<h4> 标签的 CSS，完善其他的样式，最终代码如图 4-34 所示。

```
<style type="text/css">
    h3,h4,ul,li{margin: 0;padding: 0;}
    .nav_box{width:350px;height: 500px;border:2px solid #ccc; margin:50px;}
    .nav_box ul{ padding:0 40px; list-style-type:none;
        height:inherit;      /* inherit 关键字用于指示元素从其父元素继承CSS属性的值 */
    }
    .nav_box li{height:100px; padding:10px 0 10px 60px; border-bottom:1px solid #ccc; }
    .nav_box li:nth-of-type(1) { background:url("unit4-img/indexicn2.png") no-repeat 0 30px; }
         /* :nth-of-type(1)是一种伪类选择器，选中"同类型中的第n个同级兄弟元素"    */
    .nav_box li:nth-of-type(2) { background:url("unit4-img/indexicn1.png") no-repeat 0 30px; }
    .nav_box li:nth-of-type(3) { background:url("unit4-img/indexicn3.png") no-repeat 0 30px; }
    .nav_box li:nth-of-type(4) { background:url("unit4-img/indexicn4.png") no-repeat 0 30px;
        border: none;
    }
    .nav_box a{display: block;height: 100px; text-decoration: none; }
    .nav_box h3{color:#000;font-family: "幼圆";font-size:20px;padding-top:20px; }
    .nav_box h4{color: #ccc; font-size:14px;}
</style>
```

图 4-34 修改后的 CSS 代码

【案例 4-7】 完成图 4-35 所示的横向排列的导航。

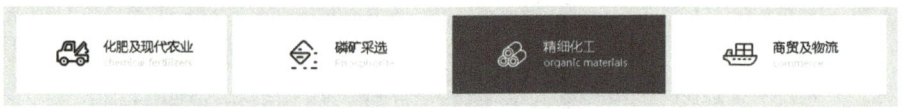

图 4-35 横向排列的导航

【解决策略】

最大的容器设置浅灰背景色，布局采用案例 4-6 的结构，不同之处就是将 <li> 标签左浮动，同时增加光标浮在栏目上方时的交互效果，使得该元素底色变色，黑色线框图标换成另外一个白色线框图标。

1）HTML 结构代码依然采用案例 4-6 的代码。

2）编写布局静态效果的 CSS 代码，如图 4-36 所示。其中采用了 <a> 标签设置背景图标的方式，但是 :nth-of-type() 选择器的参数设置与案例 4-6 不同，注意观察图中的代码。

```
<style type="text/css">
    h3,h4,ul,li{margin: 0;padding: 0;}
    .nav_box{width:1000px;height:60px; margin:50px;padding:10px; background-color: #ccc;}
    .nav_box ul{list-style-type:none; width:1000px; height:60px;}
    .nav_box li{float: left; margin:0 2px; }
    .nav_box a{display: block; text-decoration: none; width:146px; height:60px;
        padding-left:100px;}
    .nav_box li:nth-of-type(1) a{ background: #fff url("unit4-img/indexicn2.png") no-repeat 40px 12px;}
    .nav_box li:nth-of-type(2) a{ background: #fff url("unit4-img/indexicn1.png") no-repeat 40px 12px;}
    .nav_box li:nth-of-type(3) a{ background: #fff url("unit4-img/indexicn3.png") no-repeat 40px 12px;}
    .nav_box li:nth-of-type(4) a{ background: #fff url("unit4-img/indexicn4.png") no-repeat 40px 12px;}
    .nav_box h3{color:#000;font-family: "幼圆";font-size:16px;padding-top:15px; }
    .nav_box h4{color: #ccc; font-size:10px;}
</style>
```

图 4-36 横向排列的导航的 CSS 代码

3）保存文件，在浏览器中运行的预览效果如图 4-37 所示。

图 4-37 横向排列的导航的预览效果

4）添加元素在 hover 状态下的代码，最终的 CSS 代码如图 4-38 所示。

```
<style type="text/css">
    h3,h4,ul,li{margin: 0;padding: 0;}
    .nav_box{width:1000px;height:60px; margin:50px;padding:10px; background-color: #ccc;}
    .nav_box ul{list-style-type:none; width:1000px; height:60px;}
    .nav_box li{float: left; margin:0 2px; }
    .nav_box a{display: block; text-decoration: none; width:146px; height:60px;
        padding-left:100px;}
    .nav_box li:nth-of-type(1) a{ background: #fff url("unit4-img/indexicn2.png") no-repeat 40px 12px;}
    .nav_box li:nth-of-type(2) a{ background: #fff url("unit4-img/indexicn1.png") no-repeat 40px 12px;}
    .nav_box li:nth-of-type(3) a{ background: #fff url("unit4-img/indexicn3.png") no-repeat 40px 12px;}
    .nav_box li:nth-of-type(4) a{ background: #fff url("unit4-img/indexicn4.png") no-repeat 40px 12px;}
    .nav_box h3{color:#000;font-family: "幼圆";font-size:16px;padding-top:15px;}
    .nav_box h4{color: #ccc; font-size:10px;}
    .nav_box li:nth-of-type(1) a:hover{background:#4477cc url("unit4-img/windexicn2.png") no-repeat 40px 12px;}
    .nav_box li:nth-of-type(2) a:hover{background:#4477cc url("unit4-img/windexicn1.png") no-repeat 40px 12px;}
    .nav_box li:nth-of-type(3) a:hover{background:#4477cc url("unit4-img/windexicn3.png") no-repeat 40px 12px;}
    .nav_box li:nth-of-type(4) a:hover{background:#4477cc url("unit4-img/windexicn4.png") no-repeat 40px 12px;}
    .nav_box a:hover h3{color: #fff;}
    .nav_box a:hover h4{color: #fff;}
</style>
```

图 4-38 添加交互效果的 CSS 代码

4.4.3 \<article\> 标签

\<article\> 标签用于标记独立、完整的内容块，这通常表现为一篇文章或文章的一部分、论坛帖子、杂志或报纸文章、博客条目、用户评论等。

该标签的使用在结构化语义上非常有帮助。例如，在博客中的每个帖子可以被标记为一个 \<article\> 元素，其中包括标题、作者、发布日期和文章内容。这种做法增强了页面的语义，便于搜索引擎和辅助技术更好地理解内容的结构，并按照其独立性和完整性对其进行索引。

用法示例如下：

```
<article>
    <header> <h1> 帖子标题 </h1><p> 发布于 1 月 1 日 </p></header>
    <p> 这里是文章的第一个段落。</p>
    <footer> <p> 作者 A</p> </footer>
</article>
```

4.4.4 \<section\> 标签

\<section\> 元素是 HTML5 中用于定义文档结构中独立部分的元素。它表示文档中的一个主题或内容区域，并可以包含标题、段落、图片、列表和其他内容元素。

通常 \<section\> 标签表示为页面中的版块、文章的章节。可以这么理解，一份报纸有多个版面（section），每个版面可以有多篇文章（article），每篇文章里面又包含多个章节（section）。

用法示例如下：

```
<section id="main">
    <section id="article"> <!-- 文章内容 --> </section>
    <section id="sidebar"> <!-- 侧边栏内容 --> </section>
</section>
```

4.4.5 <footer> 标签

<footer> 标签用于定义文档或小节的页脚。<footer> 元素通常包含作者信息、版权信息、联系信息、站点地图、返回顶部链接和相关页面等。

你可以在一个文档中包含多个 <footer> 元素，但对于本书练习，通常只需要用一个 <footer> 容器即可。

用法示例如下：

```
<footer>
    <p>作者：Rose</p>
    <p><a href="mailto:rose@example.com">rose@example.com</a></p>
</footer>
```

4.5 文本类标签

4.5.1 <p> 标签

<p> 标签用于定义段落。输入如图 4-39 所示的代码并运行，由于文字具备行高属性，在行高值默认的情况下，<p> 元素会自动在文字的上下方创建较大的空白区域，如图 4-40 所示。

```
<head>
    <meta charset="utf-8">
    <title></title>
    <style type="text/css">
        p{
        width:500px;
        border: 1px solid red;
        font-size: 50px;
        }
    </style>
</head>
<body>
    <p>这行文字的顶部距离边框有一定的空白。</p>
</body>
```

图 4-39 <p> 标签

这行文字的顶部距离边框有一定的空白。

图 4-40 <p> 标签具有行高值

可以在样式中定义行高（line-height）来缩小空白，代码如图 4-41 所示。

```
<style type="text/css">
    p{
    width:500px;
    border: 1px solid red;
    font-size: 50px;
    line-height: 50px;
    }
</style>
```

图 4-41　定义行高

预览的效果如图 4-42 所示。

这行文字的顶部距离边框有一定的空白。

图 4-42　定义行高的预览效果

【案例 4-8】 打开资源包"课本案例 + 练习 \ 第 4 章 – 常用标签 -p 标签 – 素材 .html"，如图 4-43 所示，自行设置文本段落的首行缩进、行高、字体大小、字体样式、颜色等样式，提高浏览友好度。

```
<html>
    <head>
        <meta charset="utf-8">
        <title></title>
    </head>
    <body>
        <div id="article">
            <h2>30.两个质子</h2>
            <p>审问者：现在开始今天的调查。希望你能像上次一样配合。</p>
            <p>叶文洁：我知道的你们都知道了，有许多事情反而需要你来告诉我。</p>
            <p>审问者：不是这样，我们首先想知道的是，在三体世界发往地球的信息中，
            降临派所截留的那部分内容是什么？</p>
            <p>叶文洁：不知道，他们的组织很严密，我只知道他们截留了信息。</p>
            <p>审问者：我们换个话题：在与三体世界的通讯被降临派垄断之后，
            你是否建立了第三红岸基地？</p>
            <p>叶文洁：有这个计划，但只完成了接收部分，然后建设停止，设备和基地也都拆除了。</p>
            <p>审问者：为什么？</p>
            <p>叶文洁：因为半人马座三星方向已没有任何信息传来，在所有频段上都没有。
            我想你们已经证实了这个。</p>
            <p>审问者：是的，这就是说，至少在四年前，三体世界已经停止了与地球的联系，
            这也就使得那批被降临派截留的信息更加重要。</p>
            <p>叶文洁：是的，在这方面我真没什么可说的了。</p>
            <p>审问者：（停顿几秒钟）那我们找一个可谈的话题吧：麦克·伊文
            斯欺骗了你，是吗？</p>
        </div>
    </body>
</html>
```

图 4-43　<p> 标签练习素材

对应的 CSS 代码如图 4-44 所示。

```
<style type="text/css">
    #article{width: 80%;border: 10px solid #eee;margin: 0 auto;padding: 50px;
        background-color: #efffcc;      /*读小说，时长且伤眼，绿色护眼 */
    }
    #article p {
        text-indent: 2em;       /*em为字符宽度，汉字为正方形，2em就是2个字符宽*/
        font-size: 24px;        /*长篇小说的字体不要太小*/
        line-height: 36px;      /*拉开行与行的间距，一般采用 1.5倍字体大小的行距*/
        letter-spacing: 0.3em;  /*适当拉开每个字之间的间距*/
        margin: 40px 0;         /* 拉开段落的间距 */
    }
</style>
```

图 4-44　设置文本段落样式的 CSS 代码

4.5.2 \<h1\> ~ \<h6\> 标签

\<h\> 类标签一共有 \<h1\>、\<h2\>、\<h3\>、\<h4\>、\<h5\>、\<h6\> 6 个，\<h1\> 是最大的标题，\<h6\> 是最小的标题，标签重要性依次下降，权重也依次下降。

\<h\> 类标签对于搜索引擎优化很重要，它有助于搜索引擎理解页面的内容结构。

【案例 4-9】打开之前手绘的手机 APP 布局效果图，如图 4-45 所示，将 \<h\> 类标签合理应用在主内容区的各版块。

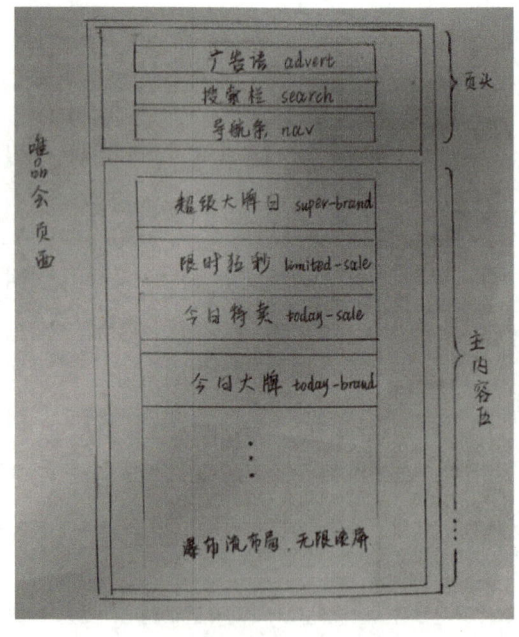

图 4-45　唯品会容器结构图

1）主内容区分为若干版面，每个版面都有特定的主题。这些主题适合采用 \<h\> 类标签来强调，代码如图 4-46 所示。

2）编写对应的 CSS 代码，如图 4-47 所示。

3）在浏览器中运行，预览效果如图 4-48 所示。

```html
18  <body>
19      <div id="main">
20          <div id="super-brand">
21              <h2 class="main-item">超级大牌日  SUPER BRAND</h2>
22              <div class="item-box"></div>
23          </div>
24          <div id="limited-sale">
25              <h2 class="main-item">限时狂秒  LIMITED SALE</h2>
26              <div class="item-box"></div>
27          </div>
28          <div id="today-sale">
29              <h2 class="main-item">今日特卖  TODAY SALE</h2>
30              <div class="item-box"></div>
31          </div>
32          <div id="today-brand">
33              <h2 class="main-item">今日大牌  TODAY BRAND</h2>
34              <div class="item-box"></div>
35          </div>
36      </div>
37  </body>
```

图 4-46 主内容区 HTML 代码

```css
6   <style type="text/css">
7       #main{width: 1200px;height: 1400px;border: 10px solid #ddd;margin: 0 auto;}
8       #main h2{
9           font-family: '微软雅黑','黑体';        /*字体选择优先顺序*/
10          font-size: 30px; color: #333; line-height: 80px;
11          padding-left: 30px; margin:0;
12          background-color: #eee;
13          letter-spacing: 0.5em;
14      }
15      #main .item-box{ height: 200px; border: 2px solid orange;}
16  </style>
```

图 4-47 主内容区 CSS 代码

图 4-48 主内容区预览效果

【案例 4-10】 <h> 类标签嵌套 <span> 标签。

以上个案例为基础，发现英文单词字母之间间距过宽。另外，使英文字母看上去起到一种装饰作用即可，颜色不需要这么深。

1）对装饰性元素，通常可以采用 <span> 无语义的标签去定义样式。HTML 代码如图 4-49 所示。

```html
<body>
    <div id="main">
        <div id="super-brand">
            <h2 class="main-item">超级大牌日 <span>SUPER BRAND</span> </h2>
            <div class="item-box"></div>
        </div>
        <div id="limited-sale">
            <h2 class="main-item">限时狂秒 <span>LIMITED SALE</span> </h2>
            <div class="item-box"></div>
        </div>
        <div id="today-sale">
            <h2 class="main-item">今日特实 <span>TODAY SALE</span> </h2>
            <div class="item-box"></div>
        </div>
        <div id="today-brand">
            <h2 class="main-item">今日大牌 <span>TODAY BRAND</span> </h2>
            <div class="item-box"></div>
        </div>
    </div>
</body>
```

图 4-49 采用 <span> 标签的 HTML 代码

2）编写对应的 CSS 代码，如图 4-50 所示。

```css
<style type="text/css">
    #main{width: 1200px;height: 1400px;border: 10px solid #ddd;margin: 0 auto;}

    #main h2{
        font-family: '微软雅黑','黑体';         /*字体选择优先顺序*/
        font-size: 30px; color: #333; line-height: 80px;
        padding-left: 30px; margin:0;
        background-color: #eee;
        letter-spacing: 0.5em;
    }
    #main .item-box{ height: 200px; border: 2px solid orange;}
    #main  h2  span{
        font-size: 20px; color: #999;
        letter-spacing: 0.2em;
        position: relative; top:4px;
    }
</style>
```

（增加选择器权重）

（相对定位技术，往下平移 4px，对齐主标题底部）

图 4-50 <span> 标签的 CSS 代码

4.5.3
 标签

 标签是为数不多的单独标签，它没有结束标签，可插入一个简单的换行符。
 标签主要用于输入空行，而不是分割段落。

`<br>` 和 `<br/>` 具有相同作用，但前者是旧的 HTML 规范，新的规范要求一切都应像 XML（可扩展标记语言）那样有结束符，也就是加上一个反斜杠。

用法示例如下：

`<p>` 前一段内容 `</p>`

`<br/>`

`<p>` 下一段内容 `</p>`

4.5.4 `<span>` 和 `<i>` 标签

`<span>` 标签是内联元素，不像块元素那样有换行的效果。

`<i>` 标签也是内联元素，它定义文本中效果不同的部分，并把这部分文本呈现为斜体文本。

两者经常出现在 `<p>` 标签内部，从语义角度来说，这两者都不包含什么语义，只是为了产生外观上的变化。

4.5.5 `<sub>` 和 `<sup>` 标签

`<sub>` 标签可定义下标文本，`<sup>` 标签可定义上标文本。两者经常出现在公式、数学表达式或化学复合物的场合，但对过于复杂的式子组合，建议采用图片的方式。

用法示例如图 4-51 所示。

```
<head>
    <meta charset="utf-8">
    <title>上标、下标</title>
    <style type="text/css">
        p{
        width:500px;
        font-size: 20px;
        }
    </style>
</head>
<body>
    <p>圆的面积公式为：3.1415926 × r <sup>2</sup></p>
    <p>在化学中，水的分子式为：H<sub>2</sub> O </p>
</body>
```

图 4-51 上下标示例

4.5.6 `<em>` 和 `<strong>` 标签

`<em>` 标签用于定义强调文本，标签内的内容通常以斜体显示。屏幕阅读器将以强调方式读出 `<em>` 标签中的单词。

`<strong>` 标签用于定义具有很强重要性的文本，标签内的内容通常以粗体显示。如果只是要显示无重要性的粗体文本，请使用 `<b>` 标签。

`<em>` 和 `<strong>` 的主要区别如下：

1）视觉表现：`<em>` 标签通常以斜体形式显示，而 `<strong>` 标签则以粗体形式显示。

2）强调程度：<em> 表示的是局部的、相对较弱的强调，而 <strong> 表示全局的、更强烈的强调。在文章中使用 <em> 标签强调某一特定部分，读者在阅读到该部分时才会注意到；而使用 <strong> 标签强调的内容，读者在阅读文章时立刻就能注意到，<strong> 标签的视觉效果更加明显。

3）使用场景：在实际应用中，<em> 标签适用于注释、补充说明等；<strong> 标签则适用于关键信息、重要提示等。

4.6 <a> 标签

<a> 标签用于定义超链接，最重要的属性是 href 属性，它指定链接的目标，如果暂时没有明确目标，可以采用空链接。

超链接的类型取决于 href 属性设置的类型，包括以下几种：

1）相对链接：格式只包括"路径/文件名"，它只能链接网站内部的页面或资源。例如，href="image/logo.jpg" 是链接 image 文件夹内的 logo.jpg 文件。

2）绝对链接：是严格书写 URL 格式的链接，一般指向站点外部的资源。例如，网页中有一个超链接是要跳转至百度首页，则链接地址应按照 URL 格式写成 href="http://www.baidu.com"。一般网站中"友情链接"部分的超链接均为绝对链接。

3）文件链接：可以直接指向文件。当该文件的格式不能被浏览器识别时，则会打开下载窗口提供该文件的下载。例如，某链接地址为 href="http://www.qq.com/abc.mp3"，则单击该地址可以实现下载 abc.mp3 的功能。

4）空链接：不具备跳转功能，但却显示为超链接的样式。空链接有两个功能：一是在设计制作阶段可以帮助设计师提前实现页面效果；二是可以在空链接上添加脚本，通过脚本实现页面互动。空链接的地址用 # 表示，例如 <a href="#"> 百度 </a>。

5）电子邮件链接：链接地址为邮件地址，即邮箱号。当单击该链接时，会自动打开电子邮件的创建向导。例如，<a href="mailto:88101010@qq.com">…</a>。

6）锚点链接：用于跳转到当前页面或其他页面的指定位置。如果目标位置是页面内的一个特定 id，可以使用"# + 该 id 名称"来创建锚点链接。例如，如果有一个 id 为 section2 的元素，可以通过 <a href="#section2">……</a> 创建一个锚点链接。

如果想链接到另一个页面的锚点，需要在 href 中提供完整的 URL，再加上锚点引用。例如，<a href="http://www.qq.com/page.html#section2">……</a>。

<a> 标签通常会跟以下几种伪类选择器一起使用：

- a:link {…}   /* 未访问的链接 */
- a:visited {…}   /* 已访问过的链接 */
- a:hover {…}   /* 当光标悬停在链接上 */
- a:active {…}   /* 鼠标单击链接，不松开左键的期间 */

通常在实际案例中，我们只需要设置 a{…} 样式和 a:hover{…} 样式即可。

【案例 4-11】 打开资源包"课本案例 + 练习 \ 第 4 章 – 常用标签 –h 标签 .html"练习，增加一个文字导航条。

1）编写 HTML 代码，如图 4-52 所示。

```
<body>
    <div id="nav-box">
        <ul id="nav">
            <li><a href="#">超级大牌日</a></li>
            <li><a href="#">限时狂秒</a></li>
            <li><a href="#">今日特卖</a></li>
            <li><a href="#">今日大牌</a></li>
        </ul>
    </div>
    <div id="main">
```

大容器用于水平居中定位

导航条

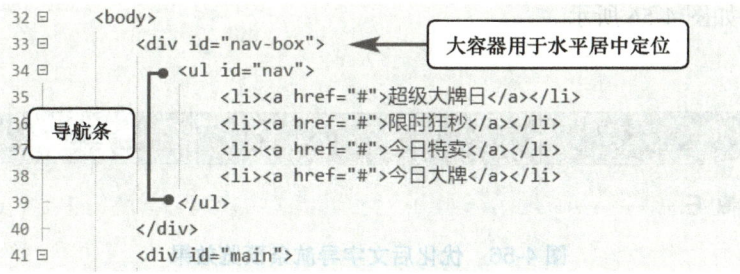

图 4-52　文字导航条 HTML 代码

2）编写对应的 CSS 代码，如图 4-53 所示。

导航条 CSS 代码也应该写在 main 样式代码的上方，便于查找维护

```
<style type="text/css">
    #nav-box{width: 1220px; height: 60px;margin: 0 auto;
        background-color:#dd22ee;
    }
    #nav{ width: 800px; height: 100%; margin: 0 auto; padding: 0;
        border: 1px solid red; list-style-type: none; }
    #nav li{float: left; border: 1px solid #000; }
```

导航条实际内容长度通常不会通栏，所以需要将内容居中

图 4-53　文字导航条 CSS 代码

3）预览效果如图 4-54 所示，给各容器添加边框是为了时刻了解容器所占面积，反复提醒读者不要偷懒。

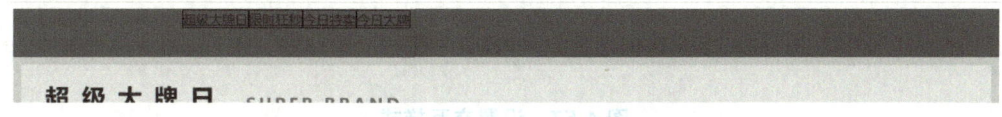

图 4-54　文字导航条预览效果

4）继续优化导航条样式，代码如图 4-55 所示。

```
<style type="text/css">
    #nav-box{width: 1220px; height: 60px;margin: 0 auto;
        background-color:#dd22ee;
    }
    #nav{ width: 800px; height: 100%; margin: 0 auto; padding: 0;
        border: 1px solid red; list-style-type: none; }
    #nav li{float: left; border: 1px solid #000; }
    #nav li a{
        display: block;
        width: 198px;height:60px;
        font-size: 28px; line-height: 60px;
        text-align: center;
    }
```

不建议给 <li> 标签设置 60px 高度，因为考虑到超链接响应区域太小，所以要增加交互友好度，就把 <a> 标签设置 60px 高度

图 4-55　优化导航条样式的 CSS 代码

预览效果如图 4-56 所示。

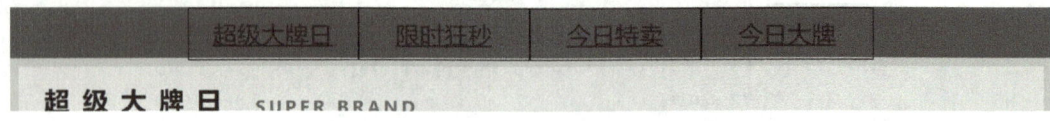

图 4-56 优化后文字导航条预览效果

> 提问：
> 在 #nav li a 样式中，width 属性为什么设置成 198px，而不是 800px/4=200px？
> height:60px; 和 line-height:60px; 这两个设置可以保证哪种文字对齐效果？

5）设置超链接的交互样式，只需要设置 a 默认样式和 a:hover 样式，a 样式必须在 a:hover 之前声明，代码如图 4-57 所示。

```
#nav li a{
    display: block;
    width: 198px;height:60px;
    font-size: 28px; line-height: 60px;
    text-align: center;
    color: #fff;
    text-decoration: none;         /* 去掉下划线装饰 */
}
#nav li a:hover{ color:#000; background-color:yellow;    }
```

图 4-57 设置交互样式

6）自行去除导航条各容器的边框，<a> 标签的 width 属性设置为 200px。最终效果如图 4-58 所示。

图 4-58 最终效果

【案例 4-12】使用锚点链接完成图 4-59 所示书籍目录的跳转功能效果。

1）使用 <article>、<section>、<ul> 标签编写大体 HTML 结构，代码如图 4-60 所示。

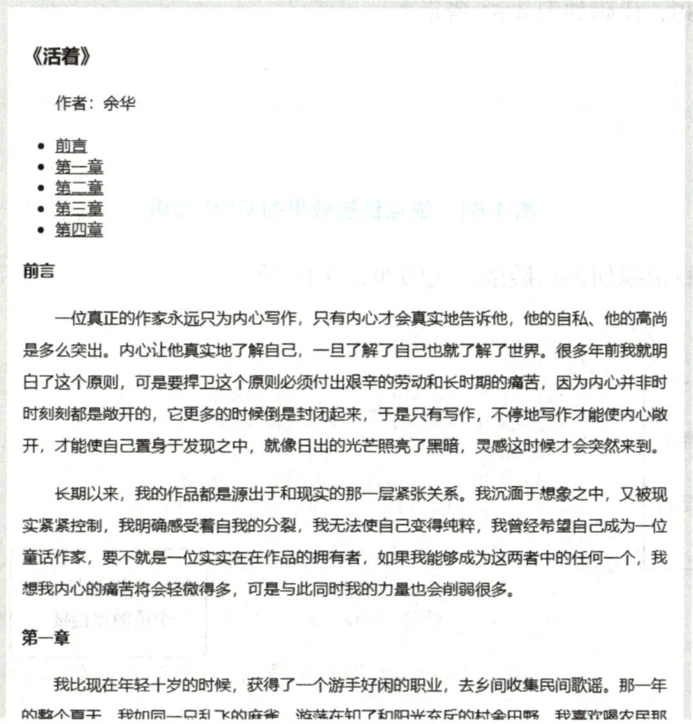

《活着》

作者：余华

- 前言
- 第一章
- 第二章
- 第三章
- 第四章

前言

一位真正的作家永远只为内心写作，只有内心才会真实地告诉他，他的自私、他的高尚是多么突出。内心让他真实地了解自己，一旦了解了自己也就了解了世界。很多年前我就明白了这个原则，可是要捍卫这个原则必须付出艰辛的劳动和长时期的痛苦，因为内心并非时时刻刻都是敞开的，它更多的时候倒是封闭起来，于是只有写作，不停地写作才能使内心敞开，才能使自己置身于发现之中，就像日出的光芒照亮了黑暗，灵感这时候才会突然来到。

长期以来，我的作品都是源出于和现实的那一层紧张关系。我沉湎于想象之中，又被现实紧紧控制，我明确感受着自我的分裂，我无法使自己变得纯粹，我曾经希望自己成为一位童话作家，要不就是一位实实在在作品的拥有者，如果我能够成为这两者中的任何一个，我想我内心的痛苦将会轻微得多，可是与此同时我的力量也会削弱很多。

第一章

我比现在年轻十岁的时候，获得了一个游手好闲的职业，去乡间收集民间歌谣。那一年的整个夏天，我如同一只乱飞的麻雀，游荡在知了和阳光充斥的村舍田野。我喜欢喝农民那

图 4-59　锚点链接效果

```
<body>
    <article class="book">
        <h3>《活着》</h3>
        <p>作者：余华</p>
        <section class="directory">
            <ul>
                <li><a href="#">前言</a></li>
                <li><a href="#">第一章</a></li>
                <li><a href="#">第二章</a></li>
                <li><a href="#">第三章</a></li>
                <li><a href="#">第四章</a></li>
            </ul>
        </section>
        <section class="chapter">
            <h4 id="unit0">前言</h4>
            <p>
                一位真正的作家永远只为内心写作，只有内心才会真实地告诉他，他的自私、他的高尚是多么
            </p>
            <p>
                长期以来，我的作品都是源出于和现实的那一层紧张关系。我沉湎于想象之中，又被现实紧紧
            </p>
        </section>
        <section class="chapter">[ ... ]
        <section class="chapter">[ ... ]
        <section class="chapter">[ ... ]
        <section class="chapter">[ ... ]
    </article>
</body>
```

图 4-60　锚点链接效果的 HTML 代码

2）设置 CSS，代码如图 4-61 所示。

```
<style type="text/css">
    .book{width: 800px;border:10px solid #eee;padding: 20px;margin: 0 auto; font-size:20px;}
    .book p{line-height:2em; text-indent:2em; }
</style>
```

图 4-61　锚点链接效果的 CSS 代码

3）——为目录添加锚点链接，代码如图 4-62 所示。

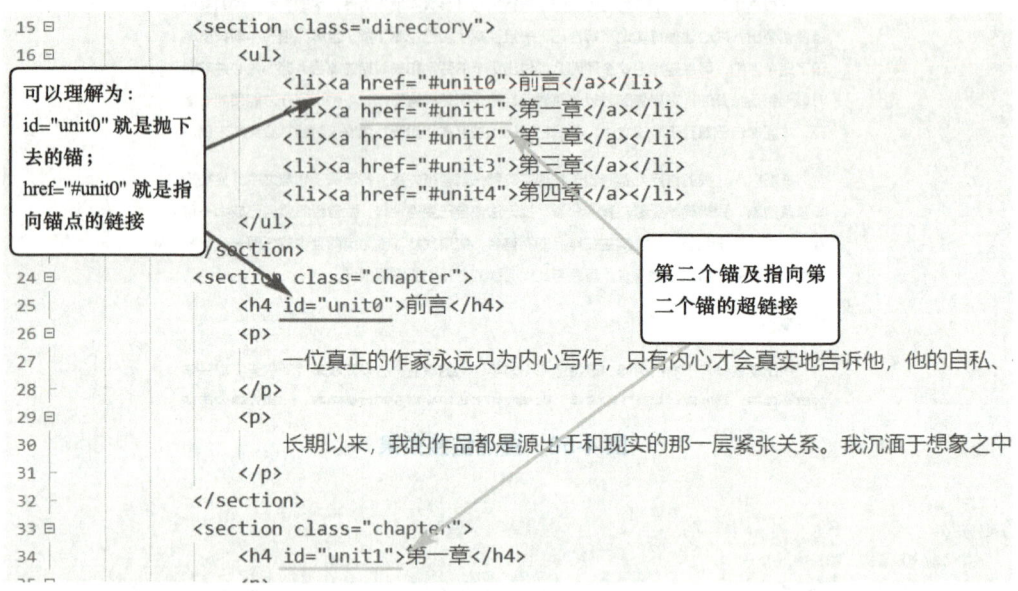

图 4-62　为目录添加锚点链接

4.7　图像、视音频类标签

谈到这些标签，初学者经常出错的地方在于对象的 src 属性设置错误，不明白相对路径与绝对路径的区别，导致图片刷不出来。

相对路径就是相对于当前文件的路径，网页中一般会使用这个方法表示路径。相对路径常用两个特殊符号，./ 代表目前所在的目录，../ 代表上一层目录。

绝对路径就是该文件在硬盘（主机）上真正的路径。绝对路径在网页中用得较少。可以这么理解，在网页中使用 http:// 开头的地址便是绝对路径。

4.7.1　<img> 标签

<img> 标签在视觉上给人的感觉是方方正正，觉得它应该是块元素，但实际上 <img> 是内联块级标签。

【案例 4-13】　尝试给图 4-63 所示的图片增加不一样的样式效果，如设计边框、内边距等。

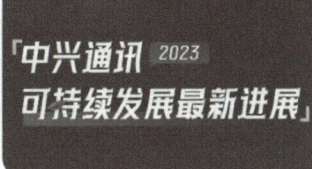

中兴通讯携手今日头条举办2024新洞察媒体沙龙 共探AI、智慧应急与新质产业未来

中兴通讯张万春：创新领航，实干筑基，智启 5G-A高质量发展新纪元

中兴通讯发布2023年可持续发展报告：引领数智创新，为可持续发展贡献新动能

图 4-63　<img> 标签示例图片

1）编写 HTML 代码，如图 4-64 所示。

```
26  <body>
27      <ul class="news">
28          <li>
29              <a href="#">
30                  <img src="unit3-img/zte01.jpg">
31                  <p>中兴通讯携手今日头条</p>
32              </a>
33          </li>
34          <li>
35              <a href="#">
36                  <img src="unit3-img/zte02.jpg">
37                  <p>创新领航，实干筑基，智启5G</p>
38              </a>
39          </li>
40          <li>
41              <a href="#">
42                  <img src="unit3-img/zte03.jpg">
43                  <p>2023年可持续发展报告</p>
44              </a>
45          </li>
46      </ul>
47  </body>
```

<a> 标签也可以包裹其他容器，增加链接响应区域

图 4-64　<img> 标签的 HTML 代码

2）编写对应的 CSS 代码，如图 4-65 所示。

```
<style type="text/css">
    .news{width: 960px;height:500px;  margin: 0 auto; padding: 0;
        list-style-type: none; border: 1px solid red;
    }
    .news li{ float: left;
        width: 300px; height: 400px; margin: 10px;
        /* 保证 300px×3 + 10px×6 = 960 px (.news容器的width值) */
    }
    .news li img{
        /*以下属性保证总宽度不能超过 <li> 容器定义的 300px 宽，否则溢出 */
        width: 282px;
        height: 200px;
        padding: 4px;
        border: 5px solid #ddd;
    }
    .news li a{text-decoration: none; color: #333;}
    .news li a:hover{color: #dd2233;}
    .news li p{text-align: center;}
</style>
```

计算时，宜采用减法来算 width 值。
300px−2×4px−2×5px=282px

图 4-65　<img> 标签的 CSS 代码

3）保存文件后在浏览器中运行，预览效果如图 4-66 所示。

图 4-66 <img> 标签的预览效果

【案例 4-14】 制作光标浮在图片上方时（hover 状态）图片缓慢放大的效果。

1）编写 HTML 代码，如图 4-67 所示。

```
<ul class="news">
    <li>
        <a href="#">
            <div class="img-box"><img src="unit3-img/zte01.jpg"></div>
            <p>中兴通讯携手今日头条</p>
        </a>
    </li>
    <li>
        <a href="#">
            <div class="img-box"><img src="unit3-img/zte02.jpg"></div>
            <p>创新领航，实干筑基，智启5G</p>
        </a>
    </li>
    <li>
        <a href="#">
            <div class="img-box"><img src="unit3-img/zte03.jpg"></div>
            <p>2023年可持续发展报告</p>
        </a>
    </li>
</ul>
```

添加一个父容器，控制图片放大后的溢出

图 4-67 光标浮在图片上方时图片缓慢放大的 HTML 代码

2）编写对应的 CSS 代码，如图 4-68 所示。

4.7.2 <video> 标签

带宽提升，短视频横空出世，纯文字已不能满足人们的需求。为了表现出更多的细节，烘托更浓烈的氛围感，越来越多的网页在局部引入视频元素。

HTML5 引入的 <video> 标签为浏览器提供了原生的视频播放支持，不再需要依赖外部插件，如 Flash。HTML 支持 MP4、WebM 和 OGG 三种格式。

<video> 标签包含一个或多个带有不同视频源的 <source> 标签。浏览器将选择它支持的第一个源。

```
<style type="text/css">
    .news{width: 960px;height:500px;  margin: 0 auto; padding: 0;
        list-style-type: none; border: 1px solid red;
    }
    .news li{ float: left;
        width: 300px; height: 400px; margin: 10px;
        /* 保证 300px x3 + 10px x6 = 960 px (.news容器的width值) */
    }
    .news .img-box{
        width: 282px;
        height: 200px;
        padding: 4px;
        border: 5px solid #ddd;
        overflow: hidden;          /*溢出部分隐藏*/
    }
    .news li img {
        width: 282px;
        height: 200px;
        transition: 0.5s all;      /* 元素所有属性(all)只要发生改变，就执行0.5s的过渡动画 */
    }
    .news li img:hover{
        transform: scale(1.5);     /* 变换属性：缩放 (1.5倍) */
    }
    .news li a{text-decoration: none; color: #333;}
    .news li a:hover{color: #dd2233;}
    .news li p{text-align: center;}
</style>
```

图 4-68　光标浮在图片上方时图片缓慢放大的 CSS 代码

用法格式如下：

  <video width="" height="" controls loop>

    <source src="" type="video/mp4">

  </video>

<video> 标签的属性及描述见表 4-2。

表 4-2　<video> 标签的属性及描述

属性	值	描述
autoplay	autoplay	规定视频准备就绪后立即开始播放
controls	controls	规定应显示的视频控件（例如播放/暂停按钮等）
height	像素值	设置视频播放器的高度
loop	loop	规定视频将在每次结束时重新开始
src	URL	规定视频文件的 URL
width	像素值	设置视频播放器的宽度

【案例 4-15】 在网页中嵌入视频。

1）把资源包内的"课本案例+练习\unit4-img\banner_mv.mp4"放在站点根目录下的"video"文件夹中。

2）编写 HTML 代码，如图 4-69 所示。

```
 2  <html>
 3      <head>
 4          <meta charset="utf-8">
 5          <title></title>
 6      </head>
 7      <body>
 8          <h1>video 元素</h1>
 9          <video width="640" height="360" controls>
10              <source src="video/banner_mv.mp4" type="video/mp4">
11          </video>
12      </body>
13  </html>
```

图 4-69　嵌入视频的 HTML 代码

3）在本机各浏览器中预览网页效果，网页嵌入视音频元素时可能会出现兼容问题，具体情况可通过搜索引擎搜索相关异常原因。本练习的预览效果如图 4-70 所示。

图 4-70　嵌入视频的预览效果

4.7.3　\<audio\> 标签

\<audio\> 标签用于定义声音，如音乐或其他音频流。目前，\<audio\> 元素支持三种文件格式，即 MP3、WAV、OGG。

可以在 \<audio\> 和 \</audio\> 之间放置一些提示性的文本内容，当不支持 \<audio\> 标签的浏览器运行页面时，这些提示性文字将会呈现给浏览者。

\<audio\> 标签的相关属性与 \<video\> 标签大致相同，用法示例如下：

```
<audio controls>
    <source src=" " type="audio/ogg">
    <source src=" " type="audio/mpeg">
    您的浏览器不支持 audio 元素。
</audio>
```

4.8 列表类标签

HTML 的列表主要有三种类型：无序列表 <ul>，列表项为项目符号标记；有序列表 <ol>，列表项为数字或字母标记；自定义列表 <dl>，列表项无符号标记。

无序列表及有序列表部分外观样式如图 4-71 所示。

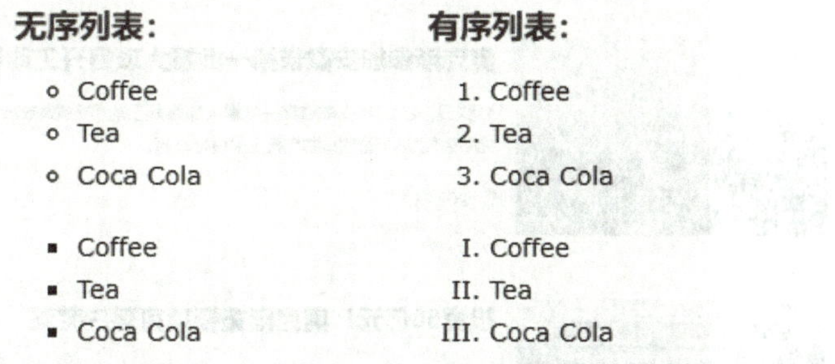

无序列表：
- Coffee
- Tea
- Coca Cola

- Coffee
- Tea
- Coca Cola

有序列表：
1. Coffee
2. Tea
3. Coca Cola

I. Coffee
II. Tea
III. Coca Cola

图 4-71 无序列表及有序列表部分外观样式

有些网页还载入特殊字体集文件来代替项目符号标记。设计师经常希望在网页中使用特定的字体，尤其是这些字体不是主流操作系统的内置字体。传统的做法是将特殊字体处理成图片，但这种做法欠缺灵活性。

为了解决这个问题，在线字体库允许设计师在设计网站时调用这些字体，从而使网页在客户端上能够很好地显示，而无须用户在其计算机上安装这些字体。这种技术通过使用 CSS3 的 @font-face 属性实现，它允许开发者指定自定义字体的来源，使得网络中自由使用自定义字体成为可能。

列表常用属性及描述见表 4-3。

表 4-3 列表常用属性及描述

属性	描述
list-style	简写属性。在一条声明中设置列表的所有属性
list-style-image	指定图片作为项目符号
list-style-position	规定项目符号的位置
list-style-type	规定项目符号的类型

通过上述列表属性，我们可以将列表项标记设置为小图标，并控制图标图片的位置。但在实际案例中，由于 list-style-position 属性只有 inside、outside 来控制位置，达不到细腻定位要求，所以在上述属性中，通常只设置 list-style-type 为 none，用背景或者小容器来装载图标图片。

4.8.1 <ul> 标签

<ul> 标签虽然宣称列表项既没有固定顺序，也没有编号，但是作为一个排列，总是要按照一定标准去排列队伍的，如最高的站前面、最重要的排前面。在实际项目中，通常还采用 <ul> 无序列表前面加上数字标记的小图标来做"有序"的事情。

【**案例 4-16**】 完成图 4-72 所示的新闻列表效果。

图 4-72　新闻列表效果

【**解决策略**】

从图片上看，可以分为三行，所有行都是相同的版面，我们可以认为这三行的性质相同，那么这种结构就可以采用 <ul> 标签来搭建，每一行就是一个 <li> 容器。先完成第一行结构的代码，然后直接复制代码块，把文字及图片路径调整一下即可。

1）编写框架容器的第一行的 HTML 代码，如图 4-73 所示。

```html
<html>
    <head>
        <meta charset="utf-8">
        <title></title>
        <style>
            #box{width: 1000px;height: 800px;border: 1px solid red;margin: 0 auto;}
            .news{margin: 0;padding: 0;width: 100%;height: 100%; list-style-type: none; }
        </style>
    </head>
    <body>
        <div id="box">
            <ul class="news">
                <li>
                    <div class="img-box"> <img src="unit3-img/aux-news02.jpeg"> </div>
                    <div class="txt-box">
                        <h3>奥克斯压缩机项目列入安徽省重大开工项目 </h3>
                        <p>1月2日，2024年安徽省第一批重大项目开工动员。</p>
                        <span>2024.01.04</span>
                    </div>
                </li>
            </ul>
        </div>
    </body>
</html>
```

图 4-73　第一行的 HTML 代码

2）完成第一个 <li> 容器的框架后，开始添加图 4-74 所示的 CSS。

```
 6      <style>
 7          #box{width: 1000px;height: 800px;border: 1px solid red;margin: 0 auto;}
 8          .news{margin: 0;padding: 0;width: 100%;height: 100%; list-style-type: none; }
 9          .news li{height: 200px; border: 1px solid blue; }
10          .news .img-box{float: left;width: 350px;height: 200px;}
11          .news .img-box img{width: 350px;height: 200px;}
12          .news .txt-box{float: right;width: 600px;height: 200px;}
13      </style>
14  </head>
15  <body>
16      <div id="box">
17          <ul class="news">
18              <li>
19                  <div class="img-box"> <img src="unit3-img/aux-news02.jpeg"> </div>
20                  <div class="txt-box">
21                      <h3>奥克斯压缩机项目列入安徽省重大开工项目</h3>
22                      <p>1月2日，2024年安徽省第一批重大项目开工动员。</p>
23                      <span>2024.01.04</span>
24                  </div>
25              </li>
26          </ul>
27      </div>
28  </body>
```

图 4-74　第一行的 CSS 代码

3）按〈Ctrl+S〉键保存文件，然后在浏览器中运行，达到图 4-75 所示的预期效果。

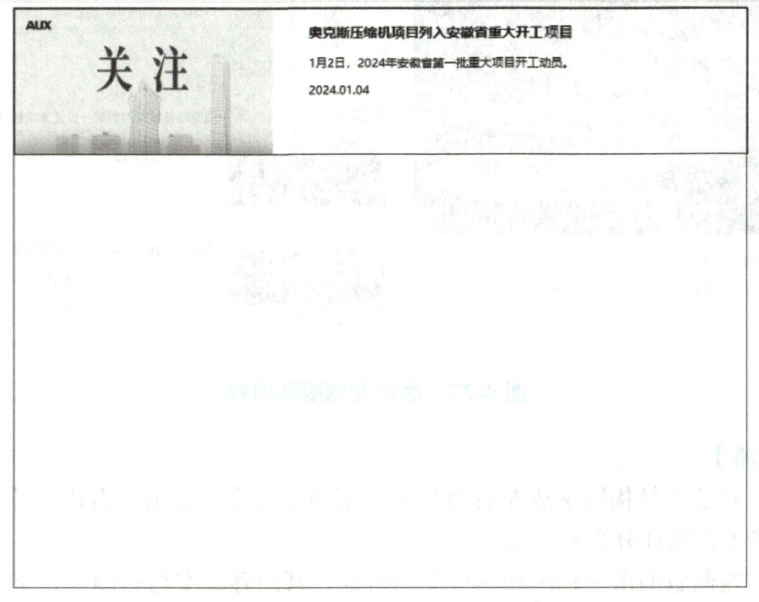

图 4-75　预期效果

4）复制 <li></li> 包裹的代码块，粘贴两遍，修改文字、图片路径，HTML 代码如图 4-76 所示。

```html
<li>
    <div class="img-box"> <img src="unit3-img/aux-news02.jpeg"> </div>
    <div class="txt-box">
        <h3>奥克斯压缩机项目列入安徽省重大开工项目</h3>
        <p>1月2日，2024年安徽省第一批重大项目开工动员。</p>
        <span>2024.01.04</span>
    </div>
</li>
<li>
    <div class="img-box"> <img src="unit3-img/aux-news03.png"> </div>
    <div class="txt-box">
        <h3>奥克斯参加安徽省第一批重大项目开工动员会芜湖分会场活动</h3>
        <p>2024年安徽省第一批重大项目开工动员会芜湖分会场活动在奥克斯智能空调压缩机生产建设项目地举行。</p>
        <span>2024.01.04</span>
    </div>
</li>
<li>
    <div class="img-box"> <img src="unit3-img/aux-news04.jpg"> </div>
    <div class="txt-box">
        <h3>投资50亿元！奥克斯重要项目落户芜湖</h3>
        <p>11月13日，宁波奥克斯电气股份有限公司与芜湖经济技术开发区在安徽芜湖签署合作协议。</p>
        <span>2023.11.15</span>
    </div>
</li>
```

图 4-76 修改后的 HTML 代码

5）保存文件，检查预览效果是否达到预期。

【案例 4-17】 在案例 4-16 的基础上，添加图 4-77 所示的左侧版面内容。

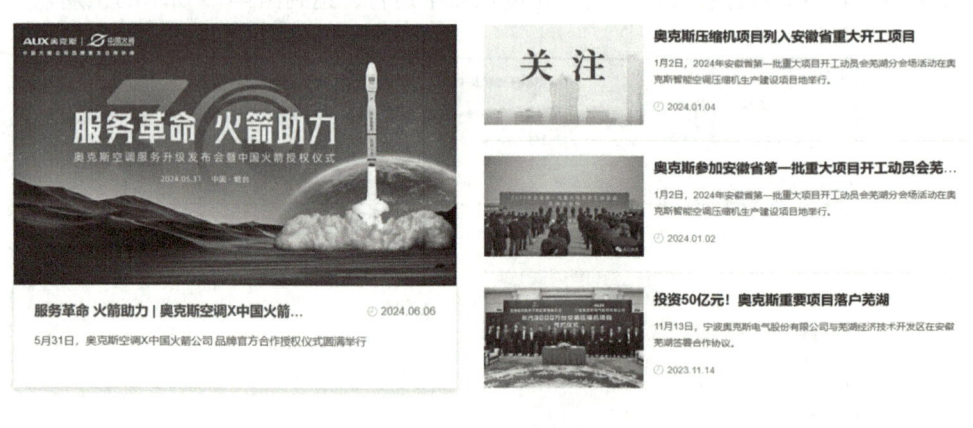

图 4-77 添加左侧版面内容

【解决策略】

思路一：将这个结构拆解成左右两部分，用两个大容器去装，右边部分在上一个案例已经完成，剩下左侧部分尚未完成。

思路二：左侧版面由一张图和三行文字组成，其内容其实与右侧 <li> 容器的图文结构一样，只是图文排版不一样而已。前面说过，CSS 负责外观表现，HTML 负责内容，既然内容结构一样，就可以把左侧版面也当成类似右侧的 <li> 容器。

1）在 <ul> 标签下方，新增一个 <li> 元素，内容结构与其他 <li> 元素一致，如图 4-78 所示。

```
16    <div id="box">
17        <ul class="news">
18            <li>
19                <div class="img-box"> <img src="unit3-img/aux-news01.png"> </div>
20                <div class="txt-box">
21                    <h3>服务革命 火箭助力 | 奥克斯空调X中国火箭公司品牌官方合作授权仪式</h3>
22                    <p>5月31日,奥克斯空调X中国火箭公司品牌官方合作授权仪式圆满举行</p>
23                    <span>2024.05.31</span>
24                </div>
25            </li>
26            <li> ... </li>
34            <li> ... </li>     新增一项 <li>
42            <li> ... </li>
50        </ul>
51    </div>
```

图 4-78　新增一个 <li> 元素

2）编写对应的 CSS 代码，如图 4-79 所示。

调整了许多容器的宽高值

```
6  <style>
7      #box{width: 1200px;height: 500px;border: 1px solid red;margin: 0 auto;}
8      .news{margin: 0;padding: 0;width: 100%;height: 100%; list-style-type: none; }
9      .news li{width: 600px; height: 140px;   border: 1px solid blue; margin-bottom:10px; }
10     .news .img-box{float: left;width: 180px;height: 140px;}
11     .news .img-box img{width: 180px;height: 140px;}
12     .news .txt-box{float: right;width: 400px;height: 140px;}       并列式声明
13     .txt-box h3, .txt-box p{margin: 0;}
14     .news li:nth-of-type(1) {width: 550px;height: 500px;border: 1px solid  green;}
15 </style>
```

:nth-of-type 是一种伪类选择器。注意冒号前后不要有空格，否则出错
.news li:nth-of-type(1) 的意思是 news 类对应容器内部的 <li> 类型标签，
而且只能是括号内指明的第 1 个 <li>，也就是说不会影响其他 <li>。

图 4-79　新增的 <li> 容器的 CSS 代码

3）保存文件，预览后初步效果如图 4-80 所示。

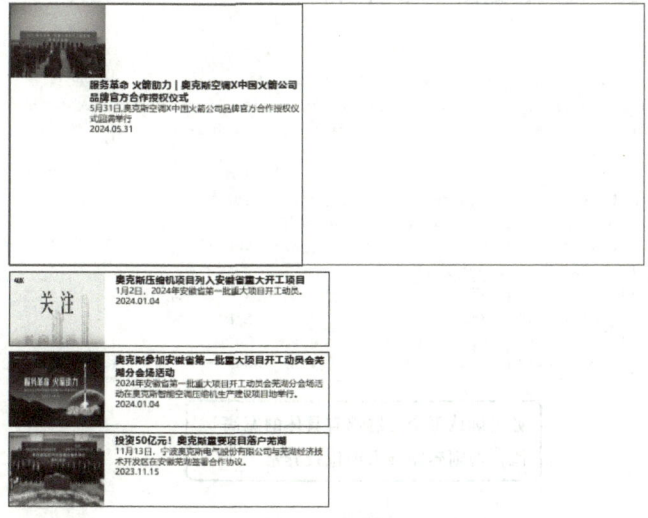

图 4-80　新增 <li> 容器的预览效果

4）接下来对 <li> 容器设置"浮动"属性，实现预期布局，代码如图 4-81 所示。

```
<style>
    #box{width: 1200px;height: 500px;border: 1px solid red;margin: 0 auto;}
    .news{margin: 0;padding: 0;width: 100%;height: 100%; list-style-type: none; }
    .news li{width: 600px; height: 140px;   border: 1px solid blue; margin-bottom:10px;
        float: right;
    }
    .news .img-box{float: left;width: 180px;height: 140px;}
    .news .img-box img{width: 180px;height: 140px;}
    .news .txt-box{float: right;width: 400px;height: 140px;}
    .txt-box h3, .txt-box p{margin: 0;}
    .news li:nth-of-type(1) {width: 550px;height: 500px;border: 1px solid  green;float: left;}
</style>
```

图 4-81　设置"浮动"属性

5）保存文件后预览效果如图 4-82 所示。

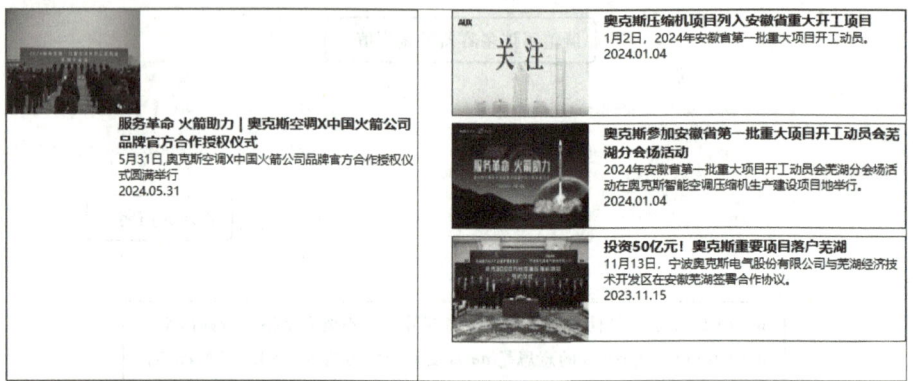

图 4-82　设置"浮动"属性后的预览效果

到这一步，基本布局雏形已经完成，剩下的任务就是不断调整个别容器的参数值，以及去除边框属性，达到对齐的效果。

6）继续调整 CSS 代码，如图 4-83 所示。

```
<style>
    #box{width: 1200px;height: 440px; margin: 0 auto;border: 1px solid red;}
    .news{margin: 0;padding: 0;width: 100%;height: 100%; list-style-type: none; }
    .news li{width: 600px; height: 140px; margin-bottom: 10px;
        float: right;
    }
    .news .img-box{float: left;width: 180px;height: 140px;}
    .news .img-box img{width: 180px;height: 140px;}
    .news .txt-box{float: right;width: 400px;height: 140px;}
    .txt-box h3, .txt-box p{margin: 0;}
    .news li:nth-of-type(1) {width: 550px;height: 440px; float: left;}
    .news li:nth-of-type(1) .img-box{ width: 550px; height: 340px;}
    .news li:nth-of-type(1) img{width: 550px; height: 340px;}
    .news li:nth-of-type(1)  .txt-box{ width: 550px; height: 100px;background-color: #eee;}
</style>
```

务必确认每个容器都有具体的宽高值，否则容器会出现位置异常

图 4-83　调整 CSS 代码

7）预览效果如图 4-84 所示就到达练习目的了，有时间再去慢慢完善细节。左侧版面的新闻发布时间建议采用后续章节的绝对定位知识来解决，目前可忽略。

图 4-84　新闻列表的预览效果

4.8.2　<ol> 标签

<ol> 标签是有序（序号）标签。此列表标签常常用于文章标题列表、图片列表等有规律的内容布局。

【案例 4-18】输入图 4-85 所示的代码，完成小说的章节目录效果。

```
2  <html>
3      <head>
4          <meta charset="utf-8">
5          <title></title>
6      </head>
7      <body>
8          <h2>射雕英雄传</h2>
9          <ol>
10             <li><a href="#"> 第一回 </a> </li>
11             <li><a href="#"> 第二回 </a> </li>
12             <li><a href="#"> 第三回 </a> </li>
13             <li><a href="#"> 第四回 </a> </li>
14             <li><a href="#"> 第五回 </a> </li>
15             <li><a href="#"> 第六回 </a> </li>
16             <li><a href="#"> 第七回 </a> </li>
17             <li><a href="#"> 第八回 </a> </li>
18             <li><a href="#"> 第九回 </a> </li>
19             <li><a href="#"> 第十回 </a> </li>
20         </ol>
21     </body>
22 </html>
```

图 4-85　章节目录的 HTML 代码

【案例 4-19】完成图 4-86 所示的含数字序号的新闻排行榜。

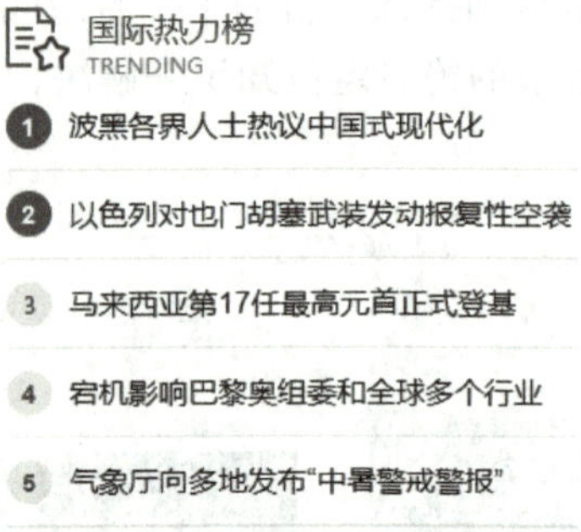

图 4-86　新闻排行榜

1）编写 HTML 代码，如图 4-87 所示。

```
 7  <body>
 8      <div id="news-charts">
 9          <h2>国际热力榜</h2>
10          <ol>
11              <li><a href="#">波黑各界人士热议中国式现代化        </a></li>
12              <li><a href="#">以色列对也门胡塞武装发动报复性空袭</a></li>
13              <li><a href="#">马来西亚第17任最高元首正式登基      </a></li>
14              <li><a href="#">宕机影响巴黎奥组委和全球多个行业    </a></li>
15              <li><a href="#">气象厅向多地发布"中暑警戒警报"      </a></li>
16          </ol>
17      </div>
18  </body>
19
```

图 4-87　新闻排行榜的 HTML 代码

2）编写对应的 CSS 代码，如图 4-88 所示。

```
 6  <style type="text/css">
 7      #news-charts {width: 400px;height: 500px;border: 1px solid red;}
 8      #news-charts h2{ height: 50px; margin: 0; padding:20px 0 0 80px;
 9          background:url("unit3-img/tit_gjrlb.png") no-repeat 20px 20px ;}
10  </style>
```

图 4-88　新闻排行榜的 CSS 代码

3）预览后，初步效果如图 4-89 所示，这也是原始的 <ol> 标签的外观。

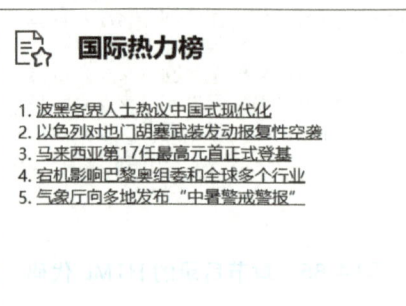

图 4-89　<ol> 标签的初步效果

<ol> 标签内部的 <li> 标签，只要是编号样式，编号右下角都带有小黑点，从外观上看不美观。然而如果不采用默认样式，就相当于失去 <ol> 特有的有序概念，所以在力求美观效果的实际场合中很少使用 <ol> 标签，一般都采用 <ul> 标签。

4）如果想做出图 4-86 中列表图标的效果，一般可采用两种方式：第一种方式是图标用数字加 CSS 来生成；第二种方式是采用预先制作好的图标作为容器底图，正如图 4-89 中"国际热力榜"左边的图标。

现在采用第一种方式。在数字的外层添加 <span> 标签，如图 4-90 所示。

```
<div id="news-charts">
    <h2>国际热力榜</h2>
    <ol>
        <li><span>1</span><a href="#">波黑各界人士热议中国式现代化        </a></li>
        <li><span>2</span><a href="#">以色列对也门胡塞武装发动报复性空袭</a></li>
        <li><span>3</span><a href="#">马来西亚第17任最高元首正式登基     </a></li>
        <li><span>4</span><a href="#">宕机影响巴黎奥组委和全球多个行业   </a></li>
        <li><span>5</span><a href="#">气象厅向多地发布"中暑警戒警报"   </a></li>
    </ol>
</div>
```

图标不具备语义，所以采用无语义的 <span> 标签即可

图 4-90 添加 <span> 标签

5）编写对应的 CSS 代码，如图 4-91 所示。

```
<style type="text/css">
#news-charts {width: 400px;height: 320px;border: 1px solid red;}
#news-charts h2{ height: 50px; margin: 0; padding:20px 0 0 80px;
    background:url("unit3-img/tit_gjrlb.png") no-repeat 20px 20px ;}
#news-charts ol{list-style-type:none; margin: 0; padding:0 0 0 20px;}
#news-charts li{ height: 40px; line-height: 40px;  border-bottom: 1px solid #ddd;}
#news-charts li span{
    display: inline-block;         /* 内联块级类型，在设置宽高的同时也具备内联特征  */
    width: 30px;height: 30px; background-color:#3388ff; color: #fff;
    border-radius: 15px;           /* 圆角半径为边长一半以上，可实现圆形*/
    text-align: center;
    line-height: 30px;             /* 行高与容器高度一致，便可垂直方向居中 */
    }
</style>
```

图 4-91 <span> 标签的 CSS 代码

6）保存文件后预览，最终效果如图 4-92 所示。

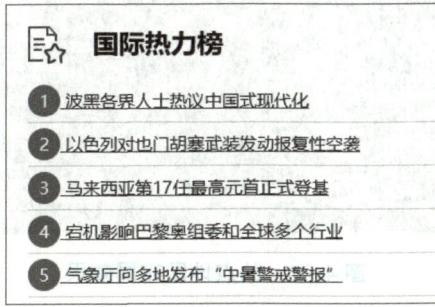

图 4-92 添加 <span> 标签后的预览效果

4.8.3 <dl> 标签

<dl> 标签相对于 <ul> 标签而言，在增加了一个子标签 <dt> 的同时，<li> 标签换成了 <dd> 标签。只要是包含标题及一组子项的场景，基本都可以采用 <dl> 结构。

用法示例如下：

```
<dl>
    <dt> 标题 </dt>
    <dd> 具体描述 1</dd>
    <dd> 具体描述 2</dd>
</dl>
```

【案例 4-20】 采用多组 <dt> 加 <dd> 标签完成书籍目录效果，如图 4-93 所示。

根据标题与内容的区别，将“章”用 <dt> 标签表示，“节”用 <dd> 标签表示，HTML 代码如图 4-94 所示。

第1 章 大数据时代
    1.1 数据是什么/003
    1.2 大数据是什么/008
第2 章 大数据思维
    2.1 总体思维：关注全部而非部分/021
    2.2 容错思维：关注效率而非精准/023
    2.3 相关思维：关注相关而非因果/024
第3 章 大数据技术
    3.1 大数据采集技术/031
    3.2 大数据预处理技术/037
    3.3 大数据存储技术/040
    3.4 大数据分析技术/055

图 4-93 书籍目录效果

```
    <body>
        <dl>
            <dt>第1 章 大数据时代</dt>
            <dd>1.1 数据是什么/003</dd>
            <dd>1.2 大数据是什么/008</dd>

            <dt>第2 章 大数据思维</dt>
            <dd>2.1 总体思维：关注全部而非部分/021</dd>
            <dd>2.2 容错思维：关注效率而非精准/023</dd>
            <dd>2.3 相关思维：关注相关而非因果/024</dd>

            <dt>第3 章 大数据技术</dt>
            <dd>3.1 大数据采集技术/031</dd>
            <dd>3.2 大数据预处理技术/037</dd>
            <dd>3.3 大数据存储技术/040</dd>
            <dd>3.4 大数据分析技术/055</dd>
        </dl>
    </body>
</html>
```

图 4-94 <dl> 标签的 HTML 代码

【案例 4-21】 完成图 4-95 所示的页脚区域的站点地图（site-map）。

图 4-95 站点地图布局效果

如果时间不多，只完成图 4-96 所示的区域即可。

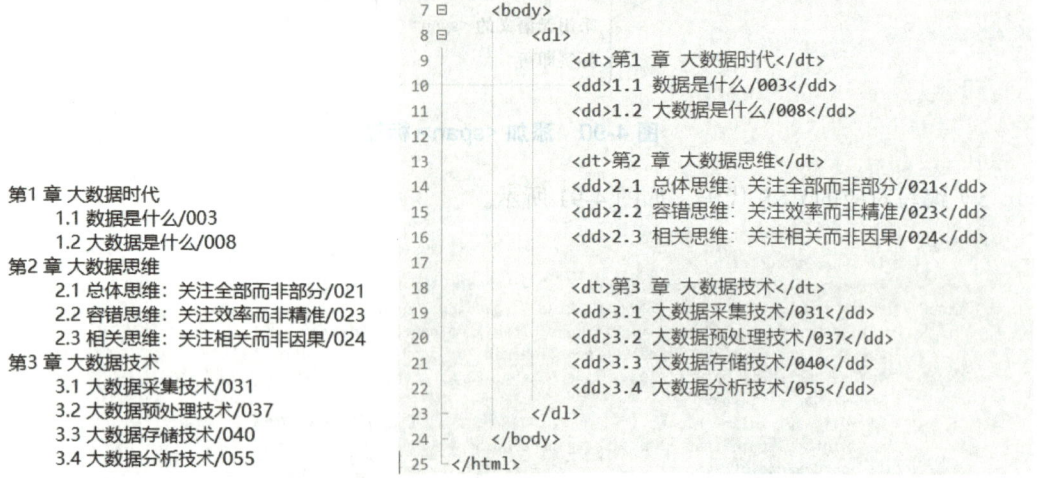

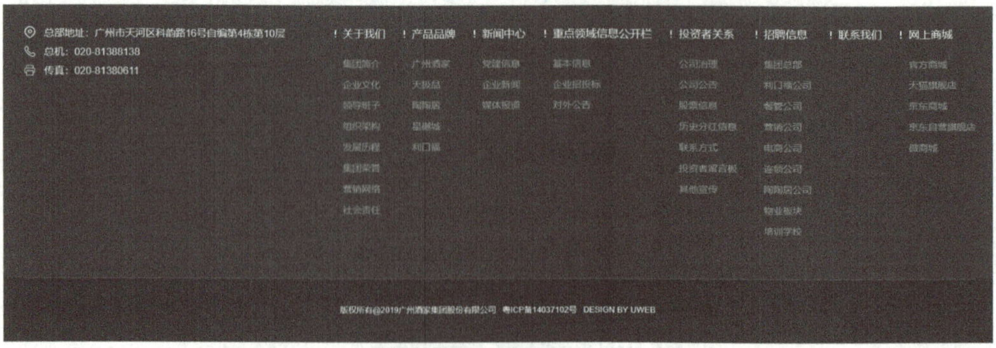

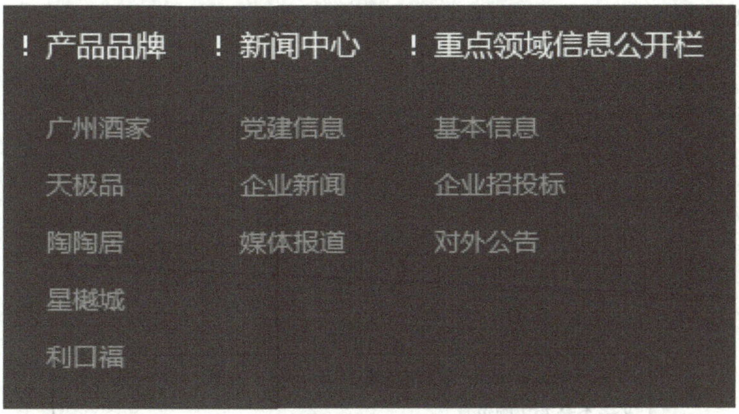

图 4-96 站点地图部分区域

其实，所谓的站点地图就是页头导航的内容，或者在页头导航内容的基础上添加了如法律声明、企业招聘等栏目链接。浏览者看一个内容量非常大的网页时，当他看完栏目、文章内容，恰好到页面底部位置，此时在页面底部单击跳往其他栏目的链接，显然要比去页头单击链接方便许多。

1）编写 HTML 代码，如图 4-97 所示。

```html
<body>
    <div id="sitemap">
        <dl class="item">
            <dt>!产品品牌</dt>
            <dd>广州酒家</dd>
            <dd>天极品</dd>
            <dd>陶陶居</dd>
            <dd>星樾城</dd>
            <dd>利口福</dd>
        </dl>
        <dl class="item">
            <dt>!新闻中心</dt>
            <dd>党建信息</dd>
            <dd>企业新闻</dd>
            <dd>媒体报道</dd>
        </dl>
        <dl class="item">
            <dt>!重点领域信息公开栏</dt>
            <dd>基本信息</dd>
            <dd>企业招投标</dd>
            <dd>对外公告</dd>
        </dl>
    </div>
</body>
```

图 4-97 站点地图的 HTML 代码

2）编写对应的 CSS 代码，如图 4-98 所示。

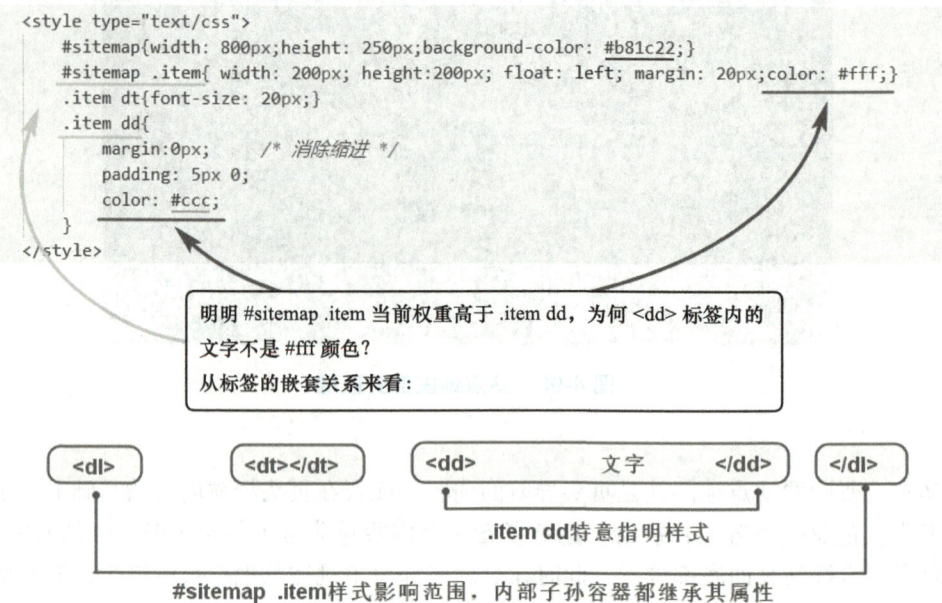

图 4-98　站点地图的 CSS 代码

> **提问：**
> 如果增加一个 #sitemap .item dd{color: yellow;} 的样式，那么最终 <dd> 标签内文字将会是什么颜色？为什么？

4.9　表格标签

HTML 表格是一种用于展示结构化数据的元素。

每个表格均有若干行，由 <tr> 标签定义；每行被分割为若干单元格，由 <td> 标签定义；表格还可以包含标题行 <th> 标签，用于定义列的标题。

（1）<table> 标签　<table> 标签用于创建表格，它是一种将数据按行和列组织排列的结构，用于在网页中呈现复杂的数据集。

表格最常见的用途是展示数据，如产品价格、学生成绩、电影时间表等。表格可以清晰地展示数据的结构和关系。表格还可以用于创建网页表单，通过在表格单元格中放置表单控件（如文本框、复选框、下拉菜单等），方便设计者快速布局。

（2）<tr> 标签　<tr> 标签中可以包含 <th> 或 <td> 单元格，用来显示表格的标题或数据。

（3）<td> 标签　<td> 标签定义表格中的数据单元格。每个单元格可以包含各种类型的内容，包括文本、图片、链接等。

（4）<th> 标签　<th> 标签定义表格中的表头单元格（标题单元格）。

【案例 4-22】 完成图 4-99 所示的表格。

机构全称	营业场所	联系电话
阳光人寿保险股份有限公司北京分公司	北京市通州区×××××××	010-8916××××
阳光人寿保险股份有限公司北京分公司东城支公司	北京市东城区×××××××	010-6526××××
阳光人寿保险股份有限公司北京分公司朝阳支公司	北京市朝阳区×××××××	010-8766××××
阳光人寿保险股份有限公司北京分公司朝阳营销服务部	北京市朝阳区×××××××	010-8766××××
阳光人寿保险股份有限公司北京分公司通州支公司	北京市通州区×××××××	010-6526××××

图 4-99　<table> 标签示例表格

由于表格标签数量较多，采用图 4-100 所示的方式，先完成表格中一行的代码，不填单元格 <td> 的文字内容，通过多次复制 <tr> 标签内的代码块提高效率，然后再把文字复制进对应的 <td> 标签内。

```
<tr>
    <td></td>
    <td></td>
    <td></td>
</tr>
```

先把一行的标签写好（不要填文字内容），批量复制、粘贴多遍，最后再添加文字

图 4-100　批量复制代码块

1）编写大体框架的 HTML 代码，如图 4-101 所示。

```
<body>
    <table class="search">
表头  <thead>
          <tr> <th>机构全称</th> <th>营业场所</th> <th>联系电话</th> </tr>
      </thead>
      <tbody>
          <tr>
              <td>阳光人寿保险股份有限公司北京分公司</td>
              <td>北京市通州区×××××××</td>
              <td>010-89166815</td>
          </tr>
表体      <tr>
              <td>阳光人寿保险股份有限公司北京分公司东城支公司</td>
              <td>北京市东城区×××××××</td>
              <td>010-65268111</td>
          </tr>
          <tr> ... </tr>     ← 相同格式，为截图方便，折叠了代码块
          <tr> ... </tr>
          <tr> ... </tr>
      </tbody>
    </table>
</body>
```

图 4-101　初步的 HTML 代码

如果在 HTML 结构的 <table> 标签内设置 1 个单位的边框，则代码为 <table class="search" border = "1" >，

实际产生的边框会超过 1px，达不到我们需要的细腻边线效果。如果在 CSS 中设置 <table> 的 border 为 1px，只会绘制出 1px 的外框，内部的框线为空白。

2）接下来采用一个另辟蹊径的方式——设置每个单元格的右、下边框，同时设置整个表格的上、左边框，就可以得到预期效果。编写对应的 CSS 代码，如图 4-102 所示。

```css
<style type="text/css">
    .search{
        /* 练习时不建议给表格整体设置宽高，因为所有单元格的宽高总和达不到表格设定的宽高时，
           行高和列宽都会强制改尺寸，展示的效果会误导你的认知    */
        border-top: 1px solid red;
        border-left: 1px solid red;
        border-collapse: collapse;             /* 单元格之间共用边框 */
    }
    .search th ,.search td{
        border-right: 1px solid red;
        border-bottom: 1px solid red;
        width: 400px; height: 50px; text-align: center;
    }
</style>
```

图 4-102　设置边框

3）保存文件后预览效果如图 4-103 所示。

机构全称	营业场所	联系电话
阳光人寿保险股份有限公司北京分公司	北京市通州区×××××××	010-8916××××
阳光人寿保险股份有限公司北京分公司东城支公司	北京市东城区×××××××	010-6526××××
阳光人寿保险股份有限公司北京分公司朝阳支公司	北京市朝阳区×××××××	010-8766××××
阳光人寿保险股份有限公司北京分公司朝阳营销服务部	北京市朝阳区×××××××	010-8766××××
阳光人寿保险股份有限公司北京分公司通州支公司	北京市通州区×××××××	010-6526××××

图 4-103　表格预览效果

4）接下来设置第三列的列宽，同时给奇数行设置背景色，如图 4-104 所示。

```css
<style type="text/css">
    .search{
        /* 练习时不建议给表格整体设置宽高，因为所有单元格的宽高总和达不到表格设定的宽高时，
           行高和列宽都会强制改尺寸，展示的效果会误导你的认知    */
        border-top: 1px solid red;
        border-left: 1px solid red;
        border-collapse: collapse;             /* 单元格之间共用边框 */
    }
    .search th ,.search td{
        border-right: 1px solid red;
        border-bottom: 1px solid red;
        width: 400px; height: 50px; text-align: center;
    }
    /*必须要将第三列所有单元格都声明为200px宽*/
    .search th:nth-of-type(3),.search tr td:nth-of-type(3) { width:200px;}
    /*设置奇数行的背景色，通常是采用JS脚本来定义样式，这里采用了奇偶选择项参数。
      odd 表示奇数、even 表示偶数   */
    .search tr:nth-child(even) { background-color: #eee; }
    .search thead{background-color: #eee;}
</style>
```

> 如果用 odd 参数，整个表格的底色会填充第 1、2、4、6 行，不符合要求

图 4-104　第三列列宽、奇数行背景色设置的 CSS 代码

要深刻理解上图代码中 :nth-of-type( ) 伪类选择器所作用的范围,请仔细研究图 4-105 所示代码。

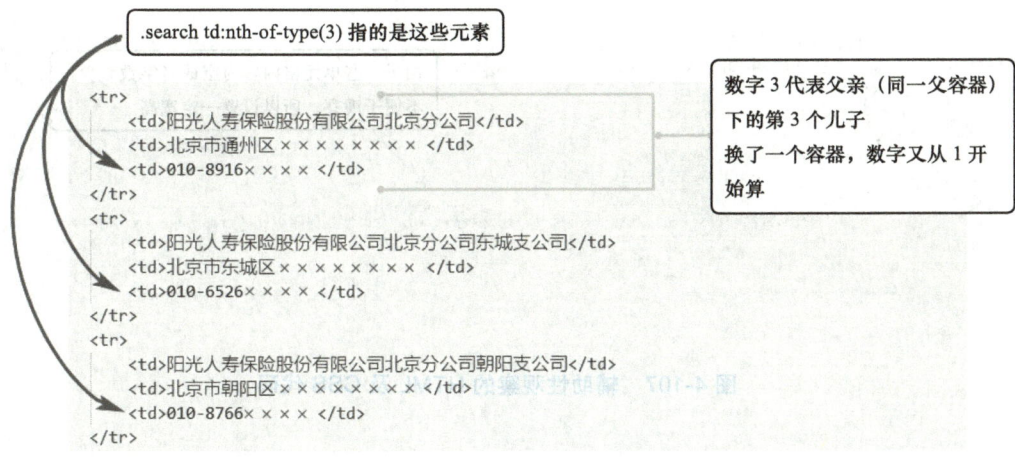

图 4-105　选择器的作用域

【案例 4-23】完成图 4-106 所示的个人简历布局效果。

个人简历

姓名		性别		出生日期		相片
民族		健康状况		身高		
专业		学历		毕业学校		
主要简历	起止日期	在何单位			所任职务	
兴趣爱好						
自我评价						

图 4-106　个人简历布局效果

1）先简单构建一些辅助性观察的代码，如图 4-107 所示，测试后观察第一行是否无误。

```html
 6  <style type="text/css">
 7      #job td{ width: 100px; height: 50px;}
 8  </style>
 9  </head>
10  <body>
11  <table id="job" border="1">
12      <caption>个人简历</caption>
13      <tr>
14          <td>姓名</td> <td></td> <td>性别</td> <td></td> <td>出生日期</td> <td></td> <td>相片</td>
15      </tr>
16  </table>
17  </body>
```

由于一些单元格内容为空或者字数太少，不便于观察，所以设置一定宽高

图 4-107　辅助性观察的 HTML 及 CSS 代码

2）整体复制 <tr> 代码块，快速搭建其他行，代码如图 4-108 所示。

```html
<table id="job" border="1">
    <caption>个人简历</caption>
    <tr>
        <td>姓名</td> <td></td> <td>性别</td> <td></td> <td>出生日期</td> <td></td>  <td>相片</td>
    </tr>
    <tr>
        <td>民族</td> <td></td> <td>健康状况</td> <td></td> <td>身高</td> <td></td>
    </tr>
    <tr>
        <td>专业</td> <td></td> <td>学历</td> <td></td> <td>毕业学校</td> <td></td>
    </tr>
    <tr>
        <td>主要简历</td> <td>起止日期</td> <td>在何单位</td>   <td>所任职务</td>
    </tr>
    <tr>
        <td></td> <td></td>   <td></td>
    </tr>
    <tr>
        <td></td> <td></td>   <td></td>
    </tr>
    <tr>
        <td></td> <td></td>   <td></td>
    </tr>
    <tr>
        <td>兴趣爱好</td> <td></td>
    </tr>
    <tr>
        <td>自我评价</td> <td></td>
    </tr>
</table>
```

<td> 标签不要多写，看到一个写一个，不用考虑如何合并单元格

图 4-108　复制 <tr> 代码块

3）文件保存后，预览的初步效果如图 4-109 所示。

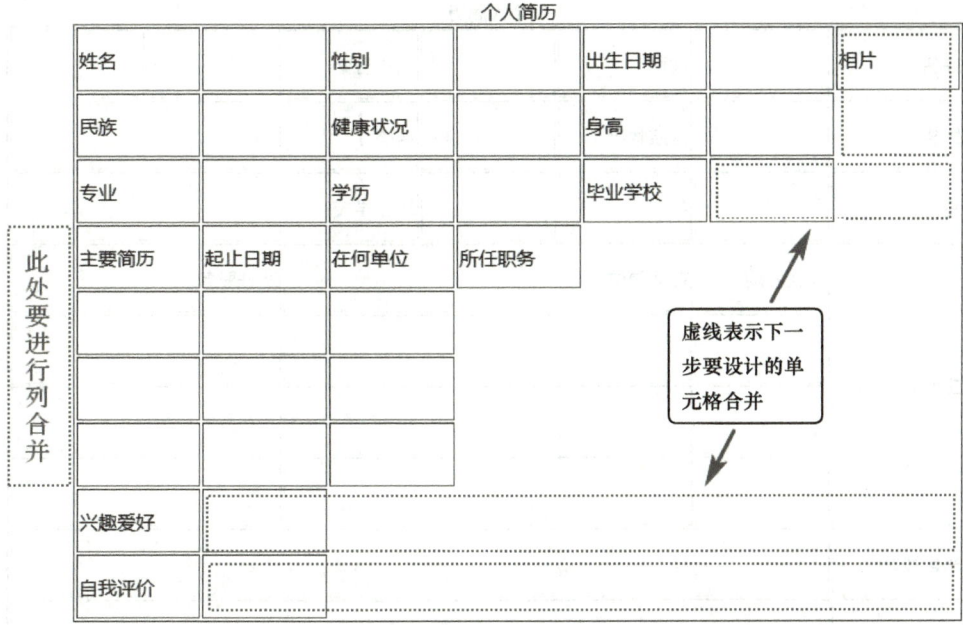

图 4-109　表格初步预览效果

4）制作单元格跨行、跨列（合并）效果，代码如图 4-110 所示。

```
<table id="job" border="1">
    <caption>个人简历</caption>
    <tr>
        <td>姓名</td> <td></td> <td>性别</td> <td></td> <td>出生日期</td> <td></td> <td rowspan="2">相片</td>
    </tr>
    <tr>
        <td>民族</td> <td></td> <td>健康状况</td> <td></td> <td>身高</td> <td></td>
    </tr>
    <tr>
        <td>专业</td> <td></td> <td>学历</td> <td></td> <td>毕业学校</td> <td colspan="2"></td>
    </tr>
    <tr>
        <td rowspan="4">主要简历</td> <td>起止日期</td> <td colspan="3">在何单位</td> <td colspan="2">所任职务</td>
    </tr>
    <tr>
        <td></td> <td colspan="3"></td> <td colspan="2"></td>
    </tr>
    <tr>
        <td></td> <td colspan="3"></td> <td colspan="2"></td>
    </tr>
    <tr>
        <td></td> <td colspan="3"></td> <td colspan="2"></td>
    </tr>
    <tr>
        <td>兴趣爱好</td> <td colspan="6"></td>
    </tr>
    <tr>
        <td>自我评价</td> <td colspan="6"></td>
    </tr>
</table>
```

colspan 表示进行行单元格合并
rowspan 表示进行列单元格合并

图 4-110　跨行、跨列合并

5）保存文件，预览效果如图 4-111 所示。做到这一步，页面已经接近最终效果了。

个人简历

姓名		性别		出生日期		相片
民族		健康状况		身高		
专业		学历		毕业学校		
主要简历	起止日期	在何单位			所任职务	
兴趣爱好						
自我评价						

图 4-111 接近最终效果的预览效果

6）编写样式，完成细节的修改，代码如图 4-112 所示。

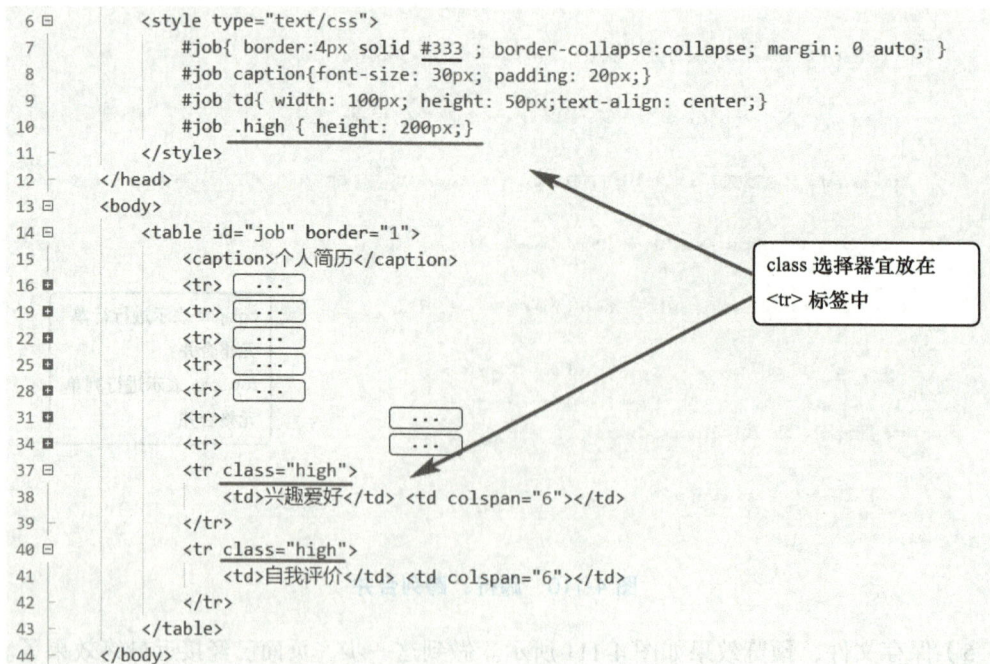

图 4-112 调整 CSS 代码

提问：

图 4-113 所示的结构是否适合采用表格来布局？请说出理由。

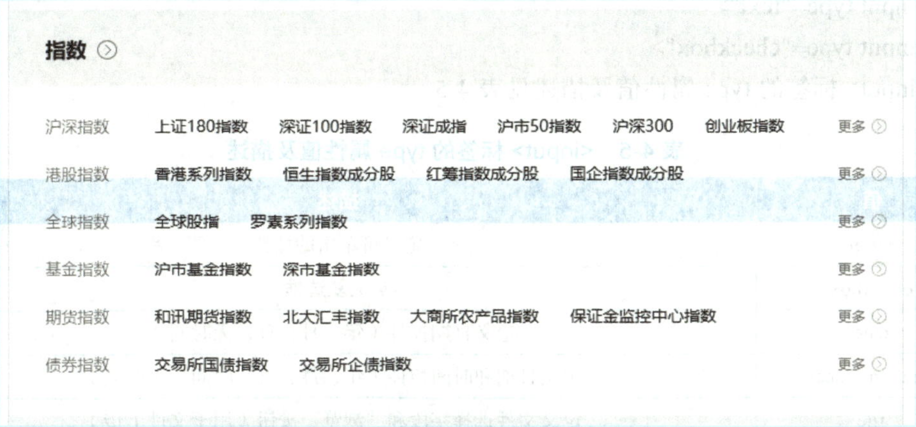

图 4-113 布局分析

4.10 表单类标签

4.10.1 <form> 标签

<form> 标签用于创建 HTML 表单，目的是接收用户输入的数据。<form> 标签属性及描述见表 4-4。

表 4-4 <form> 标签属性及描述

属性	值	描述
action	URL	规定提交表单时，将表单数据发送给哪个目标对象
method	get	数据被附加到 form 元素的 action 属性所指定的 URL 后面，在浏览器网址处可见到该数据，安全系数低
	post	数据被包装在请求的 body 中并被发送，安全系数高
name	文本	规定表单的名称

用法示例如下：

```
<form name="user" action="/action_page.php" method="get">
    <label>名字：</label>
    <input type="text" >
    <input type="submit" value=" 提交 ">
</form>
```

在表单中，<form> 元素可以包含以下一个或多个表单元素：<input>、<label>、<textarea>、<button>、<select>、<option>、<fieldset> 等。

4.10.2 <input> 标签

<input> 标签用于定义输入字段，用户可以在其中输入数据。<input> 元素以多种方式显示，具体取决于 <input type="value"> 设置的 type 属性值。用法示例如下：

<input type="text">

<input type="checkbox">

<input> 标签的 type 属性值及描述见表 4-5。

表 4-5 <input> 标签的 type 属性值及描述

值	描述
button	定义可单击的按钮
checkbox	定义复选框
date	定义日期控件（年、月、日，无时间）
datetime-local	定义日期和时间控件（年、月、日、时间，无时区）
file	定义文件选择字段和"浏览"按钮（用于文件上传）
hidden	定义隐藏的输入字段
image	定义图片作为提交按钮
number	定义用于输入数字的字段
password	定义密码字段
radio	定义单选按钮
range	定义范围控件（如滑块控件）
reset	定义重置按钮
submit	定义提交按钮
text	默认。定义单行文本字段
time	定义输入时间的控件（无时区）
week	定义周和年控件（无时区）

4.10.3 <textarea> 标签

<textarea> 标签用于定义一个多行的文本输入控件。可以通过 cols 和 rows 属性来规定 <textarea> 的尺寸大小，不过更好的办法是使用 CSS 定义它的 height 和 width 属性。

4.10.4 <select> 标签

<select> 标签用于创建下拉列表。该标签需要设置 name 属性，如果省略 name 属性，下拉列表中的数据将不会被提交。用法示例如下：

<label> 请选择一个汽车品牌：</label>

<select name="cars">

    <option value="byd"> 比亚迪 </option>

    <option value="geely"> 吉利 </option>

</select>

4.11 基础练习

【练习 4-1】 完成百度首页搜索布局效果，如图 4-114 所示。

图 4-114　百度首页搜索布局效果

1）编写对应的 HTML 代码，如图 4-115 所示。

```html
<body>
    <div id="box">
        <div class="logo"><img src="unit4-img/baidu-logo.png"></div>
        <form action="" method="get">
            <input type="text"   class="txt" />
            <input type="submit" value="百度一下"  class="btn" />
        </form>
    </div>
</body>
```

图 4-115　百度首页搜索布局效果的 HTML 代码

2）编写相应的 CSS 代码，如图 4-116 所示。

```css
<style type="text/css">
    #box{width: 800px;height: 180px;margin: 50px auto;}
    #box .logo{width: 100%;height: 100px;text-align: center;}
    #box form{width: 100%;height: 80px; text-align: center; padding: 20px 0; }
    .txt{display:inline-block; width: 600px;height: 40px; border: 1px solid #4e6ef2;
        border-radius: 15px 0 0 15px;
    }
    .btn{display:inline-block;         /* 内联块级类型，不换行,同时便于设置相对定位 */
        width: 100px;height: 44px; color: #fff;font-size: 16px;
        background-color: #4e6ef2; border: none; border-radius:0 15px 15px 0;
        position: relative; left: -5px; top:2px;   /* 消除两对象之间的微小缝隙 */
        cursor:pointer;    /*手型光标*/
    }
    .btn:hover{ background-color: #2d4df2; }
</style>
```

图 4-116　百度首页搜索布局效果的 CSS 代码

3）保存文件后，预览页面效果。

【练习 4-2】 完成如图 4-117 所示的新浪用户登录窗口效果。

图 4-117　用户登录窗口效果

1）编写 HTML 代码，如图 4-118 所示。

```
<body>
    <div id="login">
        <div id="left">
            <div class="little-logo"><img src="unit4-img/sina-logo.png"></div>
            <p>扫描二维码登录</p>
            <div class="qr-code"><img  src="unit4-img/sina-weibo.png"/></div>
            <p>打开微博手机APP   - 我的页面  -扫一扫</p>     <!--   是空格字符 -->
        </div>
        <div id="right">
            <p> <span>验证码登录</span> <span>账号登录</span> </p>
            <form action="" method="post">
                <input  type="text"  placeholder="手机号或邮箱"  class="form-txt" />
                <input  type="password"  placeholder="密码"  class="form-txt"/>
                <span><a href="#" class="forget">忘记密码</a></span>
                <input type="submit" value="登录"  class="submit" />
            </form>
            <span><a href="#">立即注册</a> </span>
        </div>
    </div>
</body>
```

图 4-118　用户登录窗口效果的 HTML 代码

2）完成图 4-119 所示对应的 CSS 代码。

```
<style type="text/css">
    #login{width: 800px;height: 400px;margin: 50px auto;padding: 20px; background-color: #eee;}
    #left{width: 300px;height: 400px;float: left; background-color: #fff; }
    .little-logo img{width: 60px;height: 30px;margin: 20px;}
    #left p, .qr-code{text-align: center;}
    #right{width:458px;height:360px;float: right; background-color: #fff;padding: 20px; }
    #right p span:nth-child(2) {border-bottom: 2px solid orange;}
    #right .form-txt{width: 100%;height: 40px;margin: 10px 0;
        border-top: 1px solid #fff;
        border-left: 1px solid #fff;
        border-bottom: 1px solid #999;
        border-right: 1px solid #fff;
    }
    #right input:focus{ background-color: #eee; outline: none; }
    #right div{ width:80px;height: 20px; float: right;text-align: right;}
    #right a{ border: 1px solid red;text-decoration: none;color: #333;
        display: inline-block; float: right;}
    #right .forget{position: relative;top:-40px;}      /* 相对定位往上移动40px*/
    #right .submit{ width:100%;height: 40px;line-height: 40px; color: #fff; font-size: 18px;
        background-color: orange; border-radius:20px; border: none;
        cursor: pointer;}
</style>
```

不设置边框，则默认带粗边框

消除获取焦点(focus)状态下的边框

图 4-119 用户登录窗口效果的 CSS 代码

【练习 4-3】 打开资源包"课本案例 + 练习 \ 第 4 章表单 – 校园霸凌调查问卷 .html"，内含问卷文字，完成如图 4-120 所示的调查问卷。

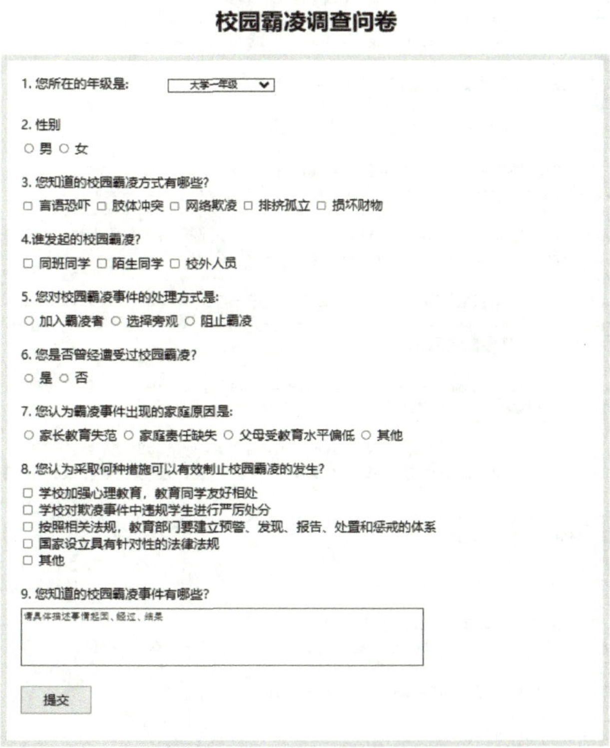

图 4-120 调查问卷布局效果

1）完成图 4-121 所示的 HTML 代码。

```
<body>
    <h1>校园霸凌调查问卷</h1>
    <form id="question" action="" method="post">
        <label>1. 您所在的年级是:</label>
        <select name="class" class="class-box">
            <option value="初中一年级">初中一年级</option>
            <option value="初中二年级">初中二年级</option>
            <option value="初中三年级">初中三年级</option>
            <option value="高中一年级">高中一年级</option>
            <option value="高中二年级">高中二年级</option>
            <option value="高中三年级">高中三年级</option>
            <option value="大学一年级" selected="selected" >大学一年级</option>
            <option value="大学二年级">大学二年级</option>
            <option value="大学三年级">大学三年级</option>
            <option value="大学四年级">大学四年级</option>
        </select>
        <br/><br/>
        <label> 2. 性别</label> <br/>
        <input type="radio" name="sex" value="男"/> 男
        <input type="radio" name="sex" value="女"/> 女
        <br/><br/>
        <label>3. 您知道的校园霸凌方式有哪些?</label> <br/>
        <input type="checkbox" name="bully-type" value="言语恐吓" /> 言语恐吓
        <input type="checkbox" name="bully-type" value="肢体冲突" /> 肢体冲突
        <input type="checkbox" name="bully-type" value="网络欺凌" /> 网络欺凌
        <input type="checkbox" name="bully-type" value="排挤孤立" /> 排挤孤立
        <input type="checkbox" name="bully-type" value="损坏财物" /> 损坏财物
        <br/><br/>
        <label>4.谁发起的校园霸凌?</label> <br/>
        <input type="checkbox" name="bullies" value="同班同学" /> 同班同学
        <input type="checkbox" name="bullies" value="陌生同学" /> 陌生同学
        <input type="checkbox" name="bullies" value="校外人员" /> 校外人员
        <br/><br/>
        <label>5. 您对校园霸凌事件的处理方式是:</label> <br/>
        <input type="radio" name="processing" value="加入霸凌者"/> 加入霸凌者
        <input type="radio" name="processing" value="选择旁观"/> 选择旁观
        <input type="radio" name="processing" value="阻止霸凌"/> 阻止霸凌
        <br/><br/>
        <label>6. 您是否曾经遭受过校园霸凌?</label> <br/>
        <input type="radio" name="meet" value="是"/> 是
        <input type="radio" name="meet" value="否"/> 否
        <br/><br/>
        <label>7. 您认为霸凌事件出现的家庭原因是:</label> <br/>
        <input type="radio" name="reason" value="家长教育失范"/> 家长教育失范
        <input type="radio" name="reason" value="家庭责任缺失"/> 家庭责任缺失
        <input type="radio" name="reason" value="父母受教育水平偏低"/> 父母受教育水平偏低
        <input type="radio" name="reason" value="其他"/> 其他
        <br/><br/>
        <label>8. 您认为采取何种措施可以有效制止校园霸凌的发生?</label> <br/>
        <input type="checkbox" name="measure" value="学校加强心理教育, 教育同学友好相处" />
        学校加强心理教育, 教育同学友好相处
        <br/>
        <input type="checkbox" name="measure" value="学校对欺凌事件中违规学生进行严厉处分" />
        学校对欺凌事件中违规学生进行严厉处分
        <br/>
        <input type="checkbox" name="measure" value="按照相关法规, 教育部门要建立预警、发现、
        报告、处置和惩戒的体系" /> 按照相关法规, 教育部门要建立预警、发现、报告、处置和惩戒的体系
        <br/>
        <input type="checkbox" name="measure" value="国家设立具有针对性的法律法规" />
        国家设立具有针对性的法律法规
        <br/>
        <input type="checkbox" name="measure" value="其他" /> 其他
        <br/><br/>
        <label>9. 您知道的校园霸凌事件有哪些? </label> <br/>
        <textarea name="event" cols="80" rows="5" placeholder="请具体描述事情起因、经过、结果"></textarea>
        <br/><br/>
        <input type="submit" class="submit" value="提交"/>
    </form>
</body>
```

图 4-121 调查问卷布局效果的 HTML 代码

2）编写图 4-122 所示对应的 CSS 代码。

```
<style type="text/css">
    h1{width: 800px;height: 20px;margin: 50px auto;text-align: center;}
    #question{width: 800px;height: 1000px;margin: 50px auto;border: 10px solid #eee;
        padding: 20px;font-size: 18px;}
    #question label{margin-bottom: 10px; display: inline-block;}   原内联元素无 margin 属性
    #question .class-box{width: 150px;height: 20px;margin-left: 50px;text-align: center;}
    #question textarea{resize: none;}        /*禁止调节文本区域大小*/
    #question .submit{width: 100px;height: 40px; border:1px solid orange;
        font-size: 18px; cursor: pointer;}
    #question .submit:hover{background-color: orange;}
</style>
```

图 4-122　调查问卷布局效果的 CSS 代码

4.12　扩展练习

【练习 4-4】 打开资源包"各章扩展练习 \ 第 8 章 – 企业网站 \ 企业首页效果图 \ 时尚类网站"文件夹的素材资源，以分组或个人的形式选择不同的练习目标。

为目标页面的各区域内容规划容器结构图，为容器标记较合理的 id 或 class 名称。可采用纸张或者绘图软件绘制。

【练习 4-5】 自行上网找一个能结合 <article>、<section> 标签应用的网页，并尝试使用 <article>、<section>、<p> 等文本类标签将 HTML 结构代码书写下来，不要求写 CSS 代码。

【练习 4-6】 在练习 4-1 的基础上，利用图 4-123 所示的图片文件，为文本框添加一个相机小图标，效果如图 4-124 所示。

图 4-123　素材图片

图 4-124　添加小图标

第 5 章　常见布局流

> **知识与技能目标**
>
> 1. 理解不同布局流的特点及使用场景。
> 2. 巩固使用标准流制作大体框架的布局能力。
> 3. 巩固使用浮动流完成局部区域的容器布局的能力。
> 4. 掌握相对定位、绝对定位、固定定位的区别及相应的属性设置。
> 5. 能合理定义定位流技术的参照容器。
> 6. 掌握元素浮动或定位后版面异常的解决方法。

> **素养目标**
>
> 1. 通过"让中国挺起脊梁的科学家"练习，缅怀老一辈科学家为中国富强做奉献的光辉事迹。
> 2. 通过"微光 2023"练习，弘扬生活中的正能量，传递每一份看似微小实则有力的温暖。
> 3. 了解本章成语的出处，理解成语含义与知识点的结合：
> 1)"鳞次栉比"：宿舍集体生活中，物品的摆放应该整齐、规范。
> 2)"天马行空"：学习知识时要具备发散思维，多角度、不受约束地思考问题，能打开更多的知识之窗。
> 3)"张弛有度"：校园生活宜有紧张有放松，要合理调整学习状态和个人心情。
> 为加快课堂效率，只要求对容器设定相应样式，添加少量图文，并不需要添加与效果图完全一致的全部图文内容。

5.1　标准文档流布局

文档流是指元素排版布局过程中，元素会自动从左到右、从上到下流式排列。

标准文档流主要利用盒模型，通过设置元素的 display、width、height、margin、padding、border 等属性来控制元素的大小和位置。标准文档流具有易控制的特点，常用于构建页面的基础布局结构。

> **知识点**：标准文档流布局特点
> **记忆关键词**：鳞次栉比
> **关键词解析**：
> 认识标准文档流，更像是庖丁解牛，所有元素遵循从左到右、从上到下的编排规则。采用标准文档流布局，可简单理解为"一行或几行采用一个大容器来组建框架"。
> **成语出处**：
> 《诗经·周颂·良耜》：获之挃挃，积之栗栗。其崇如墉，其比如栉。
> 鳞次栉比——像鱼鳞和梳齿那样有次序地排列着，多用来形容房屋或船只等排列得很密、很整齐。

【案例 5-1】 完成图 5-1 所示的宁波杉杉股份有限公司（简称杉杉股份）首页的页面框架结构。

图 5-1 杉杉股份首页

这类网页的 logo 和导航条与海报图并无叠加关系，没有融为一体，可以设计成图 5-2 所示的结构。

1）设计大体的 HTML 结构，代码如图 5-3 所示。

```
<body>
    <div id="header">
        <div class="header-box"></div>
    </div>
    <div id="banner"></div>
    <div id="main">
        <ul class="about"></ul>
        <div class="main-banner"></div>
        <div class="share"></div>
    </div>
    <div id="footer">
        <div class="footer-box"></div>
    </div>
</body>
```

图 5-2 杉杉股份首页的容器结构图　　图 5-3 杉杉股份首页的 HTML 代码

2）编写图 5-4 所示的 CSS 代码。

```
<style type="text/css">
    body{margin: 0;padding: 0;font-size: 12px;}
    #header{width: 100%;height: 80px;background-color: #ddd;}
    .header-box{width: 1400px;height: 80px;margin: 0 auto;background-color:#1e95fc;}
    #banner{width: 100%;height: 500px;border: 5px solid red;}
    #main{width:100%;height: 2050px;margin: 40px 0; border: 2px solid red;}
    #main .about{width: 1400px;height: 600px;margin:10px auto; border:2px solid red;}
    #main .main-banner{width: 100%;height: 600px;border: 2px solid blue;}
    #main .share{width: 1400px;height: 800px;margin:10px auto; border:2px solid red;}
    #footer{width: 100%;height: 300px;background-color: #ddd;}
    #footer .footer-box{width: 1400px;height:300px;margin:0 auto;}
</style>
```

图 5-4 杉杉股份首页的 CSS 代码

3）保存文件，预览效果如图 5-5 所示。

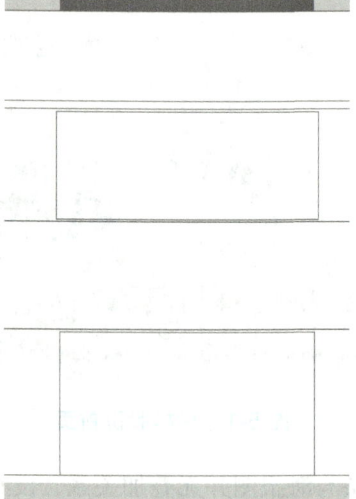

图 5-5 杉杉股份首页框架结构预览效果

【案例 5-2】 完成图 5-6 所示的海澜集团首页的页面框架结构。

图 5-6 海澜集团首页

这类网页的海报图覆盖导航区，我们可以采用图 5-7 所示的布局，当然并不意味着必须采用这种布局。

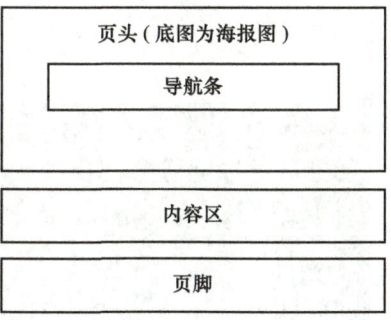

图 5-7　海澜集团首页的容器结构图

1）设计大体的 HTML 结构，代码如图 5-8 所示。

```
<body>
    <div id="header">
        <div class="header-box"></div>
    </div>
    <div id="main-box">
        <div id="main">
            <div class="about"></div>
            <div class="landscape"></div>
            <div class="news"></div>
            <div class="responsibility"></div>
        </div>
    </div>
    <div id="footer"></div>
</body>
```

图 5-8　海澜集团首页的 HTML 代码

2）编写图 5-9 所示的 CSS 代码。

```
<style type="text/css">
    body{margin: 0;padding: 0;font-size: 12px;}
    #header{width: 100%;height:500px;background-color: #ddd;}
    .header-box{width: 1200px; height:100px; border:2px solid red;margin:0  auto;}
    #main-box{width:100%;height:1000px;
        background-image: linear-gradient(to bottom, #fff 700px,#ff0000 300px);
        /* 线性渐变 linear-gradient(方向，颜色1及范围，颜色2及范围, ...)
        颜色覆盖的范围也可以为百分比  */
    }
    #main{ width: 1200px;height:1000px;border:2px solid red;margin:0 auto;
        position: relative; top:-50px;
    }
    #main .about{width:100%;height:160px;background-color:#999;}
    #main .landscape{width:100%;height:250px;background-color:#999;margin:10px 0;}
    #main .news{width:100%;height:250px;background-color:#999;margin:10px 0;}
    #main .responsibility{width:100%;height:300px;background-color:#999;margin:10px 0;}
    #footer{width: 1200px;height:300px; background-color:#ddd; margin:0 auto;}
</style>
```

两颜色范围加起来刚好等于该容器高度的时候，渐变颜色过渡为生硬切换

图 5-9　海澜集团首页的 CSS 代码

3）保存文件，预览效果如图 5-10 所示。

图 5-10　海澜集团首页框架结构预览效果

【案例 5-3】 完成图 5-11 所示的稻花香集团首页的页面框架结构。

图 5-11　稻花香集团首页

相对于前两个案例，我们尝试在页头、内容区、页脚容器细分出若干子容器，容器结构图如图 5-12 所示。

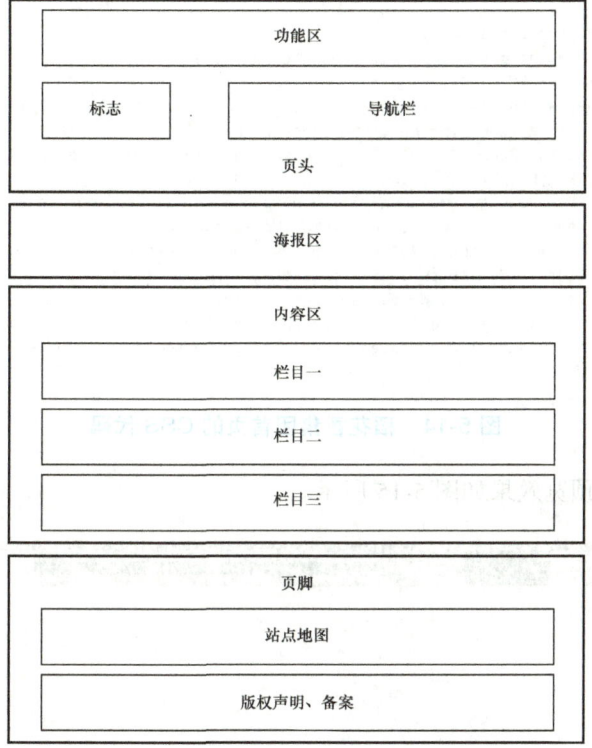

图 5-12　稻花香集团首页的容器结构图

1）设计大体的 HTML 结构，代码如图 5-13 所示。

```html
<body>
    <div id="header">
        <div class="head-top"></div>
        <div class="logo-nav">
            <div class="logo"></div>
            <ul class="nav"></ul>
        </div>
    </div>
    <div id="banner"></div>
    <div id="main">
        <div class="industry-nav"></div>
        <div class="news"></div>
        <div class="product"></div>
    </div>
    <div id="footer">
        <div class="map"></div>
        <div class="site-info"></div>
    </div>
</body>
```

图 5-13　稻花香集团首页的 HTML 代码

2）编写图 5-14 所示的 CSS 代码。

```
<style type="text/css">
    body,ul,li{margin: 0;padding: 0;}
    #header{width: 100%;height: 100px;background-color: #eee;}
    #header .head-top{width: 100%;height: 20px;background-color: red;}
    #header .logo-nav{width: 1200px;height: 80px;background-color: #bbb;margin: 0 auto;}
    .logo-nav .logo{width: 200px;height: 80px;background-color: blue;float: left;}
    .logo-nav .nav{width: 800px;height: 30px;background-color: blue;float:right;margin-top: 25px;}
    #banner{width: 100%;height: 400px;border: 2px solid red;}
    #main{width: 1200px;height: 800px;margin: 0 auto;border: 2px solid green;}
    #main .industry-nav{width: 100%;height: 250px;background-color: #eee;}
    #main .news{width: 100%;height: 250px;background-color: #eee;margin:10px 0;}
    #main .product{width: 100%;height: 250px;background-color: #eee;}
    #footer{width: 100%;height: 300px;background-color: #bbb;}
    #footer .map{width: 1200px;height: 260px;background-color:cyan;margin: 0 auto;}
    #footer .site-info{width: 1200px;height: 40px;background-color:yellow;margin: 0 auto;}
</style>
```

图 5-14　稻花香集团首页的 CSS 代码

3）保存文件，预览效果如图 5-15 所示。

图 5-15　稻花香集团首页框架结构预览效果

5.2　浮动流布局

浮动流布局是指通过设置元素的 float 属性，使其脱离正常布局流，并根据浮动方向排列在页面中。

浮动流布局常用于构建多列布局、图文混排等场景。需要注意的是，浮动流布局会影响元素的高度计算和文本环绕等特性。

> **知识点**：浮动流布局特点
>
> **记忆关键词**：天马行空
>
> **关键词解析**：
>
> 浮动流元素会脱离正常的标准文档流，浮动在其他内容之上。如果说标准文档流相当于地面布局，浮动流元素则浮在上空，可谓强调"浮空"。浮动流十分灵活，不受标准流约束。
>
> **成语出处**：
>
> 《汉书·礼乐志》：太一况，天马下，沾赤汗，沫流赭。志俶傥，精权奇，籋浮云，晻上驰。
>
> 天马行空——天马奔驰于天空。形容才华横溢、气势豪放、不受约束；也形容言论空泛，不着边际。

【**案例 5-4**】 完成图 5-16 所示的热门专业的页面布局。

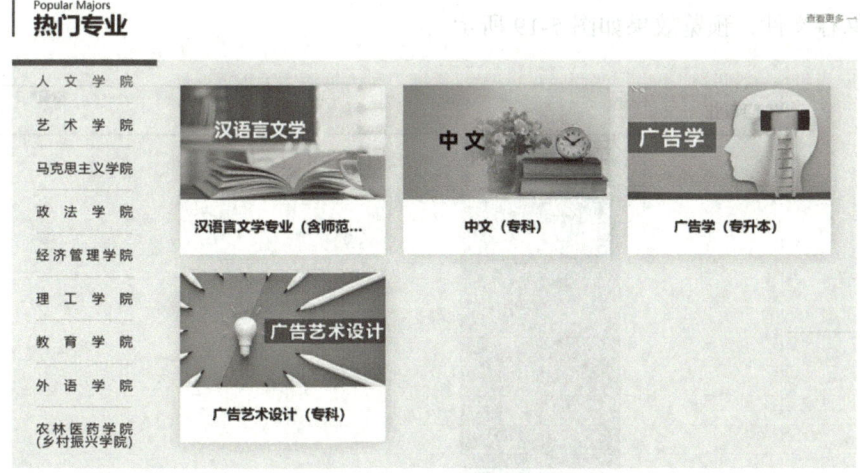

图 5-16 热门专业的页面布局

该页面的容器结构图如图 5-17 所示。

1）初步完成框架的 HTML 代码及 CSS 代码，如图 5-18 所示。这里对每个容器都设置了准确的宽高属性，此外还给一些重要容器设置了 1px 的边框以查看定位情况。

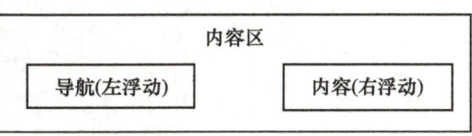

图 5-17 热门专业页面的容器结构图

```
<style type="text/css">
    ul{margin: 0;padding: 0;list-style-type: none;}
    .major{width: 1000px;height: 600px;margin: 0 auto;border: 1px solid red;}
    .item-title{width: 100%;height: 60px;border:1px solid blue;}
    .item-title h2{width:200px; height: 60px; line-height: 60px; margin:0;
```

图 5-18 热门专业页面的 HTML 及 CSS 代码

```
                    float:left; border: 1px solid red;}
                .item-title span{display:block; width:100px; height: 60px;
                    float: right;border: 1px solid red; }
                .major-nav{width: 200px;height: 500px;background-color: #aaa;float: left;}
                .major-imgbox{width:800px;height: 500px;background-color: #ddd;float: left;}
        </style>
    </head>
    <body>
        <div class="major">
            <div class="item-title">
                <h2>热门专业</h2>
                <span>查看更多</span>
            </div>
            <ul class="major-nav">
                <li>人文学院</li>
                <li>艺术学院</li>
            </ul>
            <div class="major-imgbox"></div>
        </div>
    </body>
```

图 5-18　热门专业页面的 HTML 及 CSS 代码（续）

2）保存文件，预览效果如图 5-19 所示。

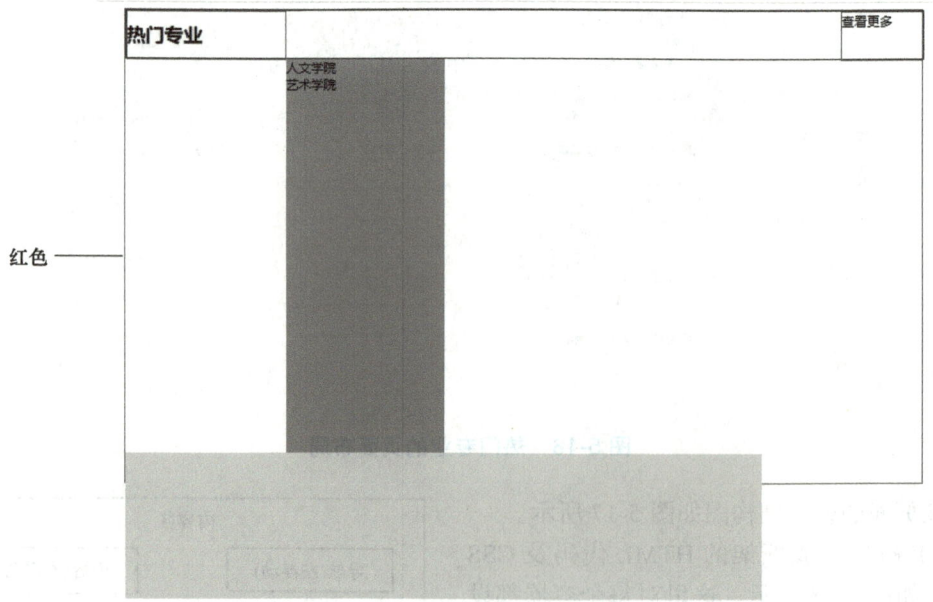

图 5-19　热门专业页面的初步预览效果

发现布局异常，预想的深灰色区域并不紧贴红色容器左侧。在浏览器窗口中，按住〈Ctrl〉键的同时滚动鼠标中键，放大该页面后观察图 5-20 所示的情况。

究其原因，在于当容器设置浮动后，后续容器就有可能见缝插针地排队，试图移动到中间的空白区，哪怕是 1px 的区域。这有点像玩俄罗斯方块游戏一样，力求优先把空白区都填得满满当当。

下面介绍一种简单粗暴处理浮动流导致布局异常的方法，就是在一个完全布局好的容器后面增加一个空白内容的容器用于清除浮动，使得后续容器回归到标准流布局。例如在刚才的页面中，将增加的 <div class="clear"></div> 代码放在 <ul class="major-nav"> 的上一行位置，同时添加 .clear {clear:both;} 样式来达到清除浮动的效果。

3）这里并不打算采用刚才所说的方法，而是采用把各容器边框去掉，用背景色填充的方法。这种方法既不影响观察，也不影响布局预期效果。修正后的 CSS 代码如图 5-21 所示。

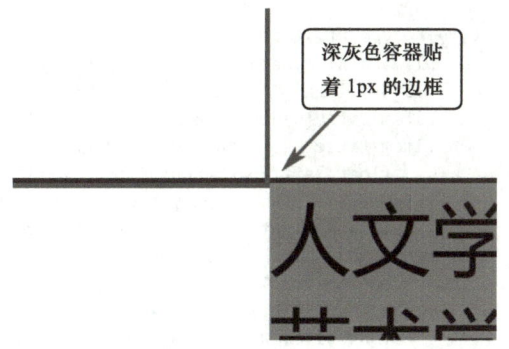

图 5-20　布局异常细节

```
<style type="text/css">
    ul{margin: 0;padding: 0;list-style-type: none;}
    .major{width: 1000px;height: 600px;margin: 0 auto;border: 1px solid red;}
    .item-title{width: 100%;height: 60px; background-color: #eee;}
    .item-title h2{width:200px; height: 60px; line-height: 60px; margin:0;
        float:left; background-color:yellow;}
    .item-title span{display:block; width:100px; height: 60px;
        float: right; background-color: yellow; }
    .major-nav{width: 200px;height: 500px;background-color: #aaa;float: left;}
    .major-imgbox{width:800px;height: 500px;background-color: #ddd;float: left;}
</style>
```

图 5-21　修正后的 CSS 代码

4）继续补充 HTML 元素，如图 5-22 所示。

```
<body>
    <div class="major">
        <div class="item-title">
            <h2>热门专业</h2>
            <span>查看更多</span>
        </div>
        <ul class="major-nav">
            <li>人文学院</li>
            <li>艺术学院</li>
            <li>艺术学院</li>
            <li>艺术学院</li>
            <li>艺术学院</li>            <!-- 为节省时间，不需要改动文字-->
        </ul>
        <div class="major-imgbox">
            <ul class="img-item">
                <li></li>
                <li></li>
                <li></li>
                <li></li>
            </ul>
        </div>
    </div>
</body>
```

图 5-22　继续补充 HTML 元素

5）编写图 5-23 所示的 CSS 代码。

```
<style type="text/css">
    ul{margin: 0;padding: 0;list-style-type: none;}
    .major{width: 1000px;height: 600px;margin: 0 auto;border: 1px solid red;}
    .item-title{width: 100%;height: 60px; background-color: #eee;margin-bottom: 20px;}
    .item-title h2{width:200px; height: 60px; line-height: 60px; margin:0;
        float:left; background-color:yellow; border-left:4px solid blue; }
    .item-title span{display:block; width:100px; height: 60px;
        float: right; background-color: yellow; line-height: 60px;text-align:center;}
    .major-nav{width: 200px;height:490px;background-color: #aaa;float: left;
        border-top:10px solid blue;}
    .major-nav li{height: 40px; line-height: 40px; border-bottom:1px solid #333;
        font-size: 20px; display: inline-block; letter-spacing: 0.5em;margin:0 40px;}

    .major-imgbox{width:800px;height: 500px;background-color: #ddd;float: left;}
    .img-item li{width: 245px;height: 220px;margin: 10px;float: left;
        background-color: yellow;}
</style>
```

内联元素的容器宽度 = 文字内容宽度，方便加对应长度的下边框

图 5-23　添加内联元素的 CSS 代码

6）保存文件，预览效果如图 5-24 所示。

图 5-24　热门专业页面的预览效果

【案例 5-5】　局部使用浮动流布局完成图 5-25 所示的横向导航条的效果。

图 5-25　横向导航条

1）编写大体结构的 HTML 代码，如图 5-26 所示。

```html
<body>
    <div id="header">
        <div class="h-box">
            <div class="logo"></div>
            <ul class="nav">
                <li><a href="#">首页</a></li>
                <li><a href="#">走进永辉</a></li>
                <li><a href="#">最新资讯</a></li>
                <li><a href="#">企业社会责任</a></li>
                <li><a href="#">全国门店</a></li>
                <li><a href="#">投资者关系</a></li>
                <li><a href="#">人才中心</a></li>
                <li><a href="#">永辉采购网</a></li>
            </ul>
            <div class="icon">1</div>
            <div class="icon">2</div>
        </div>
    </div>
</body>
```

图 5-26　横向导航条的 HTML 代码

2）编写图 5-27 所示的 CSS 代码。

```css
<style type="text/css">
    ul{margin: 0;padding: 0;list-style-type: none;}
    a{text-decoration: none;}
    #header{width: 100%;height: 100px;background-color: #eee;}
    .h-box{width: 1200px;height: 100px;background-color: #fff;margin: 0 auto;}
    .h-box .logo{width: 200px;height:100px;float: left;background-color: #229999;}
    .h-box .nav{ width:896px; height:100px; float: left;}
    .h-box .nav li{ height:100px; width: 112px; line-height:100px; text-align:center;
        float: left; background-color: #ccc;}
    .h-box .icon{width:50px;height: 100px; float:right; background-color:greenyellow;
        border-left:2px solid orange;}
    .nav li a{display:block;width:100%;height: 100px;}
    .nav li a:hover{background-color: red;}
</style>
```

图 5-27　横向导航条的 CSS 代码

3）保存文件并预览，效果如图 5-28 所示。

图 5-28　横向导航条的预览效果

提问：

右边区域的"容器 1"和"容器 2"的先后顺序如何理解？

每个 <li> 容器的 width 属性为 112px，这个数值是怎么利用各容器的相关属性值计算得到的？从宽度来看，哪些容器的宽度应该放在最后环节来微调？

> 整个 #header 容器的宽度一般在设计初期就已经确定,不能随意改变。
> 为了视觉效果,边框的粗细一般也不能随意改变。
> logo 图的尺寸规定一般也不能改动太大。

【案例 5-6】 打开资源包 "课本案例 + 练习 \ 第 5 章 – 布局 – 浮动流 4– 素材 .html",使用浮动属性完成 <ul>、<dl> 标签内各子项的排列,完成图 5-29 所示的 "栏目一" 和 "站点地图" 区域的布局。

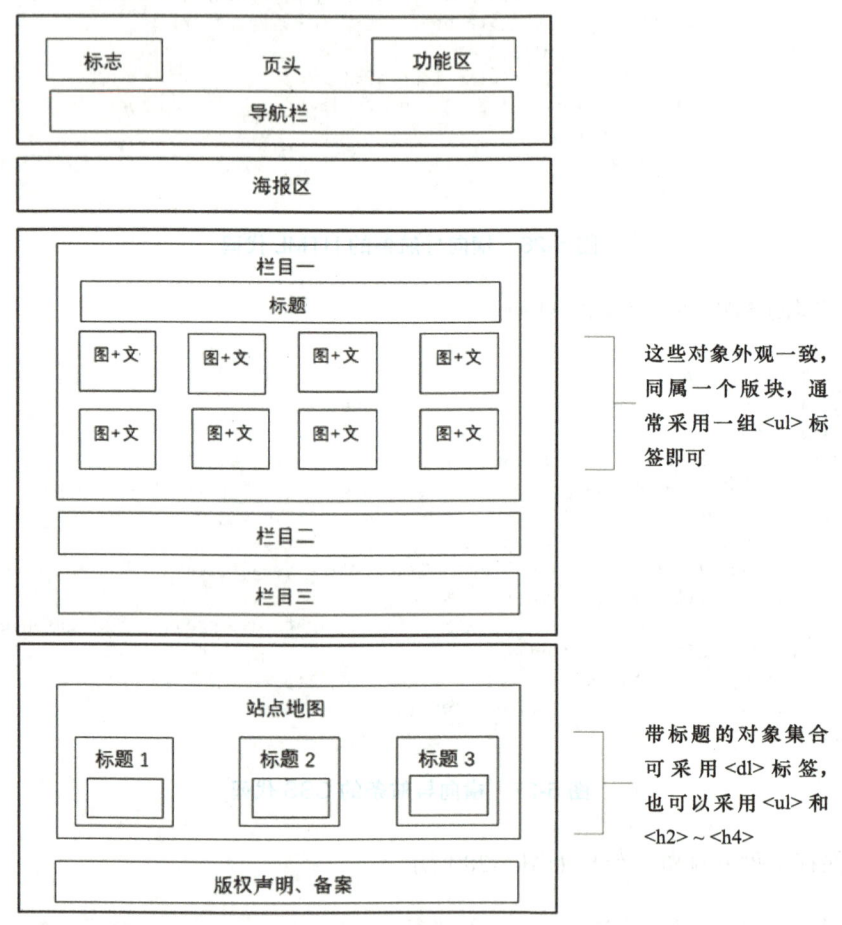

图 5-29 浮动属性实现浮动流的容器结构图

1)编写对应的 HTML 代码,如图 5-30 所示。

```
<body>
    <div id="header">
        <div class="topbox">
            <div class="logo"></div>
            <div class="right-top"></div>
        </div>
        <ul class="nav"></ul>
```

图 5-30 浮动属性实现浮动流的 HTML 代码

```html
    </div>
    <div id="banner"></div>
    <div id="content">
        <div class="item1">      <!--请填写该容器的HTML结构,并完成对应的CSS-->
            <h2>标题文字</h2>
            <ul class="item-ul">
                <li> <span>图片标题</span> </li>
                <li> <span>图片标题</span> </li>
                <li> <span>图片标题</span> </li>
                <li> <span>图片标题</span> </li>
                <li> <span>图片标题</span> </li>
                <li> <span>图片标题</span> </li>
            </ul>
        </div>
        <div class="item2"></div>
        <div class="item3"></div>
    </div>
    <div id="footer">
        <div class="sitemap">     <!--请填写该容器的HTML结构,并完成对应的CSS-->
            <dl><dt>标题1</dt> <dd>文字内容1</dd> <dd>文字内容1</dd> <dd>文字内容1</dd> </dl>
            <dl><dt>标题2</dt> <dd>文字内容2</dd> <dd>文字内容2</dd> <dd>文字内容2</dd> </dl>
            <dl><dt>标题3</dt> <dd>文字内容3</dd> <dd>文字内容3</dd> <dd>文字内容3</dd> </dl>
        </div>
        <div class="copyright"></div>
    </div>
</body>
```

图 5-30 浮动属性实现浮动流的 HTML 代码(续)

2)编写图 5-31 所示的 CSS 代码。

```css
<style type="text/css">
    body,ul,li,h2,dl,dt,dd{margin: 0;padding:0;}
    ul{list-style-type: none;}
    #header{width: 1200px;height: 130px;margin: 0 auto;border: 1px solid green;}
    #banner{width: 1200px;height: 300px;margin: 0 auto;background-color:orange}
    #content{width: 1160px; padding: 20px; height: 1100px;margin: 0 auto;
        background-color: #eee;}
    #footer{width: 1200px;height: 300px;margin: 0 auto;border: 1px solid red;}
    #header .topbox{width: 100%;height:80px;}
    #header .logo{width:240px;height: 80px; background-color: #ddd;float: left;}
    #header .right-top{width: 300px;height:40px; background-color:#ddd;float:right;}
    #header .nav{width:100%;height:50px;background-color:#dd2222;}
    #content .item1{width: 1160px;height: 600px;background-color:#fff;}
    #content .item2, #content .item3{width:1160px;height: 200px;background-color:green;
        margin: 20px 0;}
    #footer .sitemap{width:1200px;height: 240px;background-color:#9999dd;}
    #footer .copyright{width: 800px;height: 40px;margin:10px auto;border: 1px solid red;}
    .item1 h2{height: 80px;line-height: 80px;background-color: #999;}
    .item1 ul{height: 520px;background-color: #9999dd;}
    .item1 li{width: 250px;height:220px;margin:20px;float: left;
        background:#ff0000  url('unit5-img/li-img.jpg')  no-repeat;   /*背景色和背景图共存 */
        background-size:250px 220px ; }
    .item1 li span{display: block;width: 250px;height: 50px;margin-top:170px;
        background-color:rgba(255, 255, 255, 0.7);  }
        /* rgba函数格式 (r红色分量对应的十进制数值, g绿色分量, b蓝色分量, 颜色的不透明度alpha  )  */
    .sitemap dl{width:320px;height:200px;margin:0 20px; padding: 20px;
        background-color:#eee;float:left;}
</style>
```

图 5-31 浮动属性实现浮动流的 CSS 代码

3）保存文件后，预览效果如图 5-32 所示。

图 5-32　浮动属性实现浮动流的预览效果

【案例 5-7】　解决容器坍塌问题。

为预防容器高度未设置所造成的容器坍塌现象，有时会在大容器的后方添加一个空白内容的容器，专门用于清除浮动流，让文档回归标准流布局。

1）输入如图 5-33 所示的 HTML 和 CSS 代码。

```
<head>
    <meta charset="utf-8">
    <title></title>
    <style type="text/css">
        ul,li{margin: 0;padding: 0;}
        #header{width: 1000px;height: 200px;margin: 0 auto;border: 2px solid #000;}
        .logo{width: 200px;height: 100px;border: 2px solid red; float: left;}
        .top-right{width: 300px;height: 40px;border: 2px solid red;float: right;}
        .nav{width: 1000px;height: 60px;background-color:yellow;list-style-type:none;}
        .nav li{float: left;width:200px;height: 60px;line-height: 60px;}
    </style>
</head>
<body>
    <div id="header">
        <div class="logo-box">
            <div class="logo"></div>
            <div class="top-right"></div>
        </div>
        <ul class="nav">
            <li>首页</li>
            <li>新闻公告</li>
            <li>产品介绍</li>
        </ul>
    </div>
</body>
```

图 5-33　HTML 和 CSS 代码

2）保存文件后，预览效果如图 5-34 所示。

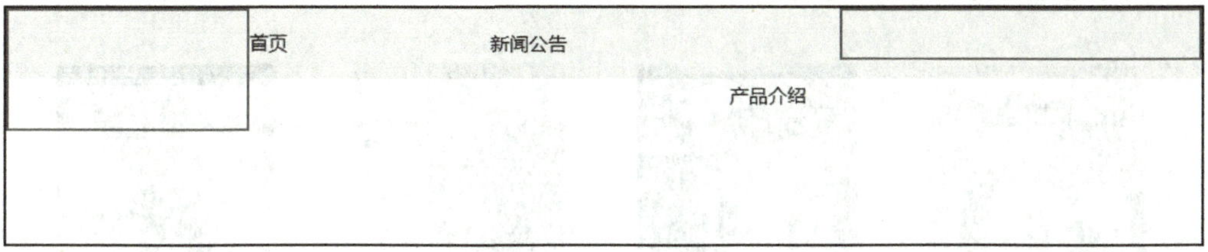

图 5-34　预览效果

> **提问：**
> 预览发现布局异常，导航条窜到上方，而且导航文字呈上下漂浮，原因是什么？应该如何调整？

3）如果想要新增一个空白容器以消除浮动影响，可以参考图 5-35 所示的代码。

```
<style type="text/css">
    ul,li{margin: 0;padding: 0;}
    #header{width: 1000px;height: 200px;margin: 0 auto;border: 2px solid #000;}
    .logo{width: 200px;height: 100px;border: 2px solid red; float: left;}
    .top-right{width: 300px;height: 40px;border: 2px solid red;float: right;}
    .nav{width: 1000px;height: 60px;background-color:yellow;list-style-type:none;}
    .nav li{float: left;width:200px;height: 60px;line-height: 60px;}
    .clear{clear: both;}    /* 清除左右浮动*/
</style>
</head>
<body>
    <div id="header">
        <div class="logo-box">
            <div class="logo"></div>
            <div class="top-right"></div>
        </div>
        <div class="clear"></div>
        <ul class="nav">
            <li>首页</li>
            <li>新闻公告</li>
            <li>产品介绍</li>
        </ul>
    </div>
</body>
```

图 5-35　新增空白容器以消除浮动影响

在本案例中，不建议读者采用清除浮动的方式来实现效果，毕竟通过设置 logo-box 容器的高度就能解决异常。假如发生异常布局区域的结构非常复杂，或者页面将设计成响应式布局，则建议采用这种新增空白容器的方法来清除浮动带来的异常。

【案例 5-8】 使用 <ul> 标签完成图 5-36 所示的图文混排效果。

让中国挺起脊梁的科学家

图 5-36　图文混排

【解决策略】

思路一：使用两个 <ul> 标签，分别对图片、文字进行组织，如图 5-37 所示。从图文配对关系、样式维护的角度来看，这种配对关系不太合理。

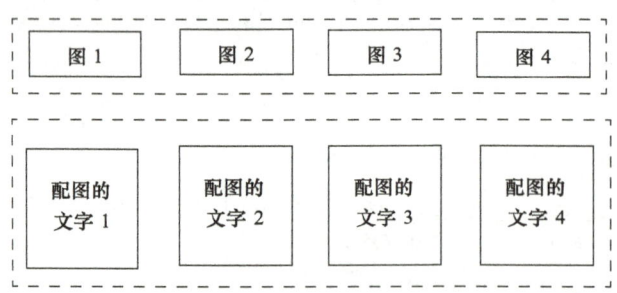

图 5-37　思路一的容器结构图

思路二：使用一个 <ul> 标签，每张图片和对应文字放入 <li> 标签内，如图 5-38 所示。

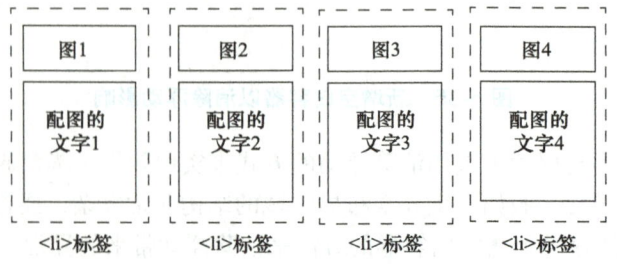

图 5-38　思路二的容器结构图

下面采用思路二的方式完成本次练习。对应的 HTML 和 CSS 代码如图 5-39 所示。

```
<style type="text/css">
    ul,li,h4{margin: 0;padding: 0;}
    .hero{width: 1000px;height: 540px;background-color: #eee;list-style-type: none;}
    .hero li{width:190px;height:480px;margin:20px;padding:10px; background-color:#fff;float:left;}
    .hero li img{width: 190px;height: 260px;}
</style>
</head>
<body>
    <h1>让中国挺起脊梁的科学家</h1>
    <ul class="hero">
        <li>
            <img src="unit5-img/scientist01.jpg">
            <div class="info">
                <h4>钱学森</h4>
                <p>1911年12月11日—2009年10月31日</p>
                <p>中国载人航天奠基人,中国"两弹一星功勋奖章"获得者,被誉为"中国航天之父""中国导弹之父"</p>
            </div>
        </li>
        <li> ... </li>
        <li> ... </li>
        <li> ... </li>
    </ul>
</body>
```

代码已折叠。参照第一个 <li> 结构

图 5-39　思路二的 HTML 和 CSS 代码

5.3　定位流布局

定位流布局包括相对（relative）定位、绝对（absolute）定位、固定（fixed）定位三种定位。无论采用哪一种定位，元素都会脱离正常的标准文档流，按设定的坐标值进行偏移。

> **知识点**：定位流布局特点
> **记忆关键词**：乐不思蜀
> **关键词解析**：
> 元素脱离标准文档流中原来的位置（元素的家），跑到其他地方，不愿意回家了。
> 采用相对定位，依然会把家的位置占着，宁愿空着也不给其他元素使用。采用绝对定位和固定定位，会把原来的家让给其他元素。
> 过多、复杂的相对/绝对定位设置也会带来不可预测的布局灾难。
> **成语出处**：
> 《汉晋春秋》：司马文王与禅宴,为之作故蜀技,旁人皆为之感怆,而禅喜笑自若……他日,王问禅曰："颇思蜀否？"禅曰："此间乐,不思蜀。"
> 乐不思蜀——快乐得不再思念蜀国。比喻乐而忘返或乐而忘本、留恋他乡。

5.3.1　相对定位

相对（relative）定位是一个非常容易掌握的概念。如果对一个元素进行相对定位,可以通过设置垂直或水平位置,让这个元素"相对于"它的原来位置进行位移,原来的位置依然被占用。

要用一句话理解相对定位，可以用"吃着皇粮不干事"这句话。元素跑到其他定位点，而原来的位置也不允许其他元素使用。说文雅点，可以用"尸位素餐"来形容。

用法示例如下：

#box_relative { position: relative; left: 30px; top: 20px;}

该示例对应属性解析如图 5-40 所示。

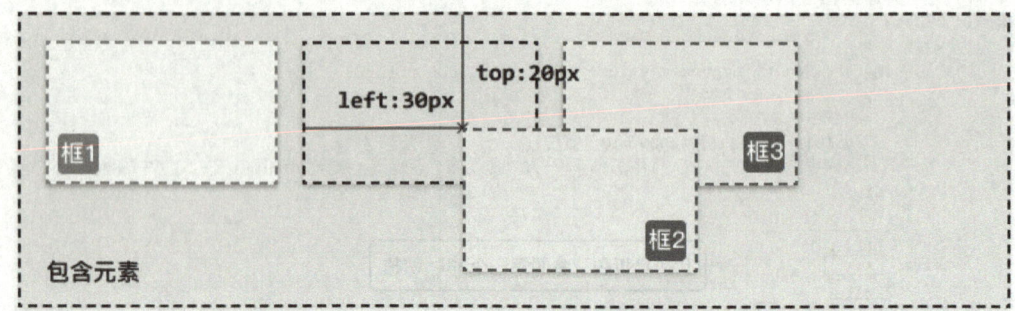

图 5-40　相对定位示例对应属性解析

【案例 5-9】用相对定位来完成图 5-41 所示的容器布局。

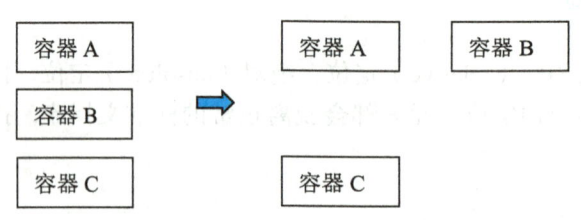

图 5-41　相对定位容器布局

对应的 HTML 及 CSS 代码如图 5-42 所示。

```html
<head>
    <meta charset="utf-8">
    <title>相对定位</title>
    <style type="text/css">
        .box{width: 200px;height: 80px;margin: 20px; background-color: #ee3333;}
        .pos{position: relative; left:300px;top:-100px;}

    </style>
</head>
<body>
    <div class="box">容器A</div>
    <div class="box  pos">容器B</div>
    <div class="box">容器C</div>
</body>
```

图 5-42　相对定位容器布局 HTML 及 CSS 代码

【案例 5-10】 图 5-43 所示的"栏目名称 2"容器处于 hover 状态时，该容器右移。

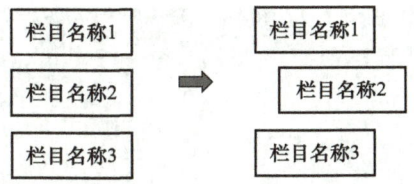

图 5-43　相对定位 + 交互效果

对应的 HTML 及 CSS 代码如图 5-44 所示。

```
<head>
    <meta charset="utf-8">
    <title>相对定位</title>
    <style type="text/css">
        .box{width: 200px;height: 80px;margin: 20px; background-color: #ee3333;}
        .pos{position: relative; transition:all 0.5s ease-out; left:0px; }
        .pos:hover {left:100px;}
    </style>
</head>
<body>
    <div class="box">栏目名称1</div>
    <div class="box  pos">栏目名称2</div>
    <div class="box">栏目名称3</div>
</body>
```

过渡：所有变化的属性　0.5s 过程　由快到慢

图 5-44　相对定位 + 交互效果的 HTML 及 CSS 代码

5.3.2　绝对定位

绝对（absolute）定位从文档流中完全删除元素，元素原先在正常文档流中所占的空间会关闭，该元素可以覆盖在页面其他元素上方。如果多个采用绝对定位的元素产生层叠，那么可以通过设置 z-index 属性来控制它们的堆叠次序。

容器对象挪走后，空间释放给其他元素，就好像该元素原本不存在一样。

注意，采用绝对定位的元素，切记要将它的其中一个祖先元素设置为相对定位，如同要确定一个参照物来进行移动。

用法示例如下：

#box_relative {position: absolute; left: 30px; top: 20px; }

该示例对应属性解析如图 5-45 所示。

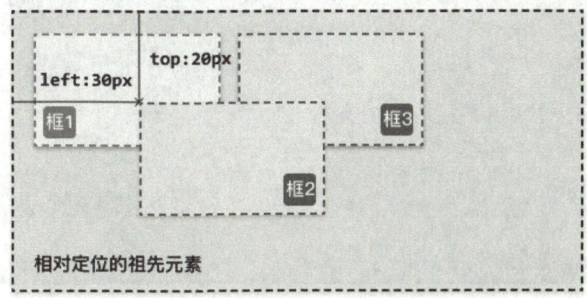

图 5-45　绝对定位示例对应属性解析

【案例 5-11】 完成图 5-46 所示的新闻版面中文字栏浮在图片上方的效果。

图 5-46　文字浮在图片上方

对应的 HTML 及 CSS 代码如图 5-47 所示。

```
<style type="text/css">
    .news{width:640px;height:347px;position: relative;}
    .news img{width:640px; height:347px;}
    .news p{width:600px; height:40px; padding:0 20px;
        line-height:40px; font-size:16px; color:#fff;
        background-color:rgba(255,0,0,0.6);
        position:absolute;           /* 采用绝对定位 */
        bottom:10px;                  /* 此处用 bottom 比用 top 属性方便 */
        white-space: nowrap;          /* 确保文本在一行内显示，不会因为超出容器宽度而发生换行 */
        overflow: hidden;             /* 隐藏超出容器宽度的文本 */
        text-overflow: ellipsis;      /* 使用省略号表示被截断的文本 */
    }
</style>
</head>
<body>
    <div class="news">
        <img src="unit5-img/bj2008.jpg">
        <p>2008年北京奥运会开幕式上,5897块活字印刷字盘变换出不同字体的"和"字,
        向世界展示了中国古代的和谐理念。</p>
    </div>
</body>
```

元素采用绝对定位时，要依赖一个参照物（只能是父级、祖父级的容器，不能用兄弟容器），参照容器要标注上相对定位

图 5-47　文字浮在图片上方的 HTML 及 CSS 代码

【案例 5-12】 在上个案例的基础上，完成图 5-48 所示右上角的角标效果。这种装饰元素经常在购物网页中出现，如装饰图片上添加了"爆款""热门"等小图标。

图 5-48　添加角标效果

【解决策略】

思路一：在 Photoshop 中将小图标放到图片中。这对于只包含少数几张图片且不需要经常更新的网页来说确实可行。但对于门户网站图片数量巨多的场景来说，显然费劲且破坏了原始图片。

思路二：用绝对定位方式，在图片右上角增加一个容器，角标图片以容器背景形式出现。采用背景图而不是直接插入 <img> 标签的原因在于以下两点：

1）良好的网页代码应遵循"内容与形式分离"原则。内容指的是 HTML 中的元素（网页告诉浏览者的实际信息），形式指的是这些元素的外观（是否美观其实并不影响浏览者获取信息）。装饰类图标作为用于展示的外观、形式，应当作为容器背景出现。

2）从维护角度出发，如果该页面中有上百张图片需要加角标图片，采用 HTML 结构中插入 <img> 标签，则意味着要多写上百个 <img> 标签。此外，还要考虑角标图片文件更名的情况。

下面采用思路二的方式完成该案例，对应的 HTML 及 CSS 代码如图 5-49 所示。

```
<style type="text/css">
    .news{width:640px;height:347px;position: relative;}
    .news img{width:640px; height:347px;}
    .news p{width:600px; height:40px; padding:0 20px;
        line-height:40px; font-size:16px; color:#fff;
        background-color:rgba(255,0,0,0.6);
        position:absolute;  bottom:10px;
        white-space: nowrap;  overflow: hidden; text-overflow: ellipsis;
        }
    .news .sub-icon{width:50px;height: 60px;
        background: url('unit5-img/bj2008-icon.png') no-repeat ;
        position: absolute; top: 0; right:30px;
        }
</style>
</head>
<body>
    <div class="news">
        <img src="unit5-img/bj2008.jpg">
        <p>2008年北京奥运会开幕式上,5897块活字印刷字盘变换出不同字体的"和"字,
        向世界展示了中国古代的和谐理念。</p>
        <div class="sub-icon"></div>
    </div>
</body>
```

图 5-49　角标效果思路二的 HTML 及 CSS 代码

5.3.3　固定定位

固定（fixed）定位元素会脱离标准文档流，不占用布局中的位置，漂浮在任何元素上方。固定定位只相对于浏览器可视窗口进行定位，不管浏览器大小或者滚屏多少，它都基于可视窗口显示，与父元素没有任何关系，可以理解为"以浏览器容器为参照物，和父元素没有任何关系"。

固定定位的应用场景主要有固定导航、固定侧边栏、广告等。

用法示例如下：

#to-top {position: fixed; right: 50px; bottom: 50px; }

【案例 5-13】　完成图 5-50 所示的页脚区域的"返回顶部"链接。

图 5-50　固定定位示例

1）对应的 HTML 及 CSS 代码如图 5-51 所示。

```
<head>
    <meta charset="utf-8">
    <title>固定定位</title>
    <style type="text/css">
        #container{width:1000px;height: 2000px;border: 10px solid #666;margin: 0 auto;}
        #content{width: 1000px;height: 2000px;background-color: #eee;}
        #to-top{ width: 100px;height: 40px;line-height: 40px;text-align: center;
            background-color:orange;border-radius: 20px;
            position: fixed;            /* 采用固定定位 */
            bottom:50px;right: 100px;   /* 始终距离浏览器底部50px，右边100px */
        }
    </style>
</head>
<body>
    <div id="container">
        <div id="content">   </div>
        <div id="to-top"><span>返回顶部</span></div>
    </div>
</body>
```

图 5-51　固定定位示例 HTML 及 CSS 代码

2）添加锚点链接，使"返回顶部"具备跳转到页面顶部功能，对应代码如图 5-52 所示。

```
<head>
    <meta charset="utf-8">
    <title>固定定位</title>
    <style type="text/css">
        #container{width:1000px;height: 2000px;border: 10px solid #666;margin: 0 auto;}
        #content{width: 1000px;height: 1900px;background-color: #eee;}
        #to-top{ width: 100px;height: 40px;line-height: 40px;text-align: center;
            background-color:orange;border-radius: 20px;
            position: fixed;            /* 采用固定定位 */
            bottom:50px;right: 100px;   /* 始终距离浏览器底部50px，右边100px */
        }
        #header{height: 100px;background-color:red;}
    </style>
</head>
<body>
    <div id="container">
        <div id="header">  页头部分  </div>
        <div id="content">   </div>
        <div id="to-top"><span><a href="#header"> 返回顶部 </a></span></div>
    </div>
</body>
```

图 5-52　添加锚点链接

【案例 5-14】 完成图 5-53 所示的固定定位在页面顶部的效果。

图 5-53　固定定位在页面顶部的效果

对应的 HTML 及 CSS 代码如图 5-54 所示。

```html
<head>
    <meta charset="utf-8">
    <title>固定定位</title>
    <style type="text/css">
        body{margin: 0;padding: 0;}
        #header{width: 100%;height:60px;background-color:orange;text-align: center;
            position: fixed; top: 0;
            }
        #main{width: 1000px;height: 2000px;margin: 0 auto;border:10px solid #ccc;}
        #footer{width: 100%;height: 100px;background-color: orange;}
    </style>
</head>
<body>
    <div id="header">页头部分将一直固定在顶部区域</div>
    <div id="main"></div>
    <div id="footer"></div>
</body>
```

图 5-54　固定定位在页面顶部的 HTML 及 CSS 代码

【案例 5-15】 观察图 5-55 和图 5-56，完成浏览器窗口滚屏期间导航栏吸顶（吸附）效果。

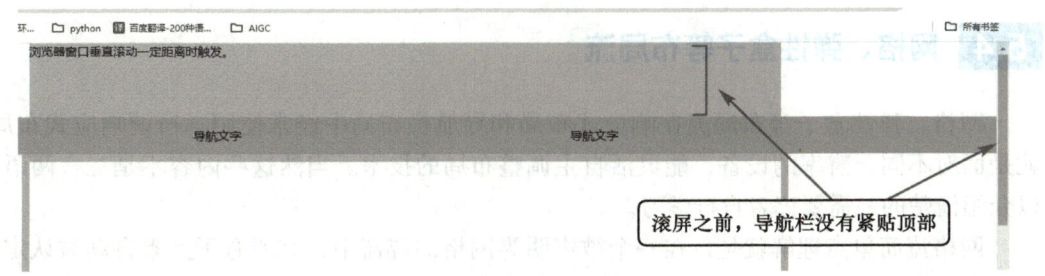

图 5-55　滚屏前正常效果

图 5-56 滚屏后吸顶效果

本案例采用了粘性（sticky）定位，粘性定位的元素依赖于用户的滚屏，在相对定位与固定定位之间切换。它在开始时像相对定位；当页面滚动超出目标区域时，它的表现就像固定定位一样固定在目标位置。

对应的 HTML 及 CSS 代码如图 5-57 所示。

```html
<style type="text/css">
    body,ul{margin: 0;padding: 0;}
    #header{width: 100%;height:150px;}
    #header .logo{width:1000px;height:100px; margin: 0 auto;background-color: #ccc;}
    #header .nav-box{width:100%; height:50px; background-color: orange;
        position: sticky;  top:0px;
    }
    #header .nav{width: 1000px;height: 50px; margin: 0 auto; list-style-type: none;}
    .nav li{width:50%;height:50px; line-height: 50px;float:left; text-align:center;}
    #main{width: 1000px;height: 2000px;margin: 0 auto;border:10px solid #ccc;}
    #footer{width: 100%;height: 100px;background-color: orange;}
</style>
</head>
<body>
    <div id="header">
        <div class="logo">浏览
        <div class="nav-box">
            <ul class="nav">
                <li>导航文字</li> <li>导航文字</li>
            </ul>
        </div>
    </div>
    <div id="main"></div>
    <div id="footer"></div>
</body>
```

我们希望粘性效果针对浏览器窗口（body 容器），但此时 nav-box 容器的父亲却是 header，可以理解为 "nav-box 距离父亲 header 的 top 一直无法达到 0px，触发不了粘性机制"

图 5-57 粘性定位的 HTML 及 CSS 代码

5.4 网格、弹性盒子等布局流

网格、弹性盒子等布局流在响应式布局和导航栏布局中经常使用。所谓响应式布局，就是面对不同分辨率的设备，能灵活自主调整布局的技术。当然这些内容不是三言两语可以介绍清楚的，需要读者自行学习。

网格流简单点理解就是，在一个被声明为网格的容器中，其所有子元素自动被认定为网格单元格，而在这些网格单元格没有被显式设置明确位置时，浏览器会自动计算它们的位置，按照元素出现的先后顺序，依次从左向右或从上到下排列，如图 5-58 所示。

以 Bootstrap 栅格系统的网格流技术为例，常见的栅格布局有 12 栅格、16 栅格。对于 12 栅格的布局，不管浏览器窗口、容器多大，都将其宽度划分成 12 栅格，只需要声明元素占几个栅格宽度，以此来定位，不再以像素值为宽度。

弹性盒子流布局的核心原理是将容器内的子元素排列在一个或多个轴上，同时保持它们之间的对齐和分布。弹性盒子（Flexbox）模型引入了两个主要轴——主轴和交叉轴，控制弹性项目在主轴和交叉轴方向上的对齐和分布。

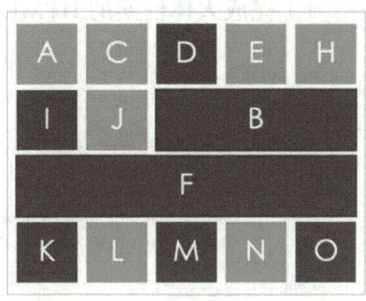

图 5-58　网格流布局

> 知识点：响应式布局
>
> 记忆关键词：张弛有度
>
> 关键词解析：
>
> 网格流和弹性盒子流都是宽度自适应技术，针对不同分辨率的设备自行调整布局。
>
> 成语出处：
>
> 《礼记·杂记下》：张而不弛，文武弗能也；弛而不张，文武弗为也。一张一弛，文武之道也。
>
> 张弛有度——松紧有度，收放自如。

5.5 基础练习

【练习 5-1】　绝对定位中的 z-index 属性可以决定元素的上下层叠顺序。利用 z-index 属性将多张图片层叠在一起，完成图 5-59 所示的效果。

图 5-59　z-index 决定层叠顺序

1）完成大体框架的 HTML 及 CSS 代码，如图 5-60 所示。

```html
<style type="text/css">
    #news-box{width: 1000px;height: 640px;border:4px solid orange;margin:0 auto;padding:10px;
        position: relative;}
    #news-box h2{height: 50px;line-height: 50px;text-align: center;}
    .news-info{width: 400px;height: 500px;border:10px solid #ddd;background-color: orange;
        position: absolute; bottom:20px; left:20px; }
    .news-info img{display: inline-block;width:400px;height:300px;}
    .news-info p{width:360px;height: 200px; margin: 20px;color: #fff;line-height:24px;}
</style>
</head>
<body>
    <div id="news-box">
        <h2>微光2023：他们的凡人善举，传递普通人之间的温暖</h2>
        <div class="news-info">
            <img src="unit5-img/light01.png" alt="外卖小哥彭清林跳桥救人">
            <p>对于杭州外卖小哥彭清林来说，2023年，颇有些戏剧性。6月13日，彭清林送外卖途经杭州西兴大桥时，
            遇到有女子落水，他从15米高的桥上跃入江中，救助女子。
            对于褒奖，他说："日常生活中，更多的是普通人之间的温暖传递，是紧急时刻的善良和勇气。"
            </p>
        </div>
        <div class="news-info"> ... </div>
        <div class="news-info"> ... </div>
        <div class="news-info"> ... </div>
    </div>
</body>
```

图 5-60　大体框架的 HTML 及 CSS 代码

2）保存文件后，预览效果如图 5-61 所示。

图 5-61　初步预览效果

此时，4 张图片（4 个容器）完全叠加在一起，接下来要将 4 张图片从左往右错开位置。

3）给每张图片设置不同的 z-index 值，数值越大，元素堆叠越靠上面，代码如图 5-62 所示。

```
<style type="text/css">
    #news-box{width: 1020px;height: 640px;border:4px solid orange;margin:0 auto;padding:10px;
        position: relative;}
    #news-box h2{height: 50px;line-height: 50px;text-align: center;}
    .news-info{width: 400px;height: 500px;border:10px solid #ddd;background-color: orange;
        position: absolute; bottom:20px; left:20px; z-index:0; }
    .news-info img{display: inline-block;width:400px;height:300px;}
    .news-info p{width:360px;height: 200px; margin: 20px;color: #fff;line-height:24px;}
    .news-info:nth-of-type(2) { left:200px; z-index:5;}
    .news-info:nth-of-type(3) { left:400px; z-index:7;}      /* z-index数值越大，越靠上面 */
    .news-info:nth-of-type(4) { left:600px; z-index:3;}
    .news-info:hover{ z-index:99;}         /*设置一个足够大的z-index值确保在最上层 */
</style>
```

图 5-62 增加 z-index 属性

4）保存文件，检查最终预览效果是否正确。

【练习 5-2】 图 5-63 所示的两个大容器的位置重叠，构成选项卡。请实现"要闻"和"广州新闻"选项卡相互切换的效果。

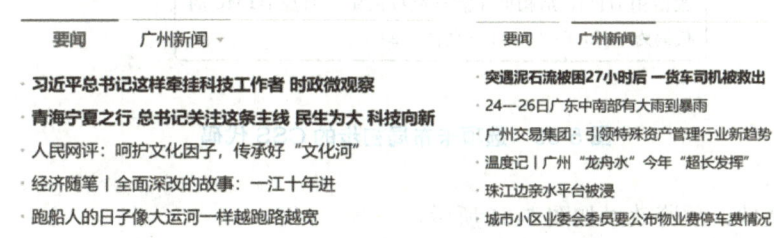

图 5-63 选项卡布局

【解决策略】

"要闻"和"广州新闻"分别用两个面积相同的容器装内容，两个容器采用绝对定位方式重叠，其中一个容器设置为显示，另外一个容器则设置为隐藏；或者调整两个绝对定位容器的 z-index 属性，从而互相遮挡。

1）编写对应的 HTML 代码，如图 5-64 所示。

```
<body>
    <div class="tablist">
        <ul class="tabmenu">
            <li><a href="#tab1">要闻</a></li>
            <li><a href="#tab2">广州新闻</a></li>
        </ul>
        <div id="tab1" class="tab_content">
            <ul>
                <li>习近平总书记牵挂科技工作者 时政微观察</li>
                <li>青海宁夏之行  总书记关注这条主线</li>
                <li>人民网评：呵护文化因子，传承好"文化河"</li>
            </ul>
        </div>
        <div id="tab2" class="tab_content">
            <ul>
                <li>突遇泥石流被困27小时后 一货车司机被救出</li>
                <li>24—26日广东中南部有大雨到暴雨</li>
                <li>广州交易集团：引领特殊资产管理行业新趋势</li>
            </ul>
        </div>
</body>
```

图 5-64 选项卡布局的 HTML 代码

2）初步的 CSS 代码如图 5-65 所示。

```css
<style type="text/css">
    ul{margin: 0;padding: 0;list-style-type: none;}
    .tablist {width:500px; height:500px; border: 2px solid #999; position: relative;}
    .tabmenu {width: 340px;height: 60px;}
    .tabmenu li {float: left;}
    .tabmenu li a {display:block; width:150px;height:60px;line-height: 60px;
        background:orange; margin-right:20px;text-align: center;}
    .tab_content { width: 500px;height: 400px; background-color:#88bb88;
        position: absolute;top:70px;left: 0; }
    .tab_content li{height:30px;line-height: 30px;margin:20px ;}
    .tab_content:target{ z-index: 1; }              /* z-index层级默认值为0 */
    /* :target伪类用来匹配文档中某个标志符的目标元素  */
</style>
```

可以理解为：容器成为 a 链接激活的目标时对应的样式。激活由 HTML 结构的 a 锚点链接决定，对应 HTML 的代码为 <a href = "#tab1"> 要闻 </a>

图 5-65　选项卡布局初步的 CSS 代码

3）保存文件，预览效果如图 5-66 所示。

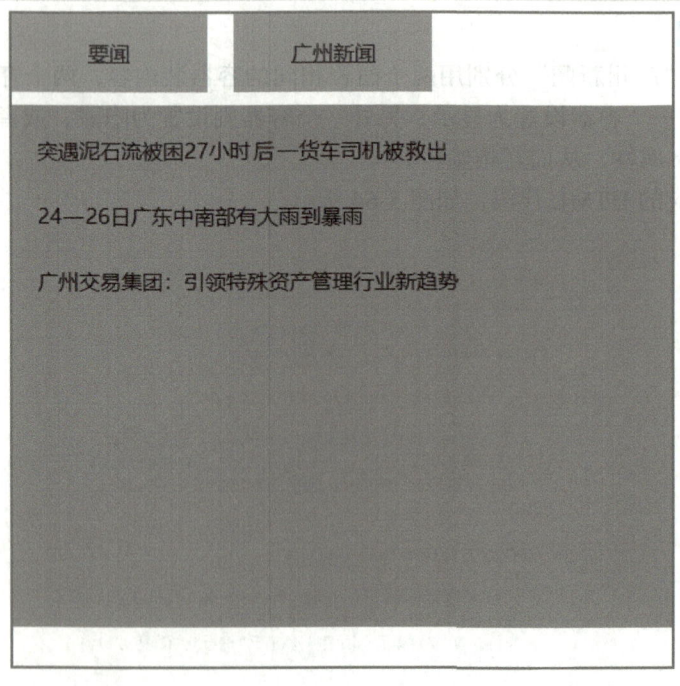

图 5-66　选项卡布局的初步预览效果

4）微调 CSS 代码，使之与原图接近，如图 5-67 所示。要实现"要闻"与"广州要闻"选项卡切换时的颜色、边框状态的变化，需要使用 JavaScript 脚本来操纵对应节点，这里就不讲述相关知识点了。

```css
<style type="text/css">
    ul{margin: 0;padding: 0;list-style-type: none;}
    .tablist {width:500px; height:500px; border: 2px solid #999; position: relative;}
    .tabmenu {width: 340px;height: 60px;}
    .tabmenu li {float: left;}
    .tabmenu li a {display:block; width:150px;height:60px;line-height: 60px;
        margin-right:20px;text-align: center; border-top:6px solid #ff3333;
        font-size: 20px; color:#ff3333; text-decoration: none;
        }
    .tab_content { width: 500px;height: 400px;
        background-color:#FFF;                    /* 要设置白色底覆盖另外一个容器内容 */
        position: absolute;top:70px;left: 0; }
    .tab_content li{height:30px;line-height: 30px;margin:20px ;}
    .tab_content:target{ z-index: 1; }            /* z-index 层级默认值为0 */
    /* :target 伪类用来匹配文档中某个标志符的目标元素 */
</style>
```

图 5-67　微调 CSS 代码

5）保存文件，最终的预览效果如图 5-68 所示。

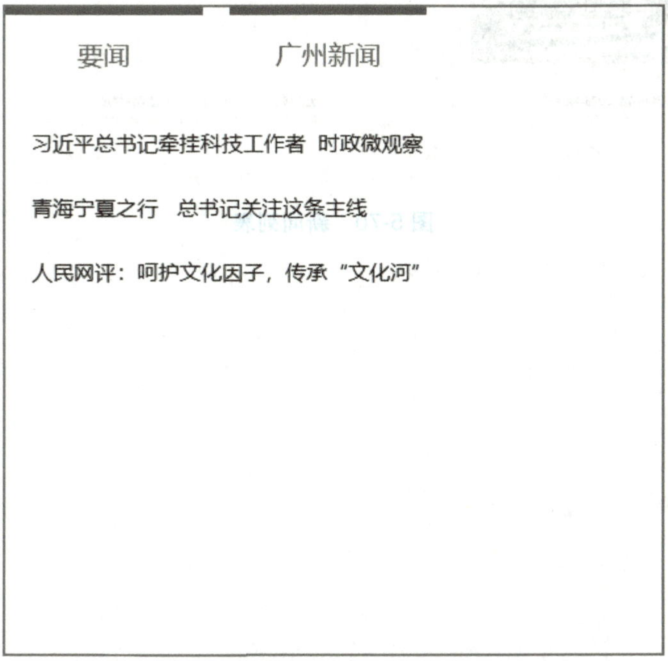

图 5-68　微调 CSS 代码后的预览效果

5.6 扩展练习

【练习 5-3】 完成图 5-69 所示的"最新要闻"区域浮在海报上的效果。

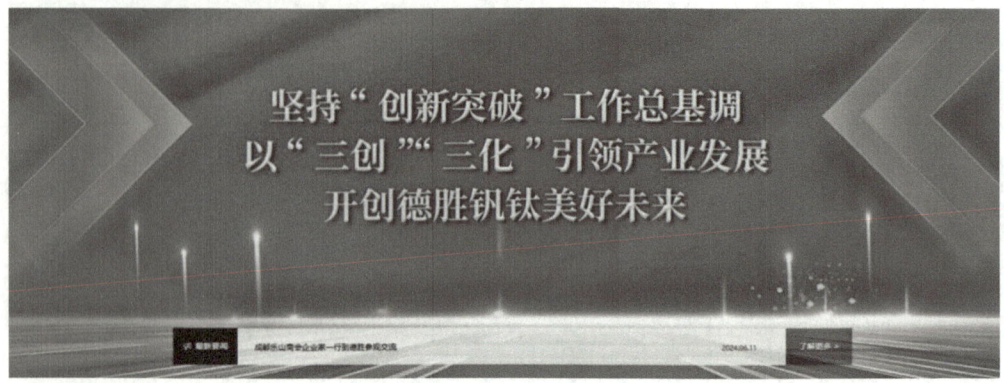

图 5-69 "最新要闻"区域浮在海报上

【练习 5-4】 运用标准文档流、浮动流、定位流布局知识，完成如图 5-70 所示效果。

图 5-70 新闻列表

第6章　个人网页布局实战

◇ 知识与技能目标 ◈

1. 能够对页面效果图进行准确切片，输出所需的图片格式。
2. 加强文件的规范命名意识。
3. 培养独立完成个人网站页面布局的能力。
4. 培养页面布局过程中查错、纠错的能力。
5. 进一步培养代码整理的习惯。

◇ 素养目标 ◈

1. 通过"切片"练习，强调"精确到一个像素"的精确度，培养严谨治学的态度。
2. 通过"文字素材的提取"练习，培养善于借助周边工具来快速完成项目的职业素质。
3. 通过"代码整理"阶段练习，培养对细节的认真考究精神，避免虎头蛇尾的行为。
4. 通过个人独立完成专题练习，培养独立思考的精神，强化与他人沟通的能力。

6.1 将网页截图切片

将图 6-1 所示的效果图切片，要求图片保留尽可能少的空白区域以减少图片文件大小；图片尺寸尽可能是偶数或 10 的倍数，以方便计算盒子的相关间距；生活类图片采用 JPG 格式，图标类图片尽可能采用支持透明底的 PNG 格式。

1）在 Photoshop 软件中打开资源包"课本案例 + 练习 \unit6-img\ 单页面网站效果 .png"，在"视图"菜单中激活"标尺"选项。

2）观察图片，明确哪些内容需要输出为图片格式。一句话表述，就是"可以用简单的 CSS 实现的内容原则上就不要输出为图片"。

3）建立第一根参考线，要求参考线尽可能贴近图片内容，减少图片文件大小，如图 6-2 所示。

注意，先不要把其余的参考线全部建立起来，因为手工拖曳的参考线包围的尺寸难以精确到 10 的倍数，在写 CSS 代码时不便于记忆和计算。

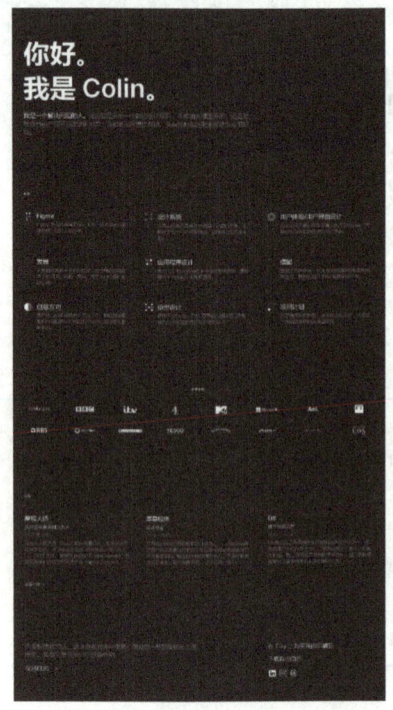

图 6-1　单页面网站效果

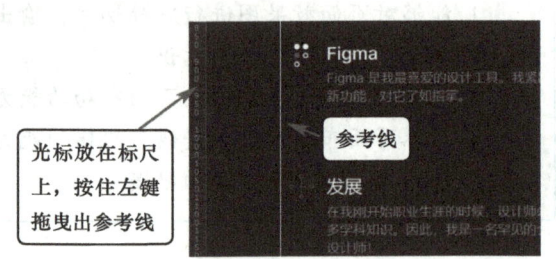

图 6-2　建立第一根参考线

4）使用框选工具建立选区后，用上下光标键调整选区的位置，确保图标在选区的正中间，如图 6-3 所示。

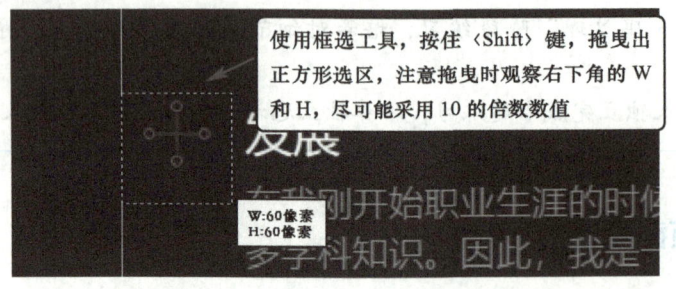

图 6-3　使用框选工具选择目标

Photoshop 默认对象之间有磁吸（吸附）功能，有了这个选区作为定位，就可以建立其余上、下、右三根参考线了，如图 6-4 所示。

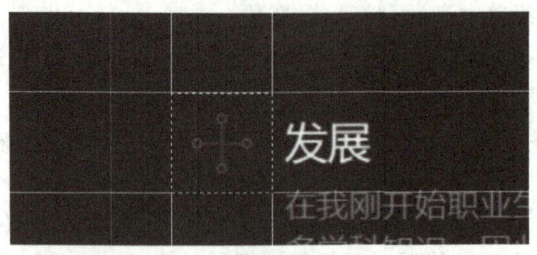

图 6-4　建立其余三根参考线

注意，这时最好不要"取消选区"，我们还可以继续"压榨"这个选区，把选区移动到其他图标上，用上述方式建立对应的参考线。

图 6-5 所示的图标密集区域可以采用精灵图技术来完成，因此只需要用一个大的选区包裹所有图标即可。

这部分图标密集，可以采用网页精灵图（一张图片包含所有图标，使用背景图+定位呈现在若干小容器中）

图 6-5 精灵图区域的参考线

所有参考线建立好之后的效果如图 6-6 所示。

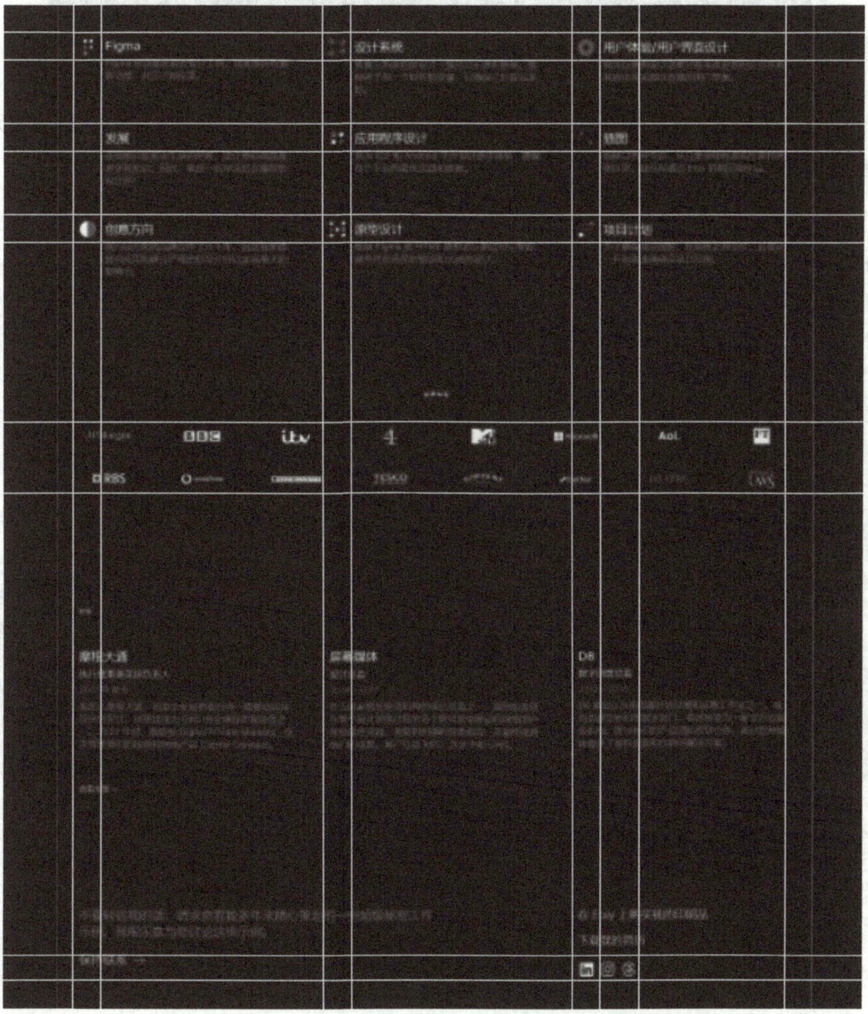

图 6-6 参考线全貌

5）使用切片工具，将各个分割好的区域切片，并且命名切片，如图 6-7 所示。图标类文件的命名格式一般为"icon+ 序号"或者"icon+ 英文关键词"。

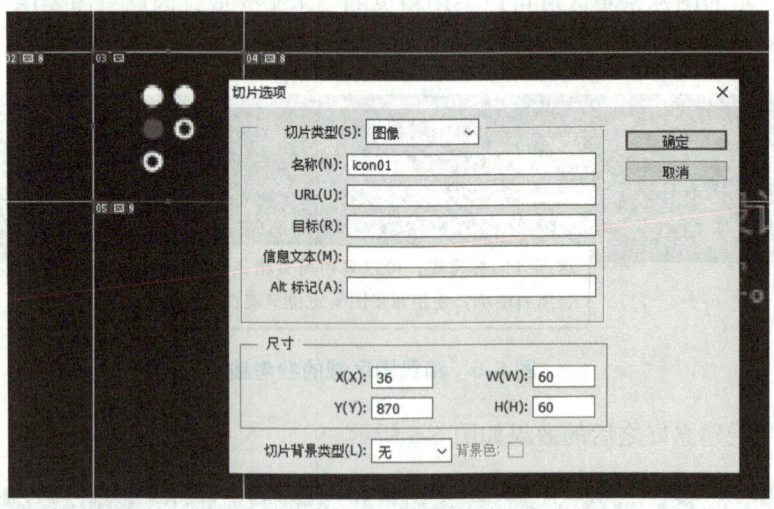

图 6-7　命名切片

6）选择"文件"→"导出"→"输出为 Web 所用格式"命令。在图 6-8 所示的窗口中，检查输出的格式是否适合，然后单击"存储"按钮。

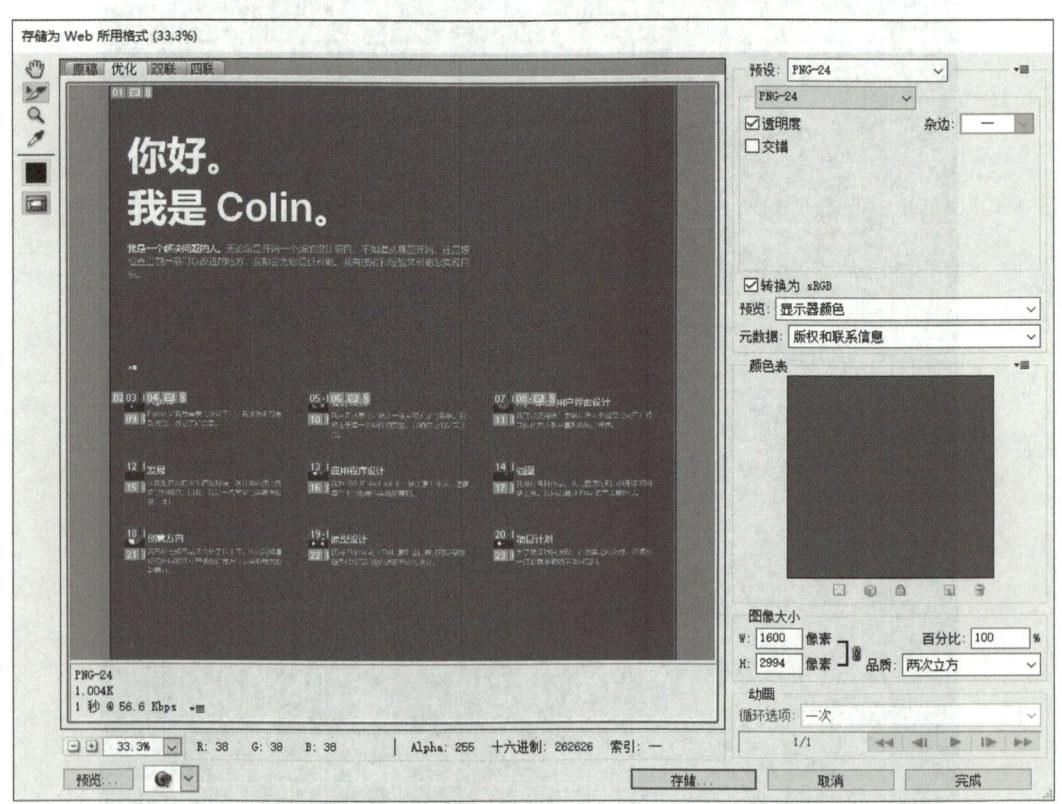

图 6-8　输出为 Web 所用格式的图片

在弹出的文件存储对话框中，切记选择"所有用户切片"，如图 6-9 所示。

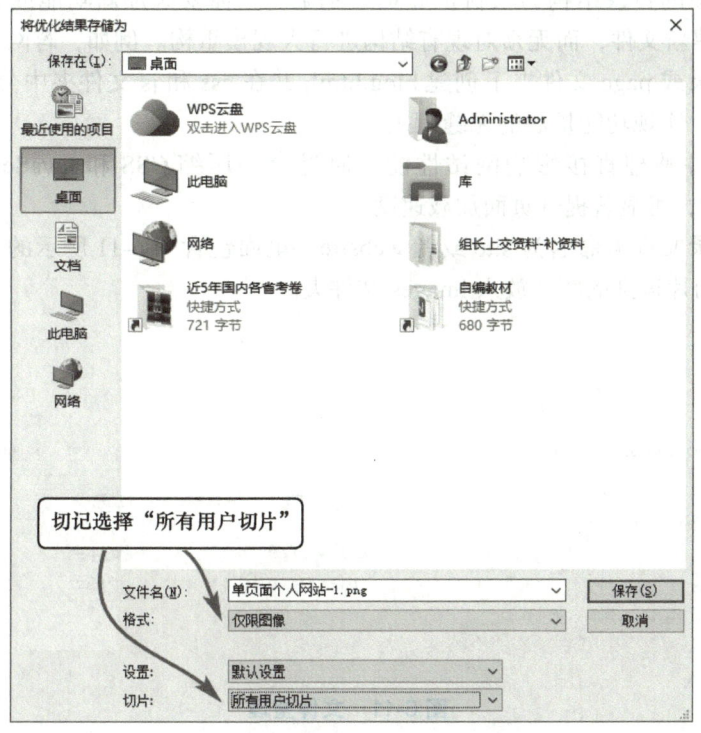

图 6-9 选择"所有用户切片"

在目标文件夹中查看输出的图片，如图 6-10 所示。

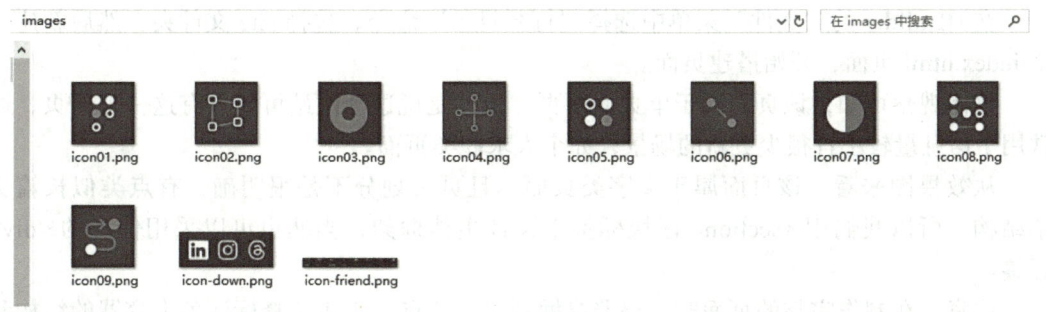

图 6-10 查看输出图片

7）到这一步，我们就做好素材准备工作了。可以通过手机 APP 自带的"文字提取"功能来获取文字内容。

6.2 网站目录、文件整理

在网站制作中，合理的目录结构和文件整理是确保项目可维护性、扩展性和性能的关键。首先，良好的目录结构使项目文件组织有序，便于开发者快速定位所需文件，降低维护成本。例如，将 CSS、JavaScript 和图片资源分别存放于独立目录，开发者在修改样式或脚本时，能迅速找到对应文件，无须在混杂的文件堆中浪费时间。

其次，清晰的目录结构为项目扩展奠定基础。当需要添加新功能或页面时，只需在相应目录下创建新文件，而无须对现有结构进行大规模重构。例如，若网站需新增博客功能，可在根目录或 page 文件夹下创建 blog.html，并在 css 和 js 文件夹中分别添加 blog.css 和 blog.js 文件，实现功能扩展的无缝衔接。

此外，文件整理直接影响网站性能。通过合并压缩 CSS 和 JavaScript 文件，减少 HTTP 请求次数，可显著提升页面加载速度。

站点根目录文件夹命名为 site 或者 website，里面包含图 6-11 所示的 css 和 images 两个文件夹，将切片得到的图片放入 images 文件夹。

图 6-11　文件整理

6.3　搭建项目并进行页面布局

在 HBuilder 的"文件"菜单中选择"打开目录"命令，选择 site 文件夹，然后新建一个 index.html 页面，开始搭建页面。

整体观察可知，该页面属于单页面网页，也就是说这个网站可能只有这一个网页，通常用于信息量较小且很少更新的场景，如个人求职类页面。

从效果图来看，该页面属于文字类页面，且页头划分不是很明确，有点类似长篇文章结构，所以我们用 <section> 区块标签来设计主体框架，当然也可以采用传统的 <div> 标签。

注意，在制作完整的页面时，要严格做到以下几点：①用注释标注各大容器的结构和 CSS 范围。②尽可能地简化 HTML 结构，不添加非必要的父容器。③定义通用样式，可以省去许多代码量。④写 CSS 选择器时，尽量在同一大容器下的选择器前面加上统一的父级 id 或 class，看起来会非常整齐，便于维护。⑤每个容器应该填写 height 属性，以免出现坍塌。⑥给大容器添加颜色各异的底色，这会有助于及时判定异常所在。⑦写完大容器对应的 HTML 代码后，及时调试查看预览结果，达到预期后在 HBuilder 中将已完成的代码进行折叠，编码时能省去许多滚屏时间。

1）搭建第一个版块 <section> 容器的 HTML 结构，代码如图 6-12 所示。

2）编写对应的 CSS 代码，如图 6-13 所示。

3）搭建第二个版块 <section> 容器的 HTML 结构，代码如图 6-14 所示。

```html
<body>
    <!-- 第一个版块 -->
    <section class="banner">
        <h1>你好。<br>我是 Colin。</h1>
        <p><span>我是一个解决问题的人。</span> 无论您是开始一个新的设计项目，不知道从哪里
    </section>
```

图 6-12　第一个版块的 HTML 代码

```css
/* 通用样式部分 */
body,h1,h2,h3,ul,li,dl,dt,dd,p{margin: 0;padding: 0;}
ul{list-style-type: none;}
a{font-size: 14px; text-decoration: none; color:#fff; }
body{background-color: #262626; font-size: 14px; color: #fff; }
section{width: 1320px;margin:10px auto;background-color: #000;}

/* 版块一的样式 */
.banner h1{font-size:80px; height: 250px; line-height: 100px; }
.banner p{ width:700px; height:100px; color:#999; }
.banner p span{ color: #fff;  }
.banner{height:350px;}
```

图 6-13　第一个版块的 CSS 代码

```html
<!-- 第二个版块 -->
<section class="skills">
    <h2>技能</h2>
    <ul>
        <li>
            <!--所有图标用 li 背景图来展示-->
            <h3>Figma</h3>
            <p>Figma 是我最喜爱的设计工具。我知道所有最新功能，对它们了如指掌。</p>
        </li>
        <li> ... </li>
        <li> ... </li>
        <li> ... </li>
        <li> ... </li>
        <li> ... </li>
        <li> ... </li>
        <li> ... </li>
    </ul>
</section>
```

相同的 <li> 结构，代码已折叠

图 6-14　第二个版块的 HTML 代码

4)编写对应的 CSS 代码,如图 6-15 所示。

```
/* 版块二的样式 */
.skills{height: 500px;}
.skills h2{font-size: 18px;margin:40px 0;}
.skills ul{width:100%;height:500px;background-color:#666;}
.skills li{width:340px; margin:40px 20px; padding-left:60px; float: left;background-color: orange;}
.skills p{color:#ccc;}
.skills li:nth-of-type(1) {background: url("images/icon01.png") no-repeat;}
.skills li:nth-of-type(2) {background: url("images/icon02.png") no-repeat;}
.skills li:nth-of-type(3) {background: url("images/icon03.png") no-repeat;}
.skills li:nth-of-type(4) {background: url("images/icon04.png") no-repeat;}
.skills li:nth-of-type(5) {background: url("images/icon05.png") no-repeat;}
.skills li:nth-of-type(6) {background: url("images/icon06.png") no-repeat;}
.skills li:nth-of-type(7) {background: url("images/icon07.png") no-repeat;}
.skills li:nth-of-type(8) {background: url("images/icon08.png") no-repeat;}
.skills li:nth-of-type(9) {background: url("images/icon09.png") no-repeat;}
```

图 6-15　第二个版块的 CSS 代码

5)搭建第三个版块 <section> 容器的 HTML 结构,代码如图 6-16 所示。

```html
<!-- 第三个版块 -->
<section class="clients">
    <h2>品牌体验</h2>
    <ul>
        <!-- li容器使用精灵图手法,采用统一的一张背景图,控制坐标达到图像偏移 -->
        <li></li> <li></li> <li></li> <li></li> <li></li> <li></li> <li></li> <li></li>
        <li></li> <li></li> <li></li> <li></li> <li></li> <li></li> <li></li> <li></li>
    </ul>
</section>
```

图 6-16　第三个版块的 HTML 代码

6)编写对应的 CSS 代码,如图 6-17 所示。

```
/* 版块三的样式 */
.clients{height: 300px;}
.clients h2{font-size: 16px;text-align: center;}
.clients ul{width:1320px;height:200px;background-color:#666;}
.clients li{width:145px;height:50px;margin:10px; float: left; background-color:#eee;}
.clients li:nth-of-type(1){ background: url("images/icon-friend.png") no-repeat; }
.clients li:nth-of-type(2){ background: url("images/icon-friend.png") no-repeat -200px 0; }
/* 如果不想计算背景图每次的偏离距离,可以先试前两个图像定位准确后,采用等差去计算。
个别的误差也可以适当改动  */
.clients li:nth-of-type(3){ background: url("images/icon-friend.png") no-repeat -400px 0; }
.clients li:nth-of-type(4){ background: url("images/icon-friend.png") no-repeat -600px 0; }
.clients li:nth-of-type(5){ background: url("images/icon-friend.png") no-repeat -790px 0; }
.clients li:nth-of-type(6){ background: url("images/icon-friend.png") no-repeat -990px 0; }
.clients li:nth-of-type(7){ background: url("images/icon-friend.png") no-repeat -1190px 0; }
.clients li:nth-of-type(8){ background: #262626 url("images/icon-friend.png") no-repeat -1390px 0; }
.clients li:nth-of-type(9){ background: url("images/icon-friend.png") no-repeat 0 -95px; }
.clients li:nth-of-type(10){ background: url("images/icon-friend.png") no-repeat -200px -95px; }
.clients li:nth-of-type(11){ background: url("images/icon-friend.png") no-repeat -400px -95px; }
.clients li:nth-of-type(12){ background: url("images/icon-friend.png") no-repeat -600px -95px; }
.clients li:nth-of-type(13){ background: url("images/icon-friend.png") no-repeat -790px -95px; }
.clients li:nth-of-type(14){ background: url("images/icon-friend.png") no-repeat -990px -95px; }
.clients li:nth-of-type(15){ background: url("images/icon-friend.png") no-repeat -1190px -95px; }
.clients li:nth-of-type(16){ background: #262626 url("images/icon-friend.png") no-repeat -1390px -95px; }
```

图 6-17　第三个版块的 CSS 代码

7)搭建第四个版块 <section> 容器的 HTML 结构,代码如图 6-18 所示。

```html
<!-- 第四个版块 -->
<section class="experience">
    <h2>经验</h2>
    <dl class="job">
        <dt> 摩根大通 </dt>
        <dd>执行董事 </dd>
        <dd>2017 年至今</dd>
        <dd>我加入摩根大通，负责企业投资银行内一套移动应用程序的设计。这使我成为 DXD 的全球设计领导者之
    </dl>
    <dl class="job">
        <dt> 屏幕媒体 </dt>
        <dd>设计总监</dd>
        <dd>2014-2017</dd>
        <dd>作为这家格拉斯哥机构的设计总监之一，我的职责是在整个设计思维过程的各个阶段贯彻移动和网络用户
    </dl>
    <dl class="job">
        <dt> D8 </dt>
        <dd>数字创意总监</dd>
        <dd>2012—2014</dd>
        <dd>D8 被公认为英国最好的印刷和品牌工作室之一。我负责建立它的数字部门，将其转变为一家全方位服
    </dl>
    <div class="more">
        <a href="http://www.baidu.com"> 查看全部
            <div class="arrow">                    <!--右箭头采用CSS 完成 -->
                <div class="arrow-1"></div> <div class="arrow-2"></div>
            </div>
        </a>
    </div>
</section>
```

图 6-18　第四个版块的 HTML 代码

8）编写图 6-19 所示的 CSS 代码。

```
/* 版块四的样式 */
.experience{height: 300px;}
.experience h2{font-size: 16px;}
.experience .job{width:400px;height:200px;margin:20px;background-color: #333;float: left;}
.experience .job dt{ font-size: 22px; }
.experience .job dd{line-height:2em;}     <!--没有设置 dd容器的固定高度,让不同大小字体具备不一样的行距 -->
.experience .job dd:nth-of-type(1) { font-size:18px; color: #ccc; }
.experience .job dd:nth-of-type(2) { font-size:14px; color: #aaa; }
.experience .job dd:nth-of-type(3) { font-size:14px; color: #aaa; line-height:1.5em; }
.experience .more {width: 100px;height:40px;line-height: 40px; margin-left:20px; clear:both;}
/*因这三个dl没有用一个父容器装载，所以这里采用清除浮动的方式 */
.experience a{display:block; width:100px;height:20px;line-height:20px;border: 1px solid red;
    position: relative;}
.experience .arrow{width:40px;height: 20px; border: 1px solid green;position: absolute;top:0;right:0;}
.experience .arrow-1{ width:20px;height:2px;background-color:#aaa;
    position: absolute;top:10px;right:10px ; }
.experience .arrow-2{ width:10px; height:10px; border-right:2px solid #aaa; border-top: 2px solid #aaa;
    transform: rotate(45deg); position: absolute;top:5px; right:10px;  }
.experience a:hover .arrow-1{background-color: red;}    /* 只有在a容器范围内才能激活的样式 */
.experience a:hover .arrow-2{border-right:2px solid red; border-top: 2px solid red;}
```

图 6-19　第四个版块的 CSS 代码

9）制作页脚区域即第五个版块，HTML 代码如图 6-20 所示。

```html
<!-- 第五个版块 -->
<section class="footer">
    <div class="footer-left">
        <p>不要轻信我的话，请看我多年来精心策划的一些工作示例。我很乐意与您讨论这些示例。</p>
        <a href="mailto:10000@qq.com"> 保持联系
            <div class="arrow">
                <div class="arrow-1"></div> <div class="arrow-2"></div>
            </div>
        </a>
    </div>
    <div class="footer-right">
        <p><a href="#">在Etsy上购买我的印刷品</a></p>
        <p><a href="#"> 下载我的简历 </a></p>
        <ul>
            <li><a href="#"></a> </li>
            <li><a href="#"></a> </li>
            <li><a href="#"></a> </li>
        </ul>
    </div>
</section>
```

图 6-20　页脚的 HTML 代码

10）编写图 6-21 所示的 CSS 代码。

```css
/* 版块五的样式 */
.footer{height: 300px;margin-top: 40px;font-size:24px; color: #aaa;line-height:40px ;}
.footer a{font-size:24px; color: #fff;}
.footer-left{width:800px; height:300px;float:left;background-color:#666;}
.footer-right{width:400px;height:300px; float: right;background-color:#666;}
/*箭头样式可以复用上面的箭头代码，只需要设置容器的宽度、定位坐标值 */
```

需要修改版块四的样式，加入并列声明

图 6-21　页脚的 CSS 代码

回滚屏幕到版块四的 CSS 中，修改代码，如图 6-22 所示。

```css
/* 版块四的样式 */
.experience{height: 300px;}
.experience h2{font-size: 16px;}
.experience .job{width:400px;height:200px;margin:20px;background-color: #333;float: left;}
.experience .job dt{ font-size: 22px; }
.experience .job dd{line-height:2em;}     <!--没有设置 dd容器的固定高度,让不同大小字体具备不一样的行距 -->
.experience .job dd:nth-of-type(1) { font-size:18px; color: #ccc; }
.experience .job dd:nth-of-type(2) { font-size:14px; color: #aaa; }
.experience .job dd:nth-of-type(3) { font-size:14px; color: #aaa ; line-height:1.5em; }
.experience .more {width: 100px;height:40px;line-height: 40px; margin-left:20px; clear:both;}
/*因这三个dl没有用一个父容器装载，所以这里采用清除浮动的方式 */
.experience a , .footer-left a
    {display:block; width:100px;height:20px;line-height:20px;border: 1px solid red;
    position: relative;}
.experience .arrow , .footer-left .arrow
    {width:40px;height: 20px; border: 1px solid green;position: absolute;top:0;right:0;}
.experience .arrow-1 , .footer-left .arrow-1
    { width:20px;height:2px;background-color:#aaa;
    position: absolute;top:10px;right:10px ; }
.experience .arrow-2 , .footer-left .arrow-2
    { width:10px; height:10px; border-right:2px solid #aaa; border-top: 2px solid #aaa;
    transform: rotate(45deg); position: absolute;top:5px; right:10px;   }
.experience a:hover .arrow-1 , .footer-left a:hover .arrow-1
    {background-color: red;}        /* 只有在a容器范围内才能激活的样式 */
.experience a:hover .arrow-2 , .footer-left a:hover .arrow-2
    {border-right:2px solid red; border-top: 2px solid red;}
```

图 6-22　修改版块四的 CSS 代码

针对箭头变大的情况，修改个别属性，代码如图 6-23 所示。

```
/* 版块五的样式 */
.footer{height: 300px;margin-top: 40px;font-size:24px; color: #aaa;line-height:40px ;}
.footer a{font-size:24px; color: #fff;}
.footer-left{width:800px; height:300px;float:left;background-color:#666;}
.footer-right{width:400px;height:300px; float: right;background-color:#666;}
/*箭头样式可以复用上面的箭头代码，只需要设置容器的宽度、定位坐标值 */
.footer-left a{width:140px;}
.footer-left .arrow-1{ width:30px;height:2px;}
.footer-left .arrow-2{ width:20px; height:20px;top:0px; }
```

← 修改个别属性，覆盖掉版块四定义的对应属性

图 6-23　覆盖之前定义的属性

11）保存文件，预览检查箭头样式无误后，继续完成右侧部分的 CSS 代码，如图 6-24 所示。

```
/* 版块五的样式 */
.footer{height: 300px;margin-top: 40px;font-size:24px; color: #aaa;line-height:40px ;}
.footer a{font-size:24px; color: #fff;}
.footer-left{width:800px; height:300px;float:left;background-color:#666;}
.footer-right{width:400px;height:300px; float: right;background-color:#666;}
/*箭头样式可以复用上面的箭头代码，只需要设置容器的宽度、定位坐标值 */
.footer-left a{width:140px;}
.footer-left .arrow-1{ width:30px;height:2px;}
.footer-left .arrow-2{ width:20px; height:20px;top:0px; }
.footer-right li{width:40px;height:40px;margin-right:10px;border: 1px solid #fff;float:left;}
.footer-right li:nth-of-type(1){background: url("images/icon-down.png") no-repeat -10px -8px;}
.footer-right li:nth-of-type(2){background: url("images/icon-down.png") no-repeat -55px -8px;}
.footer-right li:nth-of-type(3){background: url("images/icon-down.png") no-repeat -100px -8px;}
.footer-right li a{display: block;height: 40px;}
```

图 6-24　右侧部分的 CSS 代码

6.4　代码整理

现在已经接近最终布局效果的阶段，将辅助用的边框、背景色等属性删除，并再次预览页面效果。

接下来要将内置样式表修改为外部样式表。最大的好处是可以将这些样式分享给网站的其他页面使用，尽管这个网站只有一个页面。

注意，改为外部样式表后，因引用路径调整，图片的 src 属性大概率需要重新调整。

1）在 HBuilder 的项目管理器中，在 css 文件夹下新建一个名字为 style 的 CSS 文件，如图 6-25 所示。

2）打开 style.css 文件，将 index.html 文件的 <style> 标签内的所有代码复制到 style.css 里面，如图 6-26 所示。

3）修改图片路径。由于图片文件有点多，我们尽可能地采用 HBuilder 软件的"替换"功能快速完成。单击"查找"菜单的"替换"命令，在窗体右上角录入图 6-27 所示的信息，然后将文件保存。

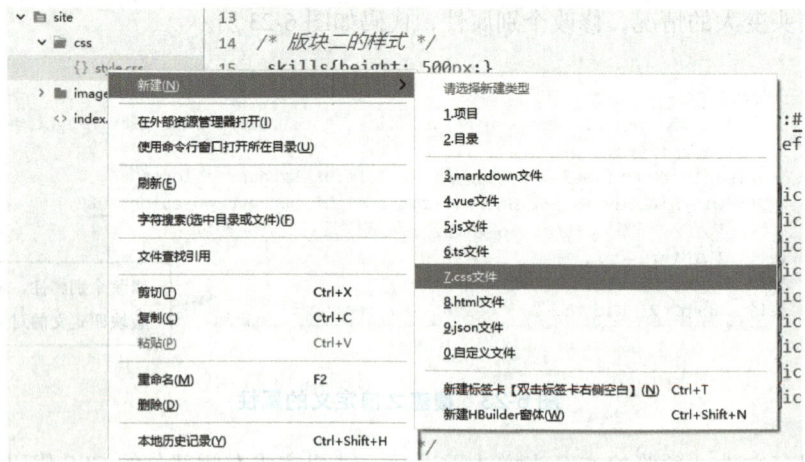

图 6-25　新建外部样式表

```
index.html    style.css
1  /* 通用样式部分 */                              不要把 <style> 标签写进来
2  body,h1,h2,h3,ul,li,dl,dt,dd,p{margin: 0;padding: 0;}
3  ul{list-style-type: none;}
4  a{font-size: 14px; text-decoration: none; color:#fff; }
5  body{background-color: #262626; font-size: 14px; color: #fff; }
6  section{width: 1320px;margin:10px auto;background-color: #000;}
7
8  /* 版块一的样式 */
9  .banner h1{font-size:80px; height: 250px; line-height: 100px; }
10 .banner p{ width:700px; height:100px; color:#999; }
11 .banner p span{ color: #fff; }
12 .banner{height:350px;}
13
14 /* 版块二的样式 */
15 .skills{height: 500px;}
16 .skills h2{font-size: 18px;margin:40px 0;}
17 .skills ul{width:100%;height:500px;background-color:#666;}
18 .skills li{width:340px; margin:40px 20px; padding-left:60px; float: left;bac
19 .skills p{color:#ccc;}
20 .skills li:nth-of-type(1) {background: url("images/icon01.png") no-repeat;}
21 .skills li:nth-of-type(2) {background: url("images/icon02.png") no-repeat;}
```

图 6-26　外部样式表的代码

图 6-27　利用替换功能快速修改代码

4)在 index.html 文件中增加 <link> 标签链接外部样式表,代码如图 6-28 所示。

```
<head>
    <meta charset="utf-8">
    <title>设计师Colin的空间</title>
    <link rel="stylesheet" type="text/css"  href="css/style.css">
</head>
```

图 6-28　增加外部样式表的链接

5)保存 index.html 和 style.css 文件,预览最终的页面效果。

6.5　扩展练习

【练习6-1】 打开资源包"各章扩展练习\第6章扩展练习\练习1\单页面个人网站-2.png"文件,观察图 6-29 所示的页面效果,按本章讲授的操作流程进行布局。

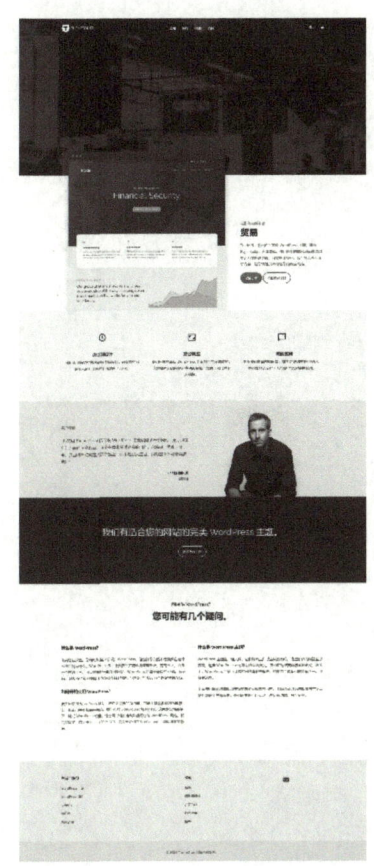

图 6-29　单页面个人网站布局练习

【练习 6-2】 打开资源包"各章扩展练习 \ 第 6 章扩展练习 \ 练习 2\ 独立完成的专题练习"文件夹,其中有 51 张带编号的网页截图,如图 6-30 所示,请按学号挑选对应编号的网页截图来还原网页。

图 6-30　独立专题练习

第 7 章 CSS 进阶知识

知识与技能目标

1. 理解外部样式表、内部样式表的特点。
2. 进一步了解 CSS 的样式优先级。
3. 重点掌握关系选择器、属性选择器、伪类选择器、伪元素选择器的用法。
4. 掌握过渡效果的属性设置。
5. 掌握 @keyframes 规则以实现动画效果。
6. 进一步强化设置样式时挑选恰当选择器的能力。

素养目标

1. 借用案例中的唐诗、宋词、元曲，回顾中华五千年文化的瑰宝，提升对汉语文化的自豪感。
2. 了解本章成语的出处，理解成语含义与知识点的结合：
1）"叠矩重规"：如同样式层叠一样，各学科的专业知识也都是前后衔接的，知识点会被重复讲解。
2）"子承父业"：非物质文化遗产是中华文明绵延传承的生动见证，非遗文化如果后辈无人继承就会消失在历史长河中。我们应培养尊重、保护非遗文化的意识。
3）"手足之情"：强调促进各民族广泛交往、交流、交融，促进各民族在理想、信念、情感、文化上的团结，守望相助，手足情深。
4）"有的放矢"：众所周知，中国外交部发言一直是有的放矢的。
5）"无中生有"：在生活和工作中常常会面临各种困难和挑战，无中生有这种主动策略往往会打开新的思路，要善于利用环境和条件去创造出看似没有的机会。

7.1 外部样式表

因为本书案例内容的代码量不大，初学者可以先在文件内部编写，等完全写好样式后，再采用外部 CSS 文件链接。

在一个复杂的网站中，主页、栏目页、详情页都有自己的 CSS 外部文件，但很多样式可以在许多网页文件中共享使用，所以在实际网站中，一个 HTML 页面往往链接了多个外部样式表，如图 7-1 所示。

```
7  <title>人民网_网上的人民日报</title>
8  <!--热力图-->
9  <meta name="uctk" content="enabled">
10 <meta name="renderer" content="webkit" />
11 <meta http-equiv="X-UA-Compatible" content="IE=Edge" />
12 <meta name="viewport" content="width=1320, user-scalable=yes" />
13 <meta name="description" content="人民网，是世界十大报纸之一《人民日报》建设的以新闻为主的大型网上信息发布平台，也是互联网上最大的中文
14 <meta name="keywords" content="人民网,人民日报,中国共产党新闻,新闻中心,时政,社会,地方,地方领导,经济,能源环保,跨国公司,新农村,教育,科技
15 <meta name="filetype" content="1" />
16 <meta name="publishedtype" content="1" />
17 <meta name="pagetype" content="2" />
18 <meta name="catalogs" content="1" />
19 <link href="http://www.people.com.cn/img/2020fenxiang/css/share2020.css" type="text/css" rel="stylesheet" media="all" />
20 <link rel="stylesheet" href="http://tools.people.com.cn/libs/swiper/2.0/1dangerous.swiper.css">
21 <link href="http://www.people.com.cn/img/2020peopleindex/css/page202407.css" type="text/css" rel="stylesheet" media="all" />
22 <link href="http://www.people.com.cn/img/2020peopleindex/css/pagetyn5.css" type="text/css" rel="stylesheet" media="all" />
23 <link href="http://www.people.com.cn/img/2020peopleindex/css/compatible202407.css" type="text/css" rel="stylesheet" media="all" />
24 <script src="http://www.people.com.cn/img/2020peopleindex/js/jquery-3.7.0.min.js" type="text/javascript"></script>
25 <script src="http://tools.people.com.cn/libs/swiper/2.0/1dangerous.swiper.min.js" type="text/javascript"></script>
```

每个 CSS 文件都有规划性，大多可以从文件名猜测其作用

图 7-1　链接多个外部样式表

> **知识点**：外部样式表的样式复用
>
> **记忆关键词**：叠矩重规
>
> **关键词解析**：
>
> 许多 HTML 文件使用了重复的 CSS，可谓"重规"，可以采用外部样式表存放这些 CSS。一个网站的外部样式表有若干个，当一个 HTML 文件引用了多个外部样式表，换言之就是有多个外部样式表的若干个样式一起叠加作用于该文件，可谓"叠矩"。
>
> **成语出处**：
>
> 《三国志·蜀书·郤正传》：君臣协美于朝，黎庶欣戴于野，动若重规，静若迭矩。
>
> 叠矩重规——规与规相重，矩与矩相迭。原比喻动静合乎法度或上下相合，后形容模仿、重复。

7.2 进一步了解 CSS 的样式优先级

以样式表代码所在位置来区分，内部样式的优先级高于外部样式表的样式优先级。

在文件内部，各内部样式的优先级从高到低依次为：!important，内联样式（行内样式），id 选择器，类选择器，标签选择器。

请看以下示例，HTML 及 CSS 代码如图 7-2 所示。

```
<style type="text/css">
    #box{width: 700px;height: 300px;margin: 0 auto;border: 4px solid orange;}
    #box{border: 4px solid red !important;}
    #news-id{list-style-type: square;}         /*square实心方块*/
    .news{list-style-type: circle;}            /*circle空心圆圈*/
    ul {list-style-type: decimal;}             /*decimal阿拉伯数字*/

    li {background-color: #eee;height: 20px;line-height: 20px;padding:20px;margin: 10px;}
    .hot{background-color:orange; border-bottom: 4px solid orange; }
    .item {background-color: #99ffff;}
```

指向同一对象，后定义的优先级

图 7-2　样式优先级示例的 HTML 及 CSS 代码

```
            li a{text-decoration: none;}
            a{text-decoration: line-through;}        /*Line-through 删除线 */
        </style>
    </head>
    <body>
        <div id="box" style="border: 10px solid #ccc;">       <!--style为内联样式-->
            <ul id="news-id"   class="news">
                <li class="item"><a href="#">修复百年奥运影像 奥组委主席巴赫：中国技术让我看到AI开创性</a></li>
                <li><a href="#">"史上最大IT事故"一周多后 微软再次出现服务中断</a></li>
                <li class="item  hot"> <a href="#">一枚与时间赛跑的中国芯片</a></li>
                <li><a href="#">OpenAI入局AI搜索 SearchGPT演示中"翻车"</a></li>
            </ul>
        </div>
    </body>
```

图 7-2　样式优先级示例的 HTML 及 CSS 代码（续）

预览效果如图 7-3 所示。

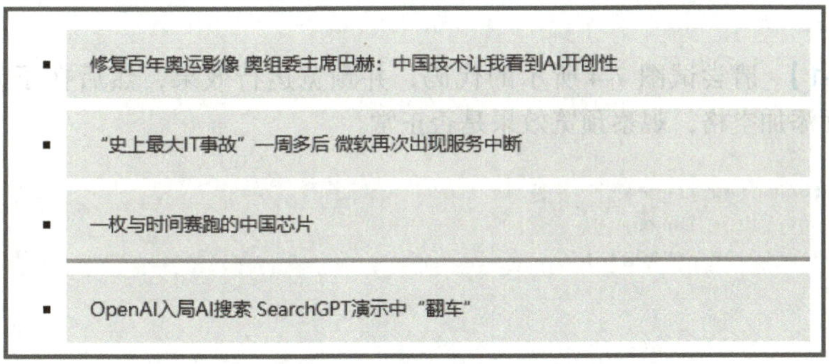

图 7-3　样式优先级示例的预览效果

当然，CSS 的样式优先级远没有这么简单，还要考虑样式声明的顺序、各类选择器的优先级。但作为本课程内容，掌握这么多就可以了。

7.3　掌握更多的 CSS 选择器

CSS 包含数十种选择器，倘若在学习过程中碰到陌生的选择器，可以自行搜索相关资料。

前面的章节已简要介绍了 id 选择器、类选择器、标签选择器、通用选择器，接下来介绍另外一些选择器。

7.3.1　关系选择器

关系选择器是能够根据元素关系选择标签的选择器。关系选择器分为子元素选择器、后代选择器、相邻兄弟选择器、兄弟元素选择器等。后代选择器在前面的章节已经大量地使用过，这里不再赘述。

1. 子元素选择器

子元素选择器的作用是找到指定标签的直接子元素。两个选择器之间使用">"连接，">"两边不要留空格，否则选择器无法生效。

用法示例如下：

.footer>p{color:red; }

该示例的含义为先找到类名为 .footer 的容器，然后在这个容器内部查找所有标签为 <p> 的子元素。

> **知识点：子元素选择器的特点**
>
> **记忆关键词：子承父业**
>
> **关键词解析：**
>
> 子元素选择器只会查找儿子，不会查找其他嵌套的标签。简单地说，父亲元素寻找的传承目标只能是儿子，不能是孙子、曾孙等。
>
> **成语出处：**
>
> 《景德传灯录·利山和尚》：僧问：不历僧只获法身，请师直指。师云：子承父业。
>
> 子承父业——儿子继承父亲的事业。

【案例 7-1】 请尝试图 7-4 所示的代码，并预览运行效果，然后在子元素选择器的 ">" 字符前面添加空格，观察预览效果是否正常。

```
<style type="text/css">
    p{font-size: 18px;}
    .box>p{color: orange;}
</style>
</head>
<body>
    <div class="box">
        <h2 class="title"> 子元素选择器</h2>
        <p>子元素选择器只能作用在儿子元素上，孙子元素不行。</p>
        <p>后代选择器不同，后代选择器可以应用于儿子、孙子、曾孙……</p>
        <p> 注意：>字符与父容器之间不允许空格存在。 </p>
        <div> <p>本段文字P元素属于.box的孙辈元素。</p> </div>
    </div>
    <br>
    <p> 本章案例中，基本上使用后代选择器就可以了，毕竟 < Space > 键比 >字符更方便录入。</p>
    <div class="box">
        <h2>请尝试一下子元素选择器!</h2>
        <p> > 字符后面最好也不要加空格。 </p>
    </div>
</body>
```

图 7-4 子元素选择器案例

2. 相邻兄弟选择器

相邻兄弟选择器可选择紧接在另一元素后的元素，强调后者与前者是相邻关系，且二者有相同父元素，可以理解成"兄长 + 第一个弟弟"。两个选择器之间使用 "+" 连接，"+" 两边不要留空格。

例如，改变紧接在 <h1> 元素（兄长）后出现的段落 <p> 元素（第一个弟弟）的文字颜色，可以写成：

h1+p {color:red; }

> **知识点**：相邻兄弟选择器的特点
> **记忆关键词**：近水楼台
> **关键词解析**：
> 相邻兄弟选择器只会选中与兄长（"+"前面的元素）紧挨着的弟弟，而且这个弟弟符合"+"后方指定的选择器类型。
> **成语出处**：
> 《清夜录》：范文正公镇钱塘，兵官皆被荐，独巡检苏麟不见录，乃献诗云："近水楼台先得月，向阳花木易逢春。"
> 近水楼台——靠近水边的楼台。比喻由于接近某人或者事物，而抢先得到某种利益或便利。

> **提问**：
> 运行图 7-5 所示的代码，<p> 段落文字的预览效果是什么颜色？为什么？
>
> ```
> <style type="text/css">
>     h1+p{color: red;}
> </style>
> </head>
> <body>
>     <h1>相邻兄弟选择器</h1>
>     <div>这是h1标签的弟弟</div>
>     <p>这个也是h1标签的弟弟</p>
> </body>
> ```
>
> 图 7-5　相邻兄弟选择器示例

3. 兄弟元素选择器

兄弟元素选择器是选择当前元素的所有同级元素，可以理解成"兄长～所有弟弟"。两个选择器之间使用"～"连接。

例如，修改紧接在 <h1> 元素后出现的所有段落 <p> 元素的行高，可以写成：

h1 ~ p{ line-height:1.5em; }

> **知识点**：兄弟元素选择器的特点
> **记忆关键词**：手足之情
> **关键词解析**：
> 与相邻兄弟选择器不同，兄弟元素选择器不仅关心紧挨着参考元素（兄长）的下一个弟弟，还关心所有在参考元素之后的所有弟弟。正如二哥分糖果时，只要是他的弟弟妹妹，就都会得到糖果，但二哥并不会把糖果留给大哥和自己。
> **成语出处**：
> 《吊古战场文》：谁无兄弟，如足如手。
> 《为兄轼下狱上书》：臣窃哀其志，不胜手足之情。
> 手足之情——比喻兄弟的感情很好。

【案例 7-2】 使用兄弟元素选择器完成图 7-6 所示的特定行的样式。

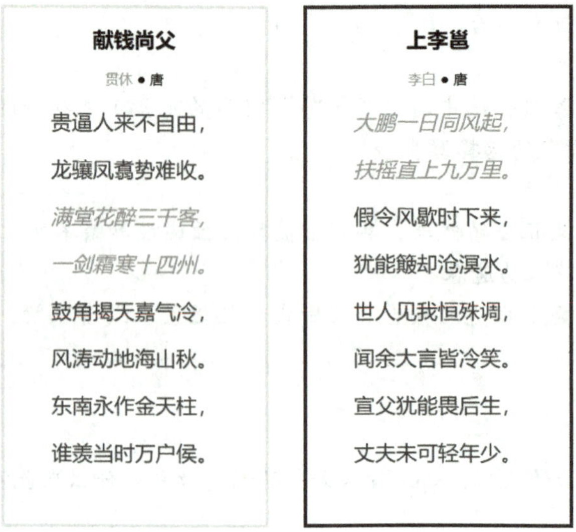

图 7-6　兄弟元素选择器完成特定行样式的预览效果

1）编写图 7-7 所示的 HTML 代码。

```html
<body>
    <div class="box">
        <h2>献钱尚父</h2>
        <span>贯休</span>　<span>●</span>　<span>唐</span>
        <p>贵逼人来不自由，</p>
        <p>龙骧凤翥势难收。</p>
        <p class="well">满堂花醉三千客，</p>
        <p>一剑霜寒十四州。</p>
        <p>鼓角揭天嘉气冷，</p>
        <p>风涛动地海山秋。</p>
        <p>东南永作金天柱，</p>
        <p>谁羡当时万户侯。</p>
    </div>
    <div class="box">
        <h2>上李邕</h2>
        <span>李白</span>　<span>●</span>　<span>唐</span>
        <p class="well">大鹏一日同风起，</p>
        <p>扶摇直上九万里。</p>
        <p>假令风歇时下来，</p>
        <p>犹能簸却沧溟水。</p>
        <p>世人见我恒殊调，</p>
        <p>闻余大言皆冷笑。</p>
        <p>宣父犹能畏后生，</p>
        <p>丈夫未可轻年少。</p>
    </div>
</body>
```

图 7-7　兄弟元素选择器完成特定行样式的 HTML 代码

2）编写对应的 CSS 代码，如图 7-8 所示。

```
<style>
    .box{width: 300px;height: 600px;float: left;border: 4px solid #eee;margin: 20px;text-align: center;}
    .box+div{border: 4px solid blue;}
    .box h2+span{color:orange;}
    .box h2~p{ font-size: 24px; color: #666;}
    .box .well, .box .well+p { color:orange; font-style:italic; }
</style>
```

图 7-8　兄弟元素选择器完成特定行样式的 CSS 代码

3）保存文件后，检查运行的预览效果是否达到预期。

7.3.2　属性选择器

属性选择器是 CSS 中一种强大的选择器，它允许根据元素的属性及属性值来选择特定的元素，从而实现精准的样式控制。

它的主要应用场景如下：为表单字段设置统一样式，模块化 CSS 以避免命名冲突，标识表单控件的不同交互状态，定制多语言环境下的文本展示，响应不同媒体查询条件等等。

属性选择器的写法为使用中括号包裹属性及属性值。例如，修改带有 href 属性的 <a> 元素的文字颜色，写成：

a[href] {color:red;}　　　　/* 只对有 href 属性的 <a> 元素应用样式 */

> **知识点**：属性选择器的特点
> **记忆关键词**：有的放矢
> **关键词解析**：
> CSS 属性选择器允许针对具有特定属性或属性值的元素应用样式。通俗理解，即针对具有特定"属性箭靶"的元素来"发射"样式规则。
> **成语出处**：
> 《水心别集·十五·终论》：论立于此，若射之有的也，或百步之外，或五十步之外，的必先立，然后挟弓注矢以从之。
> 有的放矢——对准靶子放箭。比喻说话、做事有针对性。

属性选择器的常见用法见表 7-1。

表 7-1　属性选择器的常见用法

写法	作用	范例
[属性]	选择所有具有指定属性的元素，不论其属性值为何	选择所有带有 type 属性的元素 [type] { … }
[属性 =" 值 "]	选择属性值完全等于指定值的元素	选择 href 属性值完全等于指定 URL 的元素 [href="https://www.example.com"]{…}
[属性 ^=" 值 "]	选择属性值以指定值开始的元素	选择 href 属性值以 "https://" 开始的元素 [href^="https://"]{…}
[属性 $=" 值 "]	选择属性值以指定值结束的元素	选择 href 属性值以 ".pdf" 结束的元素 [href $=".pdf"]{…}
[属性 *=" 值 "]	选择属性值包含指定字符串的元素	选择 title 属性值包含 "hello" 字符串的元素 [title*="hello"]{…}

【案例 7-3】 输入图 7-9 所示代码，尝试理解属性选择器的作用。

```html
<head>
    <meta charset="UTF-8" />
    <title>属性选择器案例</title>
    <style>
        /* 属性选择器与前面标签之间不能有空格 */
        div[data-info] {border: 4px solid #333; padding:5px;  }
        a[href="http://www.qq.com"] { color:red; }
        a[href^="ftp:"] { color:green; margin: 0 50px; }
        a[href$='.pdf'] { font-style: italic; font-weight: bolder; }
        p[class*='highlight']  i{ background-color: yellow; }
    </style>
</head>
<body>
    <!-- 存在关系-->
    <div data-info="some data">这段文本包含 data-info 属性。</div>
    <p data-info="some data">这段文本包含 data-info 属性,但不是div。</p>
    <!-- 完全匹配 -->
    <a href="http://www.qq.com"> 腾讯网 </a>
    <!-- 开始匹配 -->
    <a href="ftp://192.168.0.1"> FTP入口 </a>
    <!-- 结束匹配 -->
    <a href="http://www.qq.com/document.pdf">PDF文件下载</a>
    <!-- 包含匹配 -->
    <p class="some highlight text">这段文本的<i> 类名 </i>包含 <i>'highlight'</i> 。</p>
</body>
```

图 7-9　属性选择器案例的 HTML 代码

代码运行后的预览效果如图 7-10 所示。

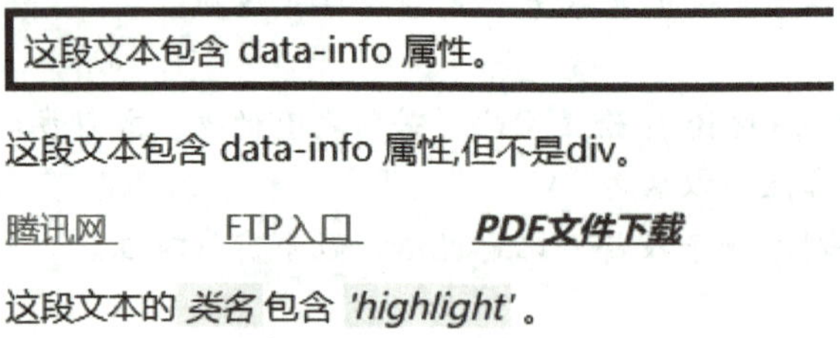

图 7-10　属性选择器案例的预览效果

7.3.3　伪类选择器

伪类选择器是一种特殊的选择器，它用来选择元素在特定状态下的样式。这些特定状态并不是由文档结构决定的，而是由用户行为（如单击、悬停）或元素的状态（如被访问、被禁用）来定义的。

伪类选择器包含数十种选择器，大体分为以下三大类：

1）结构性伪类选择器：主要用于选取文档对象模型（DOM）树中特定位置的元素。
2）状态伪类选择器：主要用于选取具有特定交互状态的元素。
3）表单相关伪类选择器：主要用于选取与表单相关的特定元素。

> **知识点**：伪类选择器的特点
>
> **记忆关键词**：千变万化
>
> **关键词解析**：
>
> 伪类选择器可以根据不同的条件和状态来选择元素，这些条件和状态可以是动态的、交互的，甚至是基于文档结构的。因此，伪类选择器在 CSS 中的应用就像千变万化的魔法，能够根据不同的场景和需求以灵活多变的方式为元素施加样式。
>
> **成语出处**：
>
> 《列子·周穆王》：乘虚不坠，触实不硋，千变万化，不可穷极。
>
> 千变万化——比喻变化很多。

出于对篇幅、使用频率等因素的考量，下面只介绍几种常见的伪类选择器。

1. :hover 选择器

:hover 选择器通常用于超链接元素，也可以用于大部分 HTML 标签。

<a> 元素通常有 a:active、a:hover、a:link 、a:visited 四种状态，但实际上，通常只需要设置 a:hover 状态即可，其他状态可以通过在 <a> 标签选择器中设置对应属性来实现，以期达到主流效果。

【案例 7-4】 设计图 7-11 所示的导航条的级联菜单交互效果。

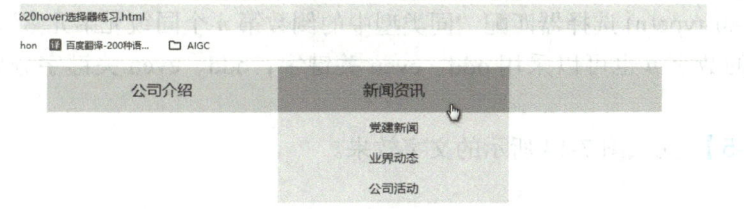

图 7-11　级联菜单交互效果

1）编写图 7-12 所示的 HTML 代码。

```html
<body>
    <ul class="menu">
        <li>
            <a href="#">公司介绍</a>
            <ul class="sub-menu">
                <li><a href="#">成长历程</a></li>
                <li><a href="#">组织架构</a></li>
                <li><a href="#">公司宗旨</a></li>
            </ul>
        </li>
        <li>
            <a href="#">新闻资讯</a>
            <ul class="sub-menu">
                <li><a href="#">党建新闻</a></li>
                <li><a href="#">业界动态</a></li>
                <li><a href="#">公司活动</a></li>
            </ul>
        </li>
    </ul>
</body>
```

图 7-12　级联菜单交互的 HTML 代码

2）编写图 7-13 所示的 CSS 代码。

```css
<style type="text/css">
    ul,li{list-style-type: none; margin: 0;padding:0;}
    .menu {width:800px;height: 60px; background-color: #ddd; margin: 0 auto;}
    /*因为有多层的 li元素，样式不一样，所以要用子元素选择器 .menu>li */
    .menu>li{float: left; position: relative;}
    .menu>li>a{ display:block; text-decoration: none; text-align: center; font-size:20px;
        width:300px; height: 60px;line-height: 60px;  }
    .menu>li>a:hover {background-color: orange;}
    .menu>li:hover .sub-menu {display: block;}         /* 显示子菜单 */
    .sub-menu {
        display: none;                                  /* 隐藏子菜单 */
        position: absolute; left:0; top:60px;           /* 子菜单绝对定位 */
        background-color: #eee;
    }
    .sub-menu a{display:block; width:300px; height: 40px;line-height:40px;
        text-decoration: none; text-align: center; }
    .sub-menu a:hover {color:#fff; background-color:#117733;}
</style>
```

图 7-13　级联菜单交互的 CSS 代码

3）保存文件，在浏览器中运行，测试光标滑过时的效果。

2. :nth-of-type(n) 选择器和 :nth-last-of-type(n) 选择器

:nth-of-type(n) 选择器匹配"同类型中的第 *n* 个同级兄弟元素"。

:nth-last-of-type(n) 选择器匹配"同类型中的倒数第 *n* 个同级兄弟元素"。

括号内的数字 *n* 也可以采用 odd、even 关键字，odd、even 关键字分别指的是奇数、偶数位置。

【案例 7-5】　完成图 7-14 所示的文字效果。

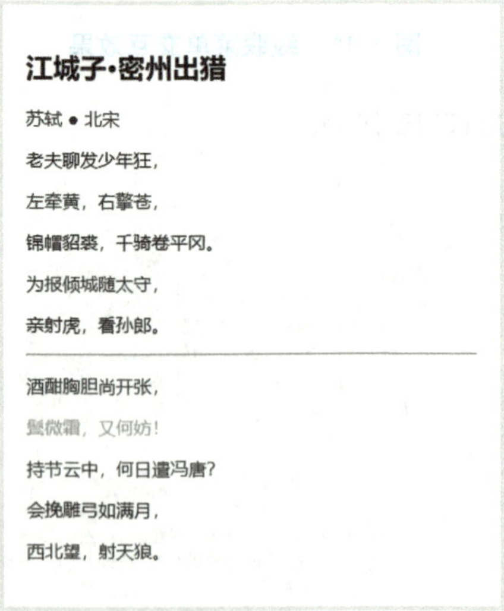

图 7-14　匹配同级兄弟元素文字效果

对应的 HTML 及 CSS 代码如图 7-15 所示。

```
<style type="text/css">
    .box{width: 400px;height:500px;border: 4px solid #eee;margin:20px;padding: 20px;}
    .box p:nth-of-type(odd) { color:blue; }
    .box p:nth-last-of-type(4){color: orange;}
</style>
</head>
<body>
    <div class="box">
        <h2>江城子·密州出猎</h2>
        <p>
            <span>苏轼</span>　<span>●</span>　<span>北宋</span>
        </p>
        <p>老夫聊发少年狂, </p>
        <p>左牵黄, 右擎苍。</p>
        <p>锦帽貂裘, 千骑卷平冈。</p>
        <p>为报倾城随太守, </p>
        <p>亲射虎, 看孙郎。</p>
        <hr />
        <p>酒酣胸胆尚开张, </p>
        <p>鬓微霜, 又何妨! </p>
        <p>持节云中, 何日遣冯唐? </p>
        <p>会挽雕弓如满月, </p>
        <p>西北望, 射天狼。</p>
    </div>
</body>
```

（箭头标注：冒号与 p 之间不能有空格　绝大多数伪类选择器都遵循该格式）

图 7-15　匹配同级兄弟元素文字效果的 HTML 及 CSS 代码

3. :first-child 选择器与 :last-child 选择器

:first-child 选择器的作用是选择父元素中的第一个子元素。

用法示例如下：

p:first-child{…}

:last-child 选择器用来匹配父元素中最后一个子元素。

从字面上看，这两个选择器很容易理解，但实际上它们隐藏了另外一个条件——第一个子元素刚好是本身。以 li:first-child 选择器为例，一是要求从 li 元素的父元素中挑第一个子元素，二是要求这个子元素必须也是 li 元素。

【案例 7-6】打开案例 7-5 的练习，增加图 7-16 所示的代码。

```
<style type="text/css">
    .box{width: 400px;height:500px;border: 4px solid #eee;margin:20px;padding: 20px;}
    .box p:nth-of-type(odd) { color:blue; }
    .box p:nth-last-of-type(4){color: orange;}
    .box span:first-child{ font-weight: bolder; color:red; }
</style>
```

（箭头标注：理解为 span 刚好是父亲的第一个孩子，不能理解为 span 的第一个孩子）

图 7-16　:first-child 选择器案例

预览效果如图 7-17 所示。

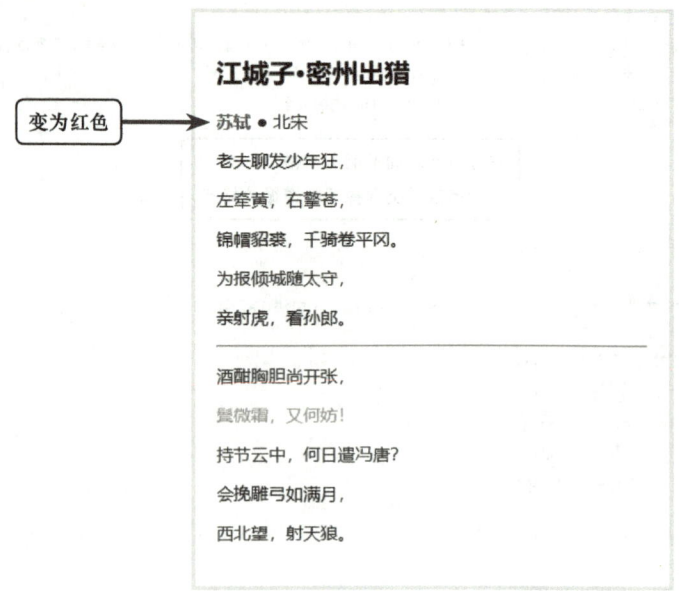

图 7-17 :first-child 选择器案例预览效果

4. :nth-child(n) 和 :nth-last-child(n) 选择器

:nth-child(n) 选择器匹配"父元素的第 n 个子元素，不论元素的类型"。

:nth-last-child(n) 选择器匹配"父元素的倒数第 n 个子元素，不论元素的类型"。

注意，这里说的"不论元素的类型"指的是"任何类型的元素都要纳入 n 的计数内"，而不是说"任何类型的元素都可以响应该选择器"。

这两种选择器同样也可以拥有 odd、even 关键字。

【案例 7-7】 输入图 7-18 所示的代码，然后分析预览效果。

```
<style type="text/css">
    .box{width: 400px;height:500px;border: 4px solid #eee;margin:20px;padding: 20px;}
    .box span:nth-child(2){color: orange;}
    .box p:nth-last-child(2){ background-color: #ddd;border-top: 2px solid #999; }
    .box p:nth-last-child(3){ background-color: orange;}
</style>
</head>
<body>
<div class="box">
    <h2>普天乐·西山夕照</h2>
    <p>
        <span>徐再思</span>  <span>●</span>  <spa
    </p>
    <p>晚云收，夕阳挂，一川枫叶，两岸芦花。</p>
    <p>鸥鹭栖，牛羊下。</p>
    <p>万顷波光天图画，水晶宫冷浸红霞。</p>
    <p>凝烟暮景，转晖老树，背影昏鸦。</p>
    <h4>作者简介</h4>
    <p>徐再思，元代散曲作家。字德可，曾任嘉兴路吏。因喜食甘饴，故号甜斋。浙江嘉兴人。生卒年不详，与贯云石为同时代人，今存所作散曲小令约100首。作品与当时自号酸斋的贯云石齐名，称为"酸甜乐府"。</p>
</div>
</body>
```

注释：找 p 标签 : 本意是设置 h4 元素样式，但倒数第 2 个孩子不是 p 标签，故无效

它必须是它父亲的倒数第 3 个孩子（父亲的孩子不一定都是 p 标签）

图 7-18 :nth-child(n) 和 :nth-last-child(n) 选择器案例的 HTML 及 CSS 代码

预览效果如图 7-19 所示。

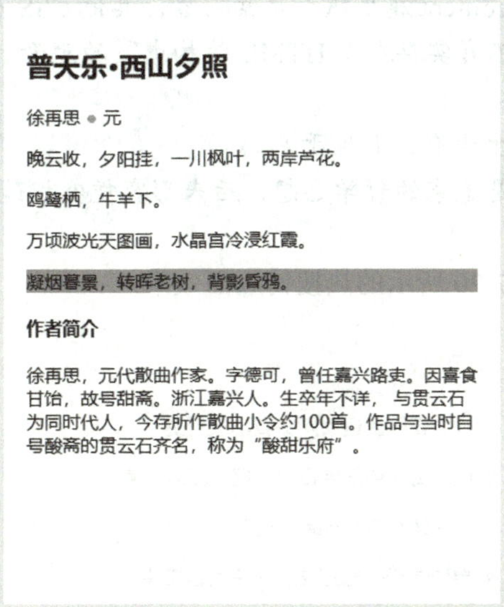

图 7-19 :nth-child(n) 和 :nth-last-child(n) 选择器案例的预览效果

7.3.4 伪元素选择器

伪元素选择器是 Web 设计中一个非常有用的工具，它允许开发者在不改变 HTML 结构的情况下，通过 CSS 为元素添加装饰性内容，从而丰富网页的视觉表现力和用户体验。

以下是一些具体的应用场景：

1）添加装饰性图标或符号。

2）面包屑导航。在面包屑导航中，可以使用伪元素选择器来连接各链接文字，如使用 »、/ 符号分隔页面链接。

3）创建装饰性边框或背景。

最常见的两种伪元素选择器分别是 ::before 伪元素选择器和 ::after 伪元素选择器。在早期的 CSS 规范中，伪元素选择器使用单冒号来表示；CSS3 规范更新了语法，要求使用双冒号来表示伪元素选择器。

::before 和 :before 用于在目标元素的前面插入内容。内容（content）属性可以为空，仅设置样式。

::after 和 :after 用于在目标元素的后面插入内容。内容（content）属性也可以为空。

用法示例如下：

p::before{content:" 台词 "; color:red;}

p::after{content:" "; display:block; width:30px; height:30px;}

知识点：伪元素选择器的特点
记忆关键词：无中生有
关键词解析：

> ::before 和 ::after 伪元素选择器可以在不影响 HTML 结构的情况下，凭空添加一个元素，通过样式中的 content 属性赋予元素内容，其他 CSS 属性照常设置即可。"伪"也可以理解成"一个并不真实存在于 HTML 结构中"的元素。
>
> **成语出处：**
> 《老子》：天下万物生于有，有生于无。
>
> 无中生有——本来是道家的哲学思想，后来形容凭空捏造。

【**案例 7-8**】 完成图 7-20 所示的热搜榜版面效果。

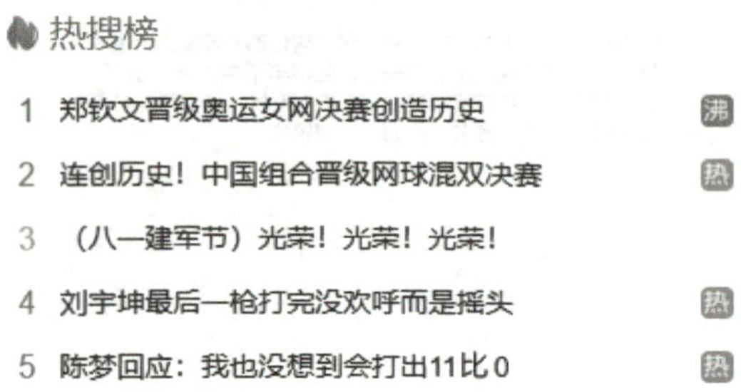

```
🔥 热搜榜
1  郑钦文晋级奥运女网决赛创造历史          沸
2  连创历史！中国组合晋级网球混双决赛      热
3  （八一建军节）光荣！光荣！光荣！
4  刘宇坤最后一枪打完没欢呼而是摇头        热
5  陈梦回应：我也没想到会打出11比0        热
```

图 7-20 热搜榜版面效果

1) 编写对应的 HTML 代码，如图 7-21 所示。

```html
<body>
    <div class="hot">
        <h2>热搜榜</h2>
        <ul class="news">
            <li><a href="#">郑钦文晋级奥运女网决赛创造历史 </a></li>
            <li><a href="#">连创历史！中国组合晋级网球混双决赛</a></li>
            <li><a href="#"> （八一建军节）光荣！光荣！光荣！</a></li>
            <li><a href="#">刘宇坤最后一枪打完没欢呼而是摇头</a></li>
            <li><a href="#">陈梦回应：我也没想到会打出11比0</a></li>
        </ul>
    </div>
</body>
```

图 7-21 热搜榜版面效果的 HTML 代码

从 HTML 结构来看，我们并没有给各种图标预留对应的容器。

2) 编写图 7-22 所示的 CSS 代码。

```css
<style type="text/css">
    ul,li,h2{margin: 0;padding: 0;}
    a{color: #333;text-decoration: none;}
    .hot{width: 400px;height: 300px;border:2px solid #999;}
    .hot h2{height:40px;line-height: 40px; color: #dd3333;margin-bottom:20px;}
    .hot ul{list-style-type: none; height:260px;}
    .hot li{height:30px;line-height:30px; margin:10px 0; position: relative;}
    .hot h2::before {
```

图 7-22 热搜榜版面效果的 CSS 代码

```
                width:20px;height:20px;margin: 0 10px; /*伪元素选择器可以通过margin影响后面元素的位置*/
                content:url('unit7-img/icon-fire.png');
            }
            .news li::before{ height:30px;line-height:30px; color:#999; margin: 0 0.5em;}
            .news li:nth-child(1)::before{ content: "1"; color:#dd3333; }
            .news li:nth-child(2)::before{ content: "2"; color:#ee7733; }
            .news li:nth-child(3)::before{ content: "3"; color:#ffcc33; }
            .news li:nth-child(4)::before{ content: "4";}
            .news li:nth-child(5)::before{ content: "5";}

            .news a::after{
                width:20px;height:20px;
                content:url('unit7-img/icon-hot.png');
                position: absolute; right: 20px; top: 5px;      /* 也可以采用绝对定位来表现 */
            }
        }
</style>
```

图 7-22　热搜榜版面效果的 CSS 代码（续）

7.4　CSS 过渡与动画

7.4.1　过渡效果

之前案例中曾使用 transition 属性产生过渡动态效果。它可以使元素的某个属性在一定的时间内平滑地从一个值变化到另一个值。这种变化可以针对颜色、大小、位置等任何可以改变的属性。

下面的代码建构了一个 100×100px 的红色 <div> 元素。该元素样式中为 width 属性指定了过渡效果，持续时间为 2s；当光标浮在该元素上方时，该元素的 width 设置为 300px。这样就产生了 width 值变化的过程，也就激活了 transition 属性，最终产生宽度变化的动态效果。示例代码如下：

　　div { width:100px; height:100px; background:red;　transition:width 2s; }
　　div:hover{ width: 300px; }

如果在 hover 状态下除了 width 属性发生变化外，还有若干个属性也发生变化，就必须将"transition:width 2s;"改写为"transition:all 2s;"，这里的 all 是指"发生变化的所有属性"。

以上是一种简写形式，里面涉及若干个属性。常用的 transition 用法如下：
　　transition: 属性　过渡持续时间　速度曲线　延迟；

但是，一些属性是不允许有过渡过程的，例如期待一个元素从不可见到慢慢可见，采用"display:none;"转入"display:block;"，这实际上是无法生效的。我们换一下思路，可以采用不透明度从"opacity:0;"转入"opacity:1;"，或者采用位置偏移、增加父容器去响应等方式。

（1）速度曲线属性 transition-timing-function　transition-timing-function 属性可接受以下值：

1）ease：规定过渡效果，先缓慢地开始，然后加速，最后缓慢地结束。

2）linear：规定从开始到结束具有相同速度的过渡效果。

3）ease-in：规定缓慢开始的过渡效果。

4）ease-out：规定缓慢结束的过渡效果。

5）ease-in-out：规定开始和结束较慢的过渡效果。

6）cubic-bezier(n,n,n,n)：允许在贝塞尔函数中自定义数值。

（2）延迟时间 transition-delay　transition-delay 属性可以理解成动画启动之前有自行设定秒数的延迟时长。

【案例 7-9】 为图 7-23 所示的级联菜单出现过程设置过渡效果。

图 7-23　为级联菜单出现过程设置过渡效果

1）编写相应的 HTML 代码，如图 7-24 所示。

```
<body>
    <ul class="menu">
        <li>
            <a href="#">公司介绍</a>
            <ul class="sub-menu">
                <li><a href="#">成长历程</a></li>
                <li><a href="#">组织架构</a></li>
                <li><a href="#">公司宗旨</a></li>
            </ul>
        </li>
        <li>
            <a href="#">新闻资讯</a>
            <ul class="sub-menu">
                <li><a href="#">党建新闻</a></li>
                <li><a href="#">业界动态</a></li>
                <li><a href="#">公司活动</a></li>
            </ul>
        </li>
    </ul>
    <div class="banner"></div>
</body>
```

图 7-24　级联菜单的 HTML 代码

2）编写对应的 CSS 代码，如图 7-25 所示。

```css
<style type="text/css">
    ul,li{list-style-type: none; margin: 0;padding:0;}
    .menu {width:600px;height: 60px; background-color: #ddd; margin: 0 auto; }
    .banner{height:500px; background:url("unit7-img/bgy-banner.jpg") no-repeat 50% 0;}
    .menu>li{float: left; position: relative;}
    .menu>li>a{ display:block; text-decoration: none; text-align: center; font-size:20px;
        width:300px; height: 60px;line-height: 60px; color:#333; }
    .menu>li>a:hover {background-color: orange;}
    .menu>li:hover .sub-menu {display: block;}
    .sub-menu {
        display: none;
        position: absolute; left:0; top:60px;
        background-color:rgba(255,255,255,0.5);
        transition: all 1s;
    }
    .sub-menu:hover{ background-color:rgba(255,255,255,1); }
    .sub-menu a{display:block; width:300px; height: 40px;line-height:40px;
        text-decoration: none;text-align: center; color:#666;
        transition: all 0.3s ease-in;
    }
    .sub-menu a:hover {color:#fff; background-color:#117733;}
</style>
```

图 7-25　过渡效果的 CSS 代码

3）保存文件并预览网页，不断调整过渡时间、速度曲线以达到最优视觉效果。

7.4.2　@keyframes 规则

CSS3 的 @keyframes 规则用于创建动画，允许创建一个或多个关键帧，每个关键帧可以设置不同的样式，从而在动画过程中改变元素的样式。例如，可以定义一个动画，在动画过程中使一个元素的颜色从红色变成蓝色，再由蓝色变成绿色，最后变成黑色。

在 @keyframes 规则中，可以使用百分比来指定动画的不同阶段，例如 0%、25%、50%、75% 和 100% 等，0% 是动画开头，100% 是动画完成。在每个阶段，都可以设置元素的样式，如颜色、位置等。

注意，除了设置 @keyframes 规则之外，还要使用 animation 属性来绑定动画。

animation 属性包含 6 个动画属性值：

1）animation-name：定义动画名称。

2）animation-duration：定义动画完成一个周期所需要的时间，以 s 或 ms 计。

3）animation-timing-function：定义动画的速度曲线。

4）animation-delay：定义动画何时开始。

5）animation-iteration-count：定义动画的播放次数，在取值为 infinite 时循环播放。

6）animation-direction：定义是否轮流反向播放动画，在取值为 alternate 时反向播放。

最简洁的格式如下：

animation：规则的名称 + 一次动画所用的时间 + 循环播放次数。

【案例 7-10】 输入图 7-26 所示代码，仔细观察运行效果并回答问题。

```html
<html>
    <head>
        <meta charset="utf-8">
        <title>旋转的正方形</title>
        <style type="text/css">
            .box {width: 200px; height:200px; margin:200px;
                background:linear-gradient( 45deg , orange , green );     /*渐变色*/
                animation: dance 10s infinite;
                -webkit-animation:dance 10s  infinite;
                /* -webkit- 是兼容 Safari 和 Chrome 核心浏览器的写法，若不写，在谷歌、360浏览器中
                看不到动画效果 */
            }
            @keyframes dance
            {
                0% {transform: rotate(0deg); }           /* 开始时的状态为旋转 0° */
                30%{ margin-left:400px;}
                70%{ border-radius:50px;}
                100%{transform: rotate(360deg); border-radius:100px; }
                    /* 结束时的状态为旋转 360°，圆角半径为100px */
            }
        </style>
    </head>
    <body>
        <div class="box"></div>
    </body>
</html>
```

图 7-26 @keyframes 规则的 HTML 代码

提问：

1. 为什么正方形在 30% 时间点上向右移动了 400px，但是在本轮结束时却回到起点？换个角度思考，在 0% 时间点上实际隐藏了一个什么属性？

2. 为什么正方形在本轮结束与下一轮开始时，有一个从圆形生硬切换到正方形的动画缺陷？

【案例 7-11】 打开资源包"课本案例＋练习\第 7 章 过渡效果.html"，给级联菜单添加下拉过程动画效果。

对应的 HTML 及 CSS 代码如图 7-27 所示。

```
<style type="text/css">
    ul,li{list-style-type: none; margin: 0;padding:0;}
    .menu {width:600px;height: 60px; background-color: #ddd; margin: 0 auto; }
    .banner{height:500px; background:url("unit7-img/bgy-banner..jpg") no-repeat 50% 0;}
    .menu>li{float: left; position: relative;}
    .menu>li>a{ display:block; text-decoration: none; text-align: center; font-size:20px;
        width:300px; height: 60px;line-height: 60px; color:#333; }
    .menu>li>a:hover {background-color: orange;}
```

图 7-27 给级联菜单添加下拉过程动画效果的 HTML 及 CSS 代码

```css
.menu>li:hover .sub-menu {display: block; animation:show 1s; -webkit-animation:show 1s; }
.sub-menu {
    display: none;
    position: absolute; left:0; top:60px;
    background-color:rgba(255,255,255,0.5);
    transition: all 1s;  overflow:hidden;
}
.sub-menu:hover{  background-color:rgba(255,255,255,1); }
.sub-menu a{display:block; width:300px; height: 40px;line-height:40px;
    text-decoration: none;text-align: center; color:#666;
    transition: all 0.3s ease-in;
}
.sub-menu a:hover {color:#fff; background-color:#117733;}
@keyframes show {
    0% {height:0px;}
    100%{height:120px; }
}
</style>
```

新增的动画代码

图 7-27　给级联菜单添加下拉过程动画效果的 HTML 及 CSS 代码（续）

7.5　扩展练习

【练习 7-1】打开网址 https://www.wens.com.cn/GroupNews/list.aspx，观察新闻栏目页中如图 7-28 所示的区域，思考该区域的布局结构。

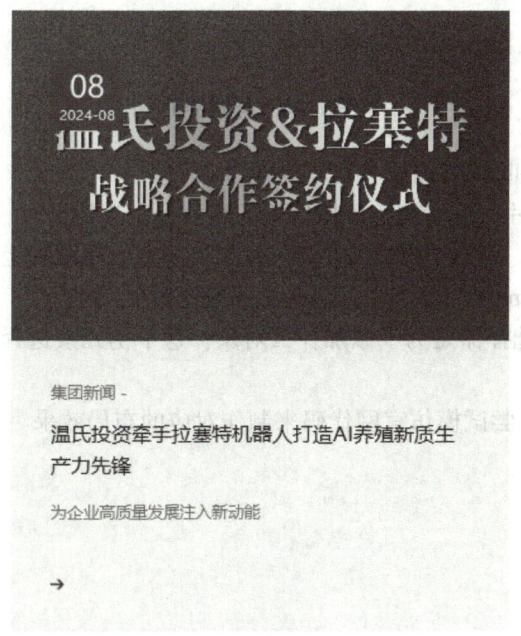

图 7-28　新闻栏目页的某一新闻

光标落在网页中对应的区域，单击鼠标右键，在弹出的菜单中选择"审查元素"命令，直接进入"开发者工具"模式，元素界面如图 7-29 所示。

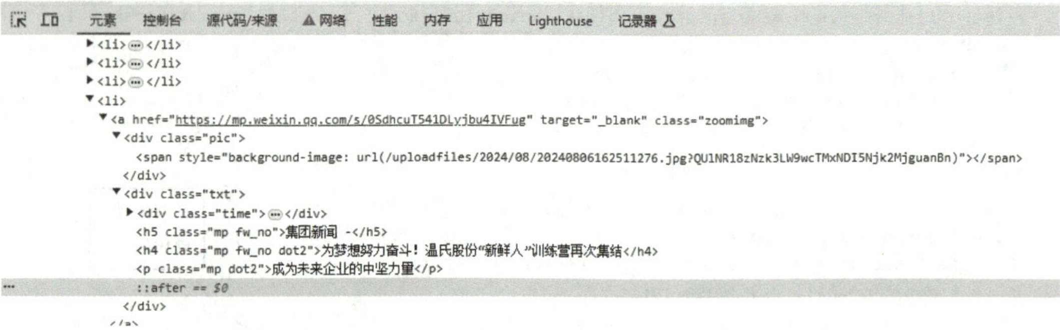

图 7-29　元素界面

该元素对应的样式界面如图 7-30 所示。

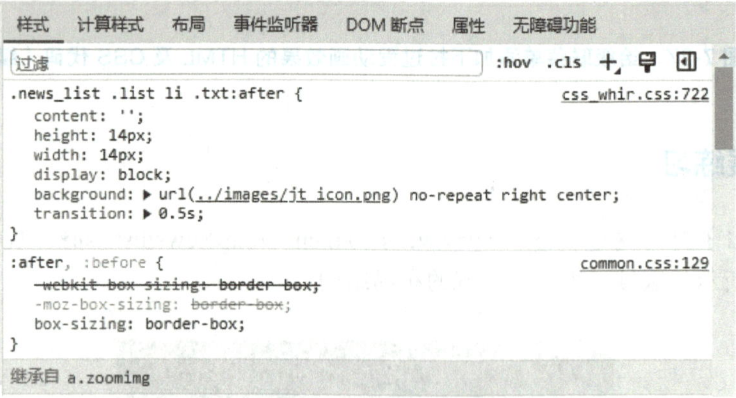

图 7-30　样式界面

仔细观察图 7-29 和图 7-30，思考以下问题：

1）在布局中，图片区域、文字区域使用的容器分别是什么？

2）从效果图来看，写有"08 2024-08"时间点的方框在图片上方浮现，代码位置却在另外的"<div class="time">"容器中，为什么采用这种结构？

3）::after 伪元素选择器是为了添加什么对象？这个伪元素选择器从哪几个外部样式表中调用了样式？

思考上述问题后，尝试模仿官网代码来制作对应的布局效果。

第 8 章 商业网站布局实战

> **知识与技能目标**
>
> 1. 掌握在企业官网搜集所需图片、文字、视频素材的能力。
> 2. 培养独立完成企业网站首页、栏目页、详情页设计的能力。
> 3. 了解原型法开发的特点,并能应用到商业级页面设计项目中。
> 4. 强化代码复用的意识,包括快速复制、粘贴、插入技巧,样式的复用,选择器的并列声明,内部样式表转外部样式表等。
> 5. 培养在复杂页面布局编码中代码缩进、充分注释的习惯。
> 6. 掌握 HBuilder 软件的相关快捷键操作,以大幅提高编程效率。

> **素养目标**
>
> 1. 通过了解宁德时代的发展历程,帮助理解和认同社会主义核心价值观,树立正确的价值取向。
> 2. 通过"新闻栏目页"和"新闻详情页"练习,引导关注社会热点问题、业界发展趋势,提高公民意识和社会责任感,积极投身于社会建设和发展。
> 3. 通过差异化网页制作实操项目,培养创新意识和求真务实、开拓进取的精神。

8.1 确定研究目标

作为首个完整地还原网站若干页面的项目,我们搜索了若干个公司的官网,选择页面内容量不太大、涉及的知识适合课程内容的官网;在技术难度方面,目标要具备一定的挑战性。最终要求完成企业网站首页、某栏目页、某详情页的布局。

本章将对宁德时代官网进行页面布局还原实践。本项目练习旨在掌握框架布局的思路,实现页面静态效果与原型基本接近即可。

8.2 搜集相关图文素材

尽可能地从宁德时代各目标页面中搜集对应图片、文字素材。
(1)图片素材收集工作要求
1)图片素材收集过程中,如果发现图片是 SVG 文件,或者是采用 Bootstrap 来引入图标，则统一利用 Photoshop 处理为透明底的 PNG 文件格式。

2）如果网页中包含大量尺寸一致的小图标图片，建议将所有图标在 Photoshop 中整合成一个透明底的 PNG 文件，目的是采用精灵图手法来设计其表现。即便要设计图标的交互效果，也可以很方便地将所有图标更改颜色。

3）可以用浏览器中的"保存为网页"命令，快速地下载大部分图片素材。个别无法下载或另存的图片，需要选择"审查元素"命令进入开发者模式，在元素或样式界面中找到对应的图片地址。

（2）文字素材收集工作要求

1）在网页中直接拖曳光标，选中所有图文后进行复制，然后粘贴在记事本文档，这样就得到了纯粹的文字信息。切记不要连图一块粘贴到 Word 或 WPS 文档中。

2）若网页禁用复制命令，可以关闭浏览器的 JavaScript 脚本运行功能。还可以采用各种工具进行截屏，利用软件内置的文字识别功能来获取文字。

为节省搜集素材的时间，本书已经将数十个国内 500 强企业的若干页面的图文素材下载到资源包中。因时间仓促，可能欠缺个别图片，且文件名称也没调整为规范的文件名称。

8.3 网站目录及文件的搭建、整理

站点根目录结构如图 8-1 所示。

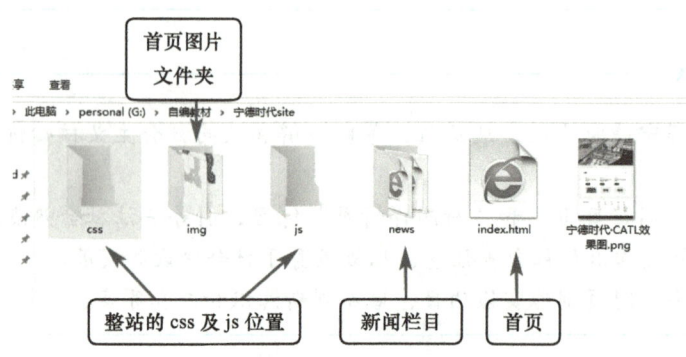

图 8-1　站点根目录结构

新闻栏目目录结构如图 8-2 所示。

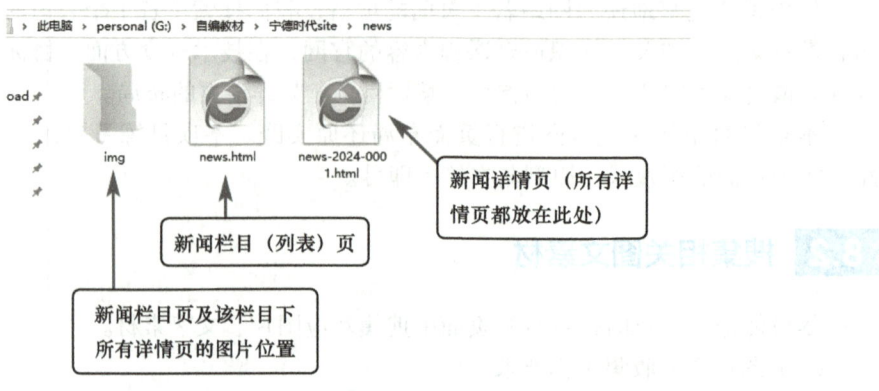

图 8-2　新闻栏目目录结构

首页涉及的图片集如图 8-3 所示。

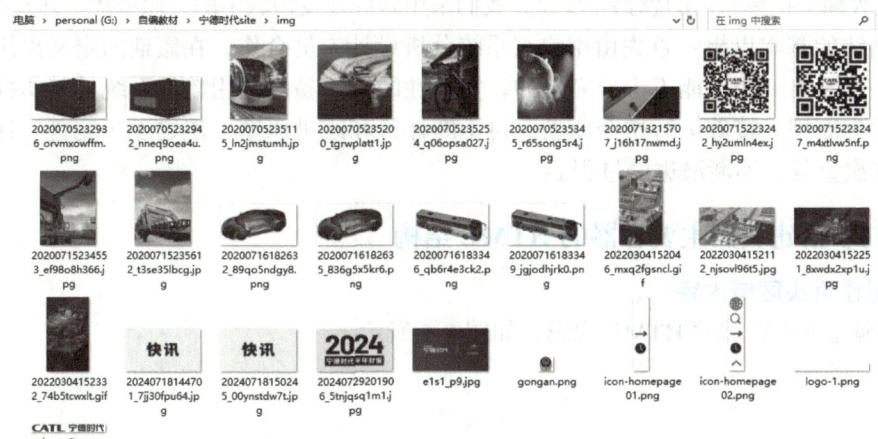

图 8-3　首页涉及的图片集

8.4　制作首页布局

企业官网的首页效果图如图 8-4 所示。

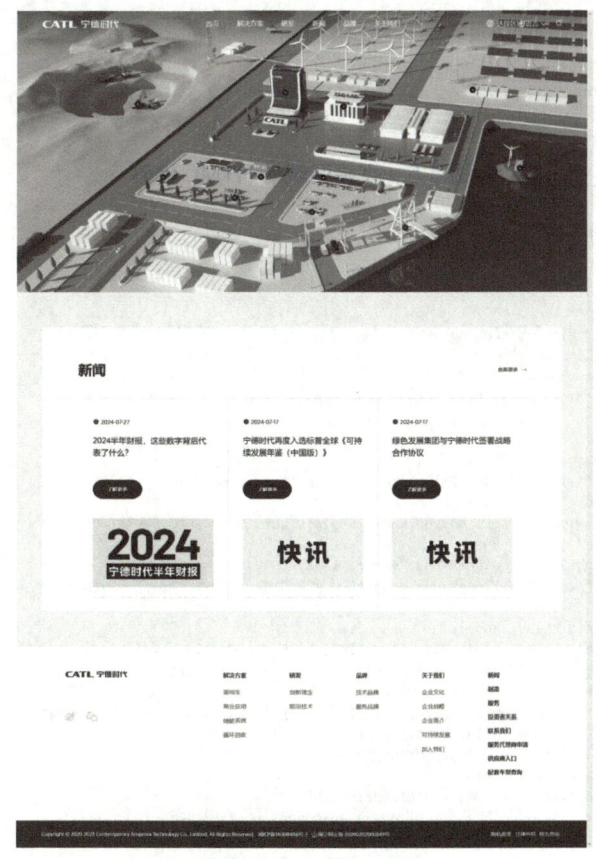

图 8-4　首页效果图

无论商业网站页面看上去多么简单，对于初学者来说，实现它们还是有一定难度的。为了快速从大局上把握布局的思路与步骤，我们采用软件开发领域中的"原型法"开发策略。

原型法的基本思想：首先由用户与系统分析设计人员合作，在短期内定义出用户的基本需求，开发出一个功能不十分完善的、实验性的、简易的应用软件系统的基本框架，这个框架称为原型。接着运行这个原型，再不断评价和改进原型，使之逐步完善。这个开发过程是多次重复、不断演进的过程。

8.4.1 初步搭建页面主要容器的 HTML 结构

1. 制作页头区域内容

1）编写页头区域的 HTML 代码，如图 8-5 所示。

```html
<!--页头部分，含海报图-->
<div id="header">
    <div class="nav-bar-box">      <!--交互时此处宽度要通栏，增加该容器控制背景色-->
        <div class="nav-bar">       <!-- 导航及logo容器，整体居中显示，内部元素全部采用浮动 -->
            <h1 class="logo"><span>宁德时代</span></h1>
            <!--导航菜单部分-->
            <ul class="nav">
                <li><a href="#"> 首页 </a></li>
                <li><a href="#"> 解决方案 </a></li>
                <li><a href="#"> 研发 </a></li>
                <li><a href="#"> 新闻 </a></li>
                <li><a href="#"> 品牌 </a></li>
                <li><a href="#"> 关于我们 </a></li>
            </ul>
            <!-- 区域、语言及搜索-->
            <div class="nav-bar-r">
                <span class="global"></span>       <!-- 地球图标 -->
                <span class="lang">选择区域/语言</span>
                <a></a>                             <!-- 放大镜图标 -->
            </div>
        </div>
    </div>
</div>
```

图 8-5 页头区域的 HTML 代码

2）编写图 8-6 所示的 CSS 代码。

```css
<style type="text/css">
    /*---------通用样式---------*/
    body,ul,li,h1,h2{margin: 0; padding: 0;}
    body{background-color:#eee;}
    ul{list-style-type: none;}
    a{font-size:14px; color: #333; text-decoration: none;}

    /*---------页头区样式---------*/
    #header {width:100%;height: 600px;
        background:url("img/20220304152112_njsovl96t5.jpg") no-repeat 50%  50%;}
    #header .nav-bar-box { background-color: #fff;}
    #header .nav-bar { width:1400px; height:60px;margin:0 auto 50px auto;background-color:#ddd;
        padding-top:30px ; }
    .nav-bar .logo{width:210px; height: 25px; float: left;
        background:url("img/logo-1.png") no-repeat  0 0 / 210px 25px; /*斜杠前的是x和y的偏移值,后面是背景图size*/
        }
    .nav-bar .logo>span{display: none;}
    .nav-bar .nav{width:600px; height: 25px;float:left;background-color:#fff;margin-left:200px;}
    .nav-bar .nav li{float:left; margin:0 20px; background-color:orange;}
    .nav-bar .nav a{font-size:20px;display:block;}
    .nav-bar .nav-bar-r{width:240px;height:25px; float: right; background-color: orange;}
    .nav-bar-r .global{ display:inline-block; width:24px;height: 24px;
        background: url("img/icon-homepage01.png") no-repeat;}
    .nav-bar-r .lang{margin:0 10px;}
    .nav-bar-r a{display:inline-block; width:24px;height: 24px;
        background: url("img/icon-homepage01.png") no-repeat 0 -24px;}
</style>
```

图 8-6 页头区域的 CSS 代码

3）保存文件，预览效果如图 8-7 所示。

图 8-7　页头区域预览效果

2. 制作主内容区域布局

1）编写主内容区域的 HTML 代码，如图 8-8 所示。

```html
<!-- 内容区 -->
<div id="content">
    <h2>新闻 <a href="#"> <span>查看更多</span> </a> </h2>
    <ul class="news">
        <li>
            <p>2024-7-27</p>
            <p>2024半年财报，这些数字背后代表了什么？</p>
            <a href="#">了解更多</a>
            <div class="news-img"><img src="img/20240729201906_5tnjqsq1m1.jpg"></div>
        </li>
        <li>
            <p>2024-7-17</p>
            <p>宁德时代再度入选标普全球《可持续发展年鉴（中国版）》</p>
            <a href="#">了解更多</a>
            <div class="news-img"><img src="img/20240718144701_7jj30fpu64.jpg"></div>
        </li>
        <li>
            <p>2024-7-17</p>
            <p>绿色发展集团与宁德时代签署战略合作协议</p>
            <a href="#">了解更多</a>
            <div class="news-img"><img src="img/20240718144701_7jj30fpu64.jpg"></div>
        </li>
    </ul>
</div>
```

图 8-8　主内容区域的 HTML 代码

2）编写图 8-9 所示的 CSS 代码。

```css
/*--------主内容区样式--------*/
#content{ width:1400px;height:940px;margin: 0 auto; background-color: orange;}
#content>h2{ padding:50px;background-color: #bbbbff; }
#content>ul{ height:800px;
    width:fit-content;      /* fit-content 根据内容宽度自适应容器的宽度 */
    margin: 0 auto;
}
#content>ul li{ width:410px;height:800px;margin:0 1px; float: left; background-color: #eee;}
#footer .map{height:520px;background-color:#fff;}
#footer .copyright{height:60px; background-color: #0028aa;}
#content>h2 span{display: inline-block; float: right;}
.news p:nth-child(1){padding-left:24px; background:url("img/icon-homepage01.png") no-repeat 0 -72px;}
.news li>a{display:block;width:160px;height:60px;background-color: #0028aa;color:#fff;
    border-radius:30px; line-height:60px; margin:0 auto; font-size:16px;text-align: center;}
.news .news-img img{ width:340px;height:200px;}
```

图 8-9　主内容区域的 CSS 代码

3）保存文件，预览效果如图 8-10 所示。

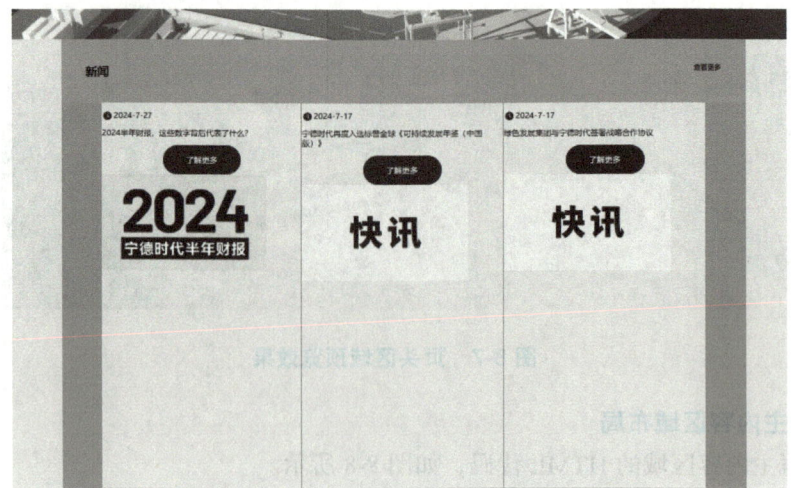

图 8-10　主内容区域预览效果

3. 制作页脚区域布局

1）编写页脚区域的 HTML 代码，如图 8-11 所示。

```html
<!-- 页脚部分 -->
<div id="footer">
    <div class="map">
        <div class="map-left">
            <h2><img src="img/logo-2.png" alt="宁德时代"></h2>
            <span></span> <span></span>
        </div>
        <div class="map-right">
            <dl>
                <dt>解决方案</dt>
                <dd><a href="#"> 乘用车 </a></dd>
                <dd><a href="#"> 商业应用 </a></dd>
                <dd><a href="#"> 储能系统 </a></dd>
                <dd><a href="#"> 循环回收 </a></dd>
            </dl>
            <dl> ... </dl>
            <dl> ... </dl>
            <dl> <!-- 注意这个 dl 元素没有 dt，各文字是该站常用链接的集合，并无从属关系 -->
                <dd><a href="#">新闻 </a></dd>
                <dd><a href="#">制造 </a></dd>
                <dd><a href="#">服务 </a></dd>
                <dd><a href="#">投资者关系 </a></dd>
                <dd><a href="#">联系我们 </a></dd>
                <dd><a href="#">服务代理商申请 </a></dd>
                <dd><a href="#">供应商入口 </a></dd>
                <dd><a href="#">配套车型查询 </a></dd>
            </dl>
        </div>
    </div>
    <div class="cr-box">    <!-- 版权的背景色要实现通栏，加多一个父容器 -->
        <div class="copyright">
            <!-- &copy;是版权对应的字符 -->
            <p>Copyright &copy; 2020-2023 Contemporary Amperex Technology Co., Limited. All Rights Reserved.
            闽ICP备14008486号-3   <i> </i> 闽公网安备  35090202000349号
            <span> <a href="#">隐私政策</a>  <a href="#">法律声明</a> <a href="#">除名查询</a> </span>
            </p>
        </div>
    </div>
</div>
```

图 8-11　页脚区域的 HTML 代码

2）编写图 8-12 所示的 CSS 代码。

```
/*---------页脚区样式---------*/
#footer{ width:100%;height:560px; background-color: #fff; margin-top:50px;
    overflow: hidden;}
#footer .map{width:1300px; height:380px; margin: 0 auto; background-color:#fff; padding:50px;}
#footer .copyright{height:60px; background-color: #0028aa;}
.map .map-left{width: 300px;height:300px;float:left; background-color:#bbbbff ;}
.map .map-right{width:900px;height:350px;float:right; background-color:#bbbbff ;}
.map-left>h2 img{width:210px; height: 25px;}
.map-left>span{width:40px; height: 35px; display:inline-block;}
.map-left>span:nth-child(2){background: url("img/weibo.png") no-repeat;}
.map-left>span:nth-child(3){background: url("img/weixin.png") no-repeat;}
.map-right dl{width:160px;background-color: #8888aa;float: left; margin:10px;}
.cr-box{height:70px; background-color: #0028aa; line-height: 70px;}
.copyright{ width: 1400px;height:60px; margin: 0 auto;}
.copyright , .copyright  a{color: #fff; font-size: 12px; }
.copyright i{ display: inline-block; width:24px;height: 24px;
    background:url("img/gongan.png") no-repeat;}
.copyright span{display: inline-block; float: right;}
.copyright a{margin:10px }
```

图 8-12　页脚区域的 CSS 代码

3）保存文件，预览效果如图 8-13 所示。

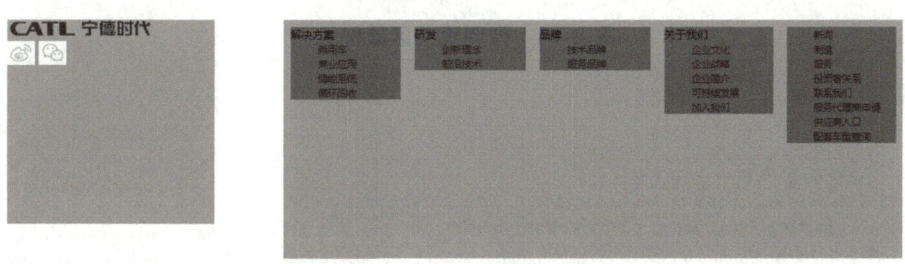

图 8-13　页脚区域预览效果

8.4.2　原型优化阶段

在这一阶段，分别就页头、主内容、页脚区域逐步完善元素的外观表现。第一轮的优化中，我们还不打算涉及动态交互效果。

1. 静态 CSS 代码的优化

CSS 代码尽可能把通用样式、页头样式、主内容样式、页脚样式分门别类地集中放置，并附上注释行。

1）对页头区域样式进行微调，代码如图 8-14 所示。

2）对主内容区域样式进行微调，代码如图 8-15 所示。

3）对页脚区域样式进行微调，代码如图 8-16 所示。

```css
/*---------页头区样式---------*/
#header {width:100%;height: 600px;
    background:url("img/20220304152112_njsovl96t5.jpg") no-repeat 50%  50%;}
#header .nav-bar-box { background-color:rgba(0,0,0,0.3); }
#header .nav-bar { width:1400px; height:60px;margin:0 auto 50px auto;
    padding-top:30px; }
.nav-bar .logo{width:210px; height:25px; float: left;
    background:url("img/logo-1.png") no-repeat  0 0 / 210px 25px;
}
.nav-bar .logo>span{display: none;}
.nav-bar .nav{width:600px; height: 25px;float:left; margin-left:200px;}
.nav-bar .nav li{float:left; margin:0 20px; }
.nav-bar .nav a{font-size:20px;display:block;color: #fff;}
.nav-bar .nav-bar-r{width:220px;height:25px; float: right;}
.nav-bar-r .global{ display:inline-block; width:24px;height: 24px; float: left;
    background: url("img/icon-homepage01.png") no-repeat;}
.nav-bar-r .lang{ display:inline-block; margin:0 10px; height:24px; line-height:24px;
    color: #fff; float: left;}
.nav-bar-r i{display:inline-block; width:24px;height: 24px; margin-right:10px ;
    background: url("img/icon-homepage01.png") no-repeat 0 -96px;
    transform: rotate(180deg);
}
.nav-bar-r a{display:inline-block; width:24px;height: 24px; float: right;
    background: url("img/icon-homepage01.png") no-repeat 0 -24px;}
```

图 8-14　微调页头区域样式

```css
/*---------主内容区样式---------*/
#content{ width:1400px;height:700px;margin: 0 auto;background-color: #fff;}
#content>h2{ padding:50px; margin-bottom:2px; border-bottom: 2px solid #eee;}
#content>ul{ height:500px;
    width:fit-content;        /* fit-content 根据内容宽度自适应容器的宽度 */
    margin: 40px auto;
}
#content>ul li{ width:410px;height:500px;margin:0 27px; float: left;}
#content>h2 a{display: inline-block; float: right;margin-top:10px;}
#content>h2 span::after{
    display:inline-block; content:" >> ";
    font-size:14px; width:24px; height:24px; color: #999; margin-left:10px;
    transform: scaleY(1.5);      /* 把 >字符在垂直方向拉长点, 美观一些 */
}
#content>h2 a{color:#666;}
.news p:nth-child(1){padding-left:24px; background:url("img/icon-homepage01.png") no-repeat 0 -72px;
    color: #0028aa;}
.news p{height:50px;}
.news li>a{display:block;width:160px;height:60px;background-color: #0028aa;color:#fff;
    border-radius:30px; line-height:60px; font-size:16px;text-align: center;}
.news .news-img {margin-top:40px;}
.news .news-img img{ width:340px;height:200px;}
```

图 8-15　微调主内容区域样式

```
/*---------页脚区样式---------*/
#footer{ width:100%;height:560px; background-color: #fff; border-top:2px solid #999; margin-top:50px;
    overflow: hidden;}
#footer .map{width:1300px; height:380px; margin: 0 auto; background-color:#fff; padding:50px;}
.map .map-left{width: 300px;height:300px;float:left; }
.map .map-right{width:900px;height:350px;float:right; }
.map-left>h2{margin-bottom:100px;}
.map-left>h2 img{width:210px; height: 25px;}
.map-left>span{width:40px; height: 35px; display:inline-block;margin-right:30px;}
.map-left>span:nth-child(2){background: url("img/weibo.png") no-repeat;}
.map-left>span:nth-child(3){background: url("img/weixin.png") no-repeat;}
.map-right dl{width:160px;float: left; margin:0 10px;}
.map-right dt{ font-size:16px; color: #666; font-weight: bold; line-height:36px;}
.map-right dd a{ font-size:14px; color: #999; line-height:36px;}
.map-right dl:nth-last-child(1) a{ color: #333; font-weight: bold;}
.cr-box{height:70px; background-color: #0028aa; line-height: 70px;}
.copyright{ width: 1400px;height:60px; margin: 0 auto;}
.copyright , .copyright a{color: #fff; font-size: 12px; }
.copyright i{ display: inline-block; width:24px;height: 24px;
    background:url("img/gongan.png") no-repeat; position:relative; top:10px; left:4px ;}
.copyright span{display: inline-block; float: right;}
.copyright a{margin:10px;}
```

图 8-16　微调页脚区域样式

2. 交互效果的优化

按照由简入繁的过程，先完成简单的交互效果，剩下三处交互效果需要留意。

1）盒子阴影样式采用 box-shadow 属性，能为元素添加投影效果。对应的位置如图 8-17 所示。

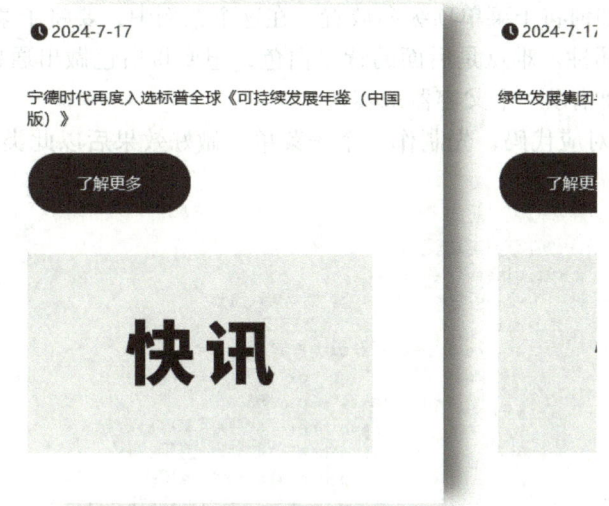

图 8-17　盒子阴影样式的位置

对应的代码为：

.news li:hover{box-shadow:25px 0px 20px -10px #999;}

/* box-shadow 元素加阴影：x 轴偏移量 25px，y 轴偏移量 0px，模糊半径 20px，扩散半径 -10px（内缩），阴影颜色 #999 */

注意，反复调整 box-shadow 的前四个参数，可正值也可负值。

2）导航栏的级联菜单效果如图 8-18 所示。

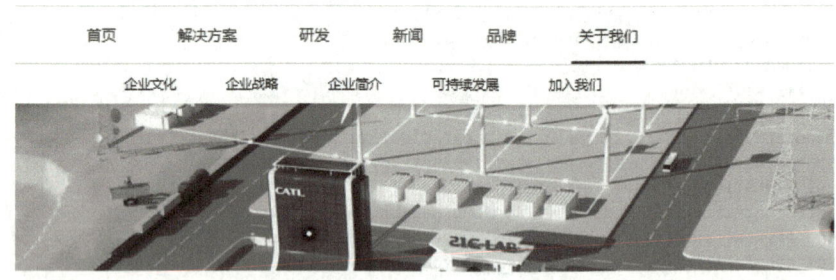

图 8-18　级联菜单效果

先完成光标落在导航菜单时背景色、字体颜色改变的效果。对应的 CSS 代码如图 8-19 所示。

```
/* 页头： 光标悬浮于菜单时，状态变化*/
#header .nav-bar-box{position:fixed; top:0px; width:100%; }
#header .nav-bar-box:hover { background-color:#fff; }
.nav-bar-box:hover .logo{ background:url("img/logo-2.png") no-repeat  0 0 / 210px 25px;}
.nav-bar-box:hover a, .nav-bar-box:hover span { color:#333; }
.nav-bar-box:hover .global{background: url("img/icon-homepage02.png"); }
.nav-bar-box:hover .nav-bar-r>a {background: url("img/icon-homepage02.png") no-repeat 0 -24px;}
```

图 8-19　级联菜单的 CSS 代码

之前介绍过如何将子菜单项纵向放置。在这个案例中，要将子菜单项横向排列，无非就是控制左浮动属性。难点是后面的背景白色，想要将白色做出通栏（整个浏览器宽度）的效果，显然还要借助一个父容器来实现。

修改 HTML 对应代码，先制作一个子菜单，做好效果后以此类推。对应的 HTML 代码如图 8-20 所示。

```html
<!--导航菜单部分-->
<ul class="nav">
    <li><a href="#"> 首页 </a></li>
    <li>
        <a href="#"> 解决方案 </a>
        <div class="sub-box">
            <ul class="sub-menu">
                <li><a href="#">乘用车</a></li>
                <li><a href="#">商业应用</a></li>
                <li><a href="#">储能系统</a></li>
                <li><a href="#">循环回收</a></li>
            </ul>
        </div>
    </li>
    <li><a href="#"> 研发 </a></li>
    <li><a href="#"> 新闻 </a></li>
    <li><a href="#"> 品牌 </a></li>
    <li><a href="#"> 关于我们 </a></li>
</ul>
```

图 8-20　一个子菜单的 HTML 代码

调整对应的 CSS 代码，如图 8-21 所示。

```css
/* 页头：级联菜单 */
.nav li .sub-box{width:100%; background-color:#fff;
    position: absolute; left:0px; top:80px;
    height:0;                           /* hover时让高度增加 */
    transition:height 0.2s;
    overflow:hidden;                    /* 预防元素溢出 */
}
.nav>li:hover>a{border-bottom:4px solid #0028aa;}
.nav li:hover .sub-box{border-top:2px solid #999; height:80px;}
.nav li:hover a{color:#333;}
.nav    .sub-menu {width: 500px;height:50px; margin:20px auto;}
.nav    .sub-menu li{float:left;width:100px;height:50px;line-height:50px; margin:0;}
```

图 8-21 子菜单的 CSS 代码

预览效果如图 8-22 所示，看看是否达到预期。

图 8-22 子菜单的预览效果

完成一个 <li> 容器的内部结构及样式后，以同样方法给"研发""新闻""品牌"和"关于我们"添加对应的 HTML 代码。

3. 语言选择区域的代码优化和搜索区域的设计思路

由于语言选择区域的容器面积与其他导航子菜单容器的面积不同，样式差异很大，再加上代码量有点多，因此建议不要采用复用样式，另外再声明一个新样式可能效率更高。

修改后的 HTML 代码如图 8-23 所示。

```html
<!-- 区域、语言及搜索-->
<div class="nav-bar-r">
    <span class="global"></span>        <!-- 地球图标 -->
    <div class="lang-box">
        <span class="lang">选择区域/语言</span>
        <div class="box100per">
            <dl class="box1400">
                <dt><h3>语言选择</h3></li>
                <dd><a href="#">汉语</a></dd>
                <dd><a href="#">英语</a></dd>
                <dd><a href="#">韩语</a></dd>
            </ul>
        </div>
    </div>
    <a></a>          <!-- 放大镜图标 -->
</div>
```

图 8-23 语言选择区域的 HTML 代码

对应的 CSS 代码如图 8-24 所示。

```css
/*页头：语言选择子菜单*/
.lang-box  .box100per{width:100%; background-color:#fff;
    position: absolute; left:0px; top:80px;
    height:0px;                    /* hover时让高度增加 */
    transition:height 0.2s;
    overflow:hidden;               /* 预防元素溢出 */
}
.lang-box:hover  .box100per{height:200px;}
.lang-box  .box1400 {width:1400px;height:150px; margin:20px auto;color: #333;}
.box1400  dd{ float: left; width: 150px; height:40px; line-height:40px; margin: 0 50px; }
#header .box1400  dd>a{font-size:20px;}
.nav-bar-r>i{display:inline-block; width:24px;height: 24px; margin-right:10px ;
    background: url("img/icon-homepage01.png") no-repeat 0 -96px;
    transform: rotate(180deg);
}
.nav-bar-r>a{display:inline-block; width:24px;height: 24px; float: right;
    background: url("img/icon-homepage01.png") no-repeat 0 -24px;}
```

图 8-24　语言选择区域的 CSS 代码

对于搜索区域的实现，停留在构思阶段就可以了，不要求完成对应效果。下面大体说一下设计思路：

思路一：按照前面子菜单项的做法进行设计。

思路二：使用 JavaScript 脚本，通过单击"搜索"的放大镜图标，将原来隐藏的子菜单容器显示出来。当然这需要了解相关知识，搜索关键词可以为"javascript 显示指定元素"，也可以简写成"js 显示指定元素"。

8.4.3　代码整理阶段

将辅助判定元素区域的背景色和边框去除，检查效果是否达成预期，然后将内部样式转为外联样式，并及时更新图片路径。

完整的 HTML 代码如图 8-25 所示。

```html
1  <!DOCTYPE html>
2  <html>
3      <head>
4          <meta charset="utf-8" />
5          <title>宁德时代</title>
6          <link rel="stylesheet" type="text/css" href="css/index.css">
7      </head>
8      <body>
9          <!--页头部分，含海报图-->
10         <div id="header">
11             <div class="nav-bar-box">        <!--交互时此处宽度要通栏，增加该容器控制背景色 -->
12                 <div class="nav-bar">        <!-- 导航及logo容器，整体居中显示，内部元素全部采用浮动 -->
13                     <h1 class="logo"><span>宁德时代</span></h1>
14                     <!--导航菜单部分-->
15                     <ul class="nav">
16                         <li><a href="#"> 首页 </a></li>
17                         <li>
18                             <a href="#"> 解决方案 </a>
19                             <div class="sub-box">
20                                 <ul class="sub-menu">
21                                     <li><a href="#">乘用车</a></li>
22                                     <li><a href="#">商业应用</a></li>
23                                     <li><a href="#">储能系统</a></li>
24                                     <li><a href="#">循环回收</a></li>
25                                 </ul>
26                             </div>
27                         </li>
```

图 8-25　完整的 HTML 代码

```html
28                <li>
29                    <a href="#"> 研发 </a>
30                    <div class="sub-box">
31                        <ul class="sub-menu">
32                            <li><a href="#">创新理念</a></li>
33                            <li><a href="#">前沿技术</a></li>
34                        </ul>
35                    </div>
36                </li>
37                <li><a href="#"> 新闻 </a></li>
38                <li>
39                    <a href="#"> 品牌 </a>
40                    <div class="sub-box">
41                        <ul class="sub-menu">
42                            <li><a href="#">技术品牌</a></li>
43                            <li><a href="#">服务品牌</a></li>
44                        </ul>
45                    </div>
46                </li>
47                <li>
48                    <a href="#"> 关于我们 </a>
49                    <div class="sub-box">
50                        <ul class="sub-menu">
51                            <li><a href="#">企业文化</a></li>
52                            <li><a href="#">企业战略</a></li>
53                            <li><a href="#">企业简介</a></li>
54                            <li><a href="#">加入我们</a></li>
55                        </ul>
56                    </div>
57                </li>
58            </ul>
59            <!-- 区域、语言及搜索 -->
60            <div class="nav-bar-r">
61                <span class="global"></span>         <!-- 地球图标 -->
62                <div class="lang-box">
63                    <span class="lang">选择区域/语言</span>
64                    <div class="box100per">
65                        <dl class="box1400">
66                            <dt><h3>语言选择</h3></li>
67                            <dd><a href="#">汉语</a></dd>
68                            <dd><a href="#">英语</a></dd>
69                            <dd><a href="#">韩语</a></dd>
70                        </ul>
71                    </div>
72                </div>
73                <a></a>            <!-- 放大镜图标 -->
74            </div>
75        </div>
76    </div>
77 </div>
78 <!-- 内容区 -->
79 <div id="content">
80     <h2>新闻  <a href="#"> <span>查看更多</span> </a> </h2>
81     <ul class="news">
82        <li>
83            <p>2024-7-27</p>
84            <p>2024半年财报,这些数字背后代表了什么? </p>
85            <a href="#">了解更多</a>
86            <div class="news-img"><img src="img/20240729201906_5tnjqsq1m1.jpg"></div>
87        </li>
88        <li>
89            <p>2024-7-17</p>
90            <p>宁德时代再度入选标普全球《可持续发展年鉴(中国版)》</p>
91            <a href="#">了解更多</a>
92            <div class="news-img"><img src="img/20240718144701_7jj30fpu64.jpg"></div>
93        </li>
```

图 8-25 完整的 HTML 代码(续)

```html
            <li>
                <p>2024-7-17</p>
                <p>绿色发展集团与宁德时代签署战略合作协议</p>
                <a href="#">了解更多</a>
                <div class="news-img"><img src="img/20240718144701_7jj30fpu64.jpg"></div>
            </li>
        </ul>
    </div>
    <!-- 页脚部分 -->
    <div id="footer">
        <div class="map">
            <div class="map-left">
                <h2><img src="img/logo 2.png"  alt="宁德时代"></h2>
                <span></span> <span></span>
            </div>
            <div class="map-right">
                <dl>
                    <dt>解决方案</dt>
                    <dd><a href="#"> 乘用车 </a></dd>
                    <dd><a href="#"> 商业应用 </a></dd>
                    <dd><a href="#"> 储能系统 </a></dd>
                    <dd><a href="#"> 循环回收 </a></dd>
                </dl>
                <dl>
                    <dt>研发</dt>
                    <dd><a href="#">创新理念 </a></dd>
                    <dd><a href="#">前沿技术 </a></dd>
                </dl>
                <dl>
                    <dt>品牌</dt>
                    <dd><a href="#">技术品牌 </a></dd>
                    <dd><a href="#">服务品牌 </a></dd>
                </dl>
                <dl>
                    <dt>关于我们</dt>
                    <dd><a href="#">企业文化 </a></dd>
                    <dd><a href="#">企业战略 </a></dd>
                    <dd><a href="#">企业简介 </a></dd>
                    <dd><a href="#">可持续发展 </a></dd>
                    <dd><a href="#">加入我们 </a></dd>
                </dl>
                <dl>     <!--注意这个 dl 元素没有 dt，各文字是该站常用链接的集合，并无从属关系-->
                    <dd><a href="#">新闻 </a></dd>
                    <dd><a href="#">制造 </a></dd>
                    <dd><a href="#">服务 </a></dd>
                    <dd><a href="#">投资者关系 </a></dd>
                    <dd><a href="#">联系我们 </a></dd>
                    <dd><a href="#">服务代理商申请 </a></dd>
                    <dd><a href="#">供应商入口 </a></dd>
                    <dd><a href="#">配套车型查询 </a></dd>
                </dl>
            </div>
        </div>
        <div class="cr-box">     <!--版权的背景色要实现通栏，加多一个父容器 -->
            <div class="copyright">
                <!-- &copy;是版权对应的字符 -->
                <p>Copyright &copy; 2020-2023 Contemporary Amperex Technology Co., Limited. All Rights Reserved.
                    闽ICP备14008486号-3   <i> </i>  闽公网安备 35090202000349号
                    <span><a href="#">隐私政策</a>  <a href="#">法律声明</a> <a href="#">除名查询</a></span>
                </p>
            </div>
        </div>
    </div>
</body>
</html>
```

图 8-25 完整的 HTML 代码（续）

最终 index.css 文件的样式代码如图 8-26 所示。

```css
1  /*---------通用样式---------*/
2  body,ul,li,h1,h2,dt,dl,dd {margin: 0; padding: 0;}
3  body{background-color:#eee;}
4  ul{list-style-type: none;}
5  a{font-size:14px; color: #333; text-decoration: none;}
6
7  /*---------页头区样式---------*/
8  #header {width:100%;height: 600px;
9      background:url("../img/20220304152112_njsovl96t5.jpg") no-repeat 50%  50%;}
10 #header .nav-bar-box { background-color:rgba(0,0,0,0.3); }
11 #header .nav-bar { width:1400px; height:40px;margin:0 auto;
12     padding-top:30px; }
13 .nav-bar .logo{width:210px; height:25px; float: left;
14     background:url("../img/logo-1.png") no-repeat  0 0 / 210px 25px;
15 }
16 .nav-bar .logo>span{display: none;}
17 .nav-bar .nav{width:600px; height:60px; float:left; margin-left:200px;}
18 .nav-bar .nav li{float:left; margin:0 20px; height:60px ; }
19 .nav-bar .nav a{font-size:20px;display:block;color: #fff;
20     height:30px;            /*适当增加响应区域大小 */
21 }
22 .nav-bar .nav-bar-r{width:220px;height:25px; float: right;}
23 .nav-bar-r .global{ display:inline-block; width:24px;height: 24px; float: left;
24     background: url("../img/icon-homepage01.png") no-repeat;}
25 .nav-bar-r .lang-box{ display:inline-block; margin:0 10px; height:60px; line-height:24px;
26     color: #fff; float: left; }
27 /*页头: 语言选择子菜单*/
28 .lang-box  .box100per{width:100%; background-color:#fff;
29     position: absolute; left:0px; top:80px;
30     height:0px;                      /* hover时让高度增加 */
31     transition:height 0.2s;
32     overflow:hidden;              /* 预防元素溢出 */
33 }
34 .lang-box:hover  .box100per{height:200px;}
35 .lang-box  .box1400 {width:1400px;height:150px; margin:20px auto;color: #333;}
36 .box1400  dd{ float: left; width: 150px; height:40px; line-height:40px; margin: 0 50px; }
37 #header .box1400  dd>a{font-size:20px;}
38 .nav-bar-r>i{display:inline-block; width:24px;height: 24px; margin-right:10px ;
39     background: url("../img/icon-homepage01.png") no-repeat 0 -96px;
40     transform: rotate(180deg);
41 }
42 .nav-bar-r>a{display:inline-block; width:24px;height: 24px; float: right;
43     background: url("../img/icon-homepage01.png") no-repeat 0 -24px;}
44 /* 页头: 光标悬浮菜单时, 状态变化*/
45 #header .nav-bar-box{position:fixed; top:0px; width:100%; }
46 #header .nav-bar-box:hover { background-color:#fff; }
47 .nav-bar-box:hover .logo{ background:url("../img/logo-2.png") no-repeat  0 0 / 210px 25px;}
48 .nav-bar-box:hover a, .nav-bar-box:hover span { color:#333; }
49 .nav-bar-box:hover .global{background: url("../img/icon-homepage02.png"); }
50 .nav-bar-box:hover .nav-bar-r>a {background: url("../img/icon-homepage02.png") no-repeat 0 -24px;}
51 /* 页头: 级联菜单 */
52 .nav li .sub-box{width:100%; background-color:#fff;
53     position: absolute; left:0px; top:80px;
54     height:0;                       /* hover时让高度增加 */
55     transition:height 0.2s;
56     overflow:hidden;              /* 预防元素溢出 */
57 }
58 .nav>li:hover>a{border-bottom:4px solid #0028aa;}
59 .nav li:hover .sub-box{border-top:2px solid #999; height:80px;}
```

图 8-26　index.css 文件的样式代码

```css
60    .nav li:hover a{color:#333;}
61    .nav  .sub-menu {width: 500px;height:50px; margin:20px auto;}
62    .nav  .sub-menu li{float:left;width:100px;height:50px;line-height:50px; margin:0;}
63
64    /*---------主内容区样式---------*/
65    #content{ width:1400px;height:700px;margin: 0 auto;background-color: #fff;}
66    #content>h2{ padding:50px; margin-bottom:2px; border-bottom: 2px solid #eee;}
67    #content>ul{ height:500px;
68        width:fit-content;        /* fit-content 根据内容宽度自适应容器的宽度 */
69        margin: 40px auto;
70    }
71    #content>ul li{ width:410px;height:500px;margin:0 27px; float: left;}
72    #content>h2 a{display: inline-block; float: right;margin-top:10px;}
73    #content>h2 span::after{
74        display:inline-block; content:" >> ";
75        font-size:14px; width:24px; height:24px; color: #999; margin-left:10px;
76        transform: scaleY(1.5);      /* 把 >字符在垂直方向拉长点，美观一些 */
77    }
78    #content>h2 a{color:#666;}
79    #content>h2 a:hover span::after{color:#0028aa;}
80    .news p:nth-child(1){padding-left:24px; background:url("../img/icon-homepage01.png") no-repeat 0 -72px;
81        color: #0028aa;}
82    .news p{height:50px;}
83
84    .news li:hover{ box-shadow:25px 0px 20px -10px #999;}      /* box-shadow元素加阴影: x轴偏移量25px，
85                y轴偏移量 0，模糊半径 20px，扩散半径-10px (内缩)，阴影颜色      */
86    .news li>a{display:block;width:160px;height:60px;background-color: #0028aa;color:#fff;
87        border-radius:30px; line-height:60px; font-size:16px;text-align: center;
88        border:1px solid #fff;      /*若不预先设置，hover时下面图片有1px的位移 */
89        transition: background-color 1s;
90        -webkit-transition: background-color 1s;    /* 兼容Chrome, Safari */
91        -moz-transition: background-color 1s;       /* 兼容Firefox */
92        -ms-transition: background-color 1s;        /* 兼容IE */
93    }
94    .news li>a:hover{color: #0028aa; background-color:#fff; border:1px solid #0028aa;}
95    .news .news-img {margin-top:40px;}
96    .news .news-img img{ width:340px;height:200px;}
97
98    /*---------页脚区样式---------*/
99    #footer{ width:100%;height:560px; background-color: #fff; border-top:2px solid #999; margin-top:50px;
100       overflow: hidden;}
101   #footer .map{width:1300px; height:380px; margin: 0 auto; background-color:#fff; padding:50px;}
102   .map .map-left{width: 300px;height:300px;float:left; }
103   .map .map-right{width:900px;height:350px;float:right; }
104   .map-left>h2{margin-bottom:100px;}
105   .map-left>h2 img{width:210px; height: 25px;}
106   .map-left>span{width:40px; height: 35px; display:inline-block;margin-right:30px;}
107   .map-left>span:nth-child(2){background: url("../img/weibo.png") no-repeat;}
108   .map-left>span:nth-child(3){background: url("../img/weixin.png") no-repeat;}
109   .map-right dl{width:160px;float: left; margin:0 10px;}
110   .map-right dt{ font-size:16px; color: #666; font-weight: bold; line-height:36px;}
111   .map-right dd a{ font-size:14px; color: #999; line-height:36px;}
112   .map-right dl:nth-last-child(1) a{ color: #333; font-weight: bold; }
113   .map-right dd a:hover{ color:#0028aa;}
114   .cr-box{height:70px; background-color: #0028aa; line-height: 70px;}
115   .copyright{ width: 1400px;height:60px; margin: 0 auto;}
116   .copyright , .copyright  a{color: #fff; font-size: 12px; }
117   .copyright i{ display: inline-block; width:24px;height: 24px;
118       background:url("../img/gongan.png") no-repeat; position:relative; top:10px; left:4px ;}
119   .copyright span{display: inline-block; float: right;}
120   .copyright a{margin:10px;}
121   .copyright a:hover{color:#ccc;}
```

图 8-26　index.css 文件的样式代码（续）

8.5 设计一级栏目页面

完成首页后,一级栏目页的设计就容易多了,毕竟页面中工作量大的页头、页脚与首页代码相同,只需要把内容区完成即可。

8.5.1 准备工作

本节的目标是完成宁德时代官网的新闻栏目页。先登录对应页面观察页面效果,如图 8-27 所示。

图 8-27　新闻栏目页效果

将所需的图片、图标保存到 news 文件夹下的 img 文件夹中,如图 8-28 所示。

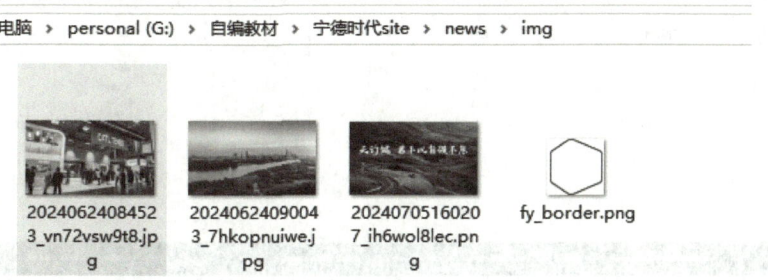

图 8-28　新闻栏目页所需的图片、图标

8.5.2 复用首页中有用的代码及样式

在 HBuilder 中把 index.html 的代码全部复制到 news.html，保留页头、页脚区的代码，删除内容区对应的 HTML 代码。

由于内容区的布局版面完全不同，如果内容区的容器依然命名为 content，通过外部样式表势必会把首页的 content 样式激活，所以需要将该页面的内容区容器 class 名称改成 content-news。此外，还需要修改外部样式表的路径。

修改后的 HTML 代码（部分代码已折叠）如图 8-29 所示。

```
 2  <html>
 3    <head>
 4      <meta charset="utf-8" />
 5      <title>宁德时代-新闻</title>
 6      <link rel="stylesheet" type="text/css" href="../css/index.css"/>
 7    </head>
 8    <body>
 9      <!--页头部分，含海报图-->
10      <div id="header"> ... </div>
78      <!-- 内容区 -->
79      <div id="content-news">
80
81      </div>
82      <!-- 页脚部分 -->
83      <div id="footer"> ... </div>
137    </body>
138  </html>
```

图 8-29 代码复用

文件保存后，运行的预览效果如图 8-30 所示。

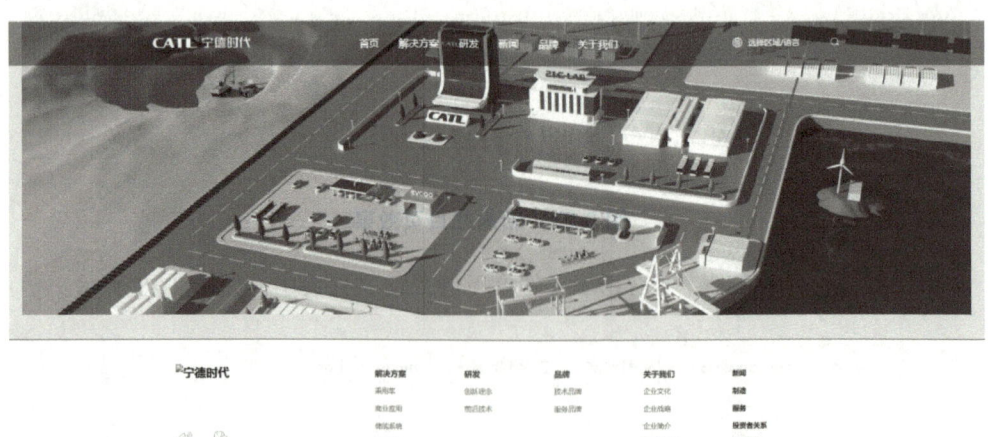

图 8-30 代码复用的预览效果

8.5.3 更新海报区代码

由于 index.css 外部样式表保留了海报区背景图的样式设定，而一级页面海报区的元素、布局却发生变化，因此必须在一级页面 news.html 中写上同样名称的内部样式，覆盖 index.css 文件中海报区的外联样式。

1）在 index.css 文件中找到包含海报图的 #header 样式，如图 8-31 所示，将这块代码复制到 news.html 文件中的 \<style\> 标签内部。

```
news.html      index.css
1   /*---------通用样式---------*/
2   body,ul,li,h1,h2,dt,dl,dd {margin: 0; padding: 0;}
3   body{background-color:#eee;}
4   ul{list-style-type: none;}
5   a{font-size:14px; color: #333; text-decoration: none;}
6
7   /*---------页头区样式---------*/
8   #header {width:100%;height: 600px;
9       background:url("../img/20220304152112_njsovl96t5.jpg") no-repeat 50% 50%;}
10  #header .nav-bar-box { background-color:rgba(0,0,0,0.3); }
```

将 index.css 对应的海报背景图样式复制到 news.html

图 8-31 复制样式

2）修改背景图路径及背景图的尺寸大小，如图 8-32 所示，并预览效果。

```
<style type="text/css">
    #header {width:100%;height: 600px;
        background:url("img/20200814195054_qas9cos2kg.jpg") no-repeat 50% 50% /2000px 600px;   }
</style>
```

图 8-32 修改背景图相关属性

3）在海报上添加"新闻"标题，然后加上"首页 > 新闻"导航文字，这个导航俗称"面包屑导航"。

先折叠主导航对应的 HTML 代码，看清楚代码在什么位置终止，然后在它后方添加一个兄弟容器，如图 8-33 和图 8-34 所示。

```
<!--页头部分，含海报图-->
<div id="header">
    <div class="nav-bar-box">    <!--交互时此处宽度要通栏，增加该容器控制背景色-->    ...
    </div>
<!-- 内容区 -->
<div id="content-news">
```

折叠主导航代码块

还需一个容器用于居中显示，光标落在此行行首，按 \<Enter\> 键产生新行

图 8-33 折叠主导航 HTML 代码

```
<div id="header">
    <div class="nav-bar-box">    <!--交互时此处宽度要通栏，增加该容器控制背景色-->    ...
        <!--海报的文字-->
        <div class="banner-word">
            <h3>新闻</h3>
            <p class="bread-nav">
                <a href="../index.html">首页</a>
                <i> > </i>
                <a href="../news/news.html">新闻</a>
            </p>
        </div>
</div>
```

图 8-34 添加兄弟容器

对应的 CSS 代码如图 8-35 所示。

```
<style type="text/css">
    #header {width:100%;height: 600px;
        background:url("img/20200814195054_qas9cos2kg.jpg") no-repeat 50% 50% /2000px 600px; }
    #header .banner-word{
        width:1400px; height:340px; margin: 0 auto; position:relative;top:240px;
    }
    .banner-word h3{font-size:80px;color: #fff; margin:0 0 200px 0; }
    .bread-nav a, .bread-nav i{ font-size: 14px; color:#fff}
</style>
```

图 8-35　海报区 CSS 代码

4）保存文件后，预览效果如图 8-36 所示。

图 8-36　海报区的预览效果

8.5.4　内容区的设计

1）老规矩，先完成容器大体布局。对应的 HTML 代码如图 8-37 所示。

对应的 CSS 代码如图 8-38 所示。

2）先给第一个 <li> 容器添加元素，完成效果后再给其他 <li> 容器添加相同内容。先复制完整的第一个 <li> 容器对应的代码，再修改图片及文字内容，提高代码编写效率。第一个 <li> 容器的 HTML 代码如图 8-39 所示。

对应的 CSS 代码如图 8-40 所示。

保存文件后，运行的预览效果如图 8-41 所示。

3）制作图片区域的交互效果。<li> 元素底部有一条灰色细线，光标移动到 <li> 元素上方时，容器底部灰色细线上方出现一条位置重叠的蓝色细线，蓝色细线沿用常见的读取进度条效果，宽度从 0 变化到 100%。

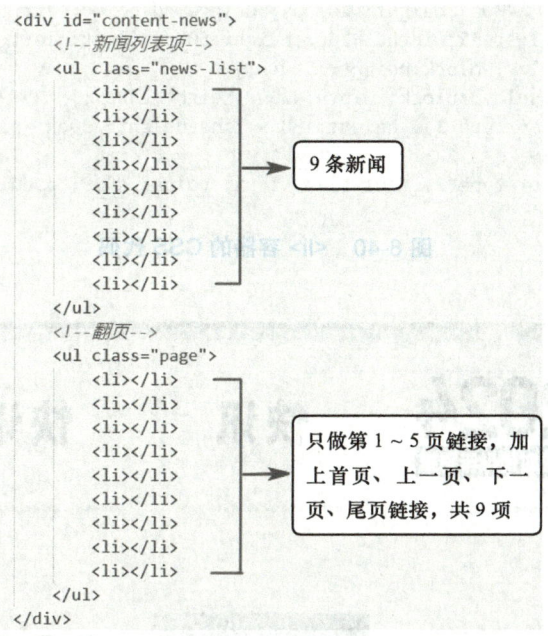

```
<div id="content-news">
    <!--新闻列表项-->
    <ul class="news-list">
        <li></li>
        <li></li>
        <li></li>
        <li></li>
        <li></li>
        <li></li>
        <li></li>
        <li></li>
        <li></li>
    </ul>
    <!--翻页-->
    <ul class="page">
        <li></li>
        <li></li>
        <li></li>
        <li></li>
        <li></li>
        <li></li>
        <li></li>
        <li></li>
        <li></li>
    </ul>
</div>
```

9 条新闻

只做第 1~5 页链接，加上首页、上一页、下一页、尾页链接，共 9 项

图 8-37　内容区的 HTML 代码

```
/*内容区样式*/
#content-news{width: 1400px;height: 2000px;background-color: #fff;margin: 0 auto;}
#content-news .news-list li{width: 426px;height:500px;float: left;margin: 10px 20px;
    background-color:orange;}
```

图 8-38　内容区的 CSS 代码

```
<div id="content-news">
    <!--新闻列表项-->
    <ul class="news-list">
        <li>
            <a href="#">
                <img src="img/20240729201906_5tnjqsq1m1.jpg">
                <p>2024半年财报，这些数字背后代表了什么？</p>
                <p>2024-7-10</p>
            </a>
        </li>
        <li> ... </li>
        <li> ... </li>
        <li> ... </li>
        <li> ... </li>
        <li> ... </li>
        <li> ... </li>
        <li> ... </li>
        <li> ... </li>
    </ul>
```

响应区域是整个 <li> 元素面积

图 8-39　第一个 <li> 容器的 HTML 代码

```
/*内容区样式*/
#content-news{width: 1400px;height: 2000px;background-color: #fff;margin:40px auto;}
#content-news .news-list li{width: 426px;height:500px;float: left;margin: 10px 20px;}
.news-list li>a{display: block;height: 500px;}
.news-list li img{display: block; width:426px;height:280px;}
.news-list li p:nth-of-type(1){ height:130px;line-height: 30px; padding:0 20px; font-size: 16px;}
.news-list li p:nth-of-type(2){font-size: 14px; color: #999; padding:0 20px;}
```

图 8-40 <li> 容器的 CSS 代码

图 8-41 内容区的预览效果

实现的思路分析：

思路一：如果采用 <li> 元素设置下边框的方式，在 hover 状态时改变为蓝色。这种方式虽然能使颜色从灰色过渡到蓝色，但无法做到蓝色宽度一点点增加的动态效果。如果仍想采用设置下边框的做法，可以搜索相关案例，明确边框能否支持渐变，渐变色样式是否支持 transition 过渡效果。

思路二：给 <li> 添加一个父容器，父容器高度比 <li> 容器高度多 1px。但是这个做法无疑会破坏现阶段的 HTML 结构，即便可行也不划算。

思路三：用并列的两个 1px 高的空白容器，一个灰色背景色，一个蓝色背景色，它们采用绝对定位方式实现位置的重叠，在 hover 状态时把蓝色容器显示出来，并将 width 属性做一个过渡效果。

综合考虑，采用思路三的方式最简单有效。对应的 CSS 代码如图 8-42 所示。

```css
/*内容区样式*/
#content-news{width: 1400px;height: 2000px;background-color: #fff;margin:40px auto;}
#content-news .news-list li{width: 426px;height:500px;float: left;margin: 10px 20px;
    position: relative;}
.news-list li>a{display: block;height: 500px;}
.news-list li img{display: block; width:426px;height:280px;}
.news-list li p:nth-of-type(1){ height:130px;line-height: 30px; padding:0 20px;
    font-size: 16px;}
.news-list li p:nth-of-type(2){font-size: 14px; color: #999; padding:0 20px;}
.news-list li:hover{box-shadow:0 0 30px 10px #eee; }
/* box-shadow元素加阴影:x轴偏移量 0,y轴偏移量 0,模糊半径 30px,扩散半径 10px,阴影颜色 */
.news-list li a::after{display: block; content: "";width: 100%;height: 1px;
    background-color: #999; position: absolute;bottom: 0;}
/* 每个元素只能有一个::after和一个::before,不能使用::after连续在后面创建2个伪元素 */
.news-list li a::before{display: block; content: "";width: 0%;height: 1px;
    background-color: #0028aa; position: absolute;bottom: 0; z-index:2;
    transition: width 0.8s;
}
.news-list li:hover a::before{width: 100%;}
```

图 8-42 思路三的 CSS 代码

预览网页后,新闻区域的 <li> 元素的交互效果符合预期。

此外发现页头顶部导航虽然固定定位在顶部,但是在滚屏时,下方的图片内容会覆盖到导航栏上。这个异常可能是由于主内容区的个别元素采用定位技术后被分配了一个较大的 z-index 值。

在样式中声明顶部导航容器的 z-index 属性,设置一个足够大的数值(通常采用 999、9999),如图 8-43 所示。

```css
<style type="text/css">
    #header .nav-bar-box{z-index:9999;}
    #header {width:100%;height: 600px;
        background:url("img/20200814195054_qas9cos2kg.jpg") no-repeat 50% 50% /2000px 600px; }
```

图 8-43 设置 z-index 值

到此,新闻列表项的效果就完成了。

4)接下来制作页码区域,效果如图 8-44 所示。

图 8-44 页码区效果

对应的 HTML 代码如图 8-45 所示。

初步编写图 8-46 所示的样式,预览后发现出现异常,如图 8-47 所示。

> **提问:**
> 是什么原因导致页码区域容器跑到 content-news 容器的顶部?

```
<!-- 内容区 -->
<div id="content-news">
    <!--新闻列表项-->
    <ul class="news-list">  ...
    <!--页码区-->
    <ul class="page">
        <li><a href> << </a></li>
        <li><a href> < </a></li>
        <li><a href> 1 </a></li>
        <li><a href> 2 </a></li>
        <li><a href> 3 </a></li>
        <li><a href> 4 </a></li>
        <li><a href> 5 </a></li>
        <li><a href> > </a></li>
        <li><a href> >> </a></li>
    </ul>
</div>
```

图 8-45　页码区的 HTML 代码

```
/*内容区：页码部分*/
.page{ width:800px; height:40px;margin:100px auto; background-color:orange;}
/* 查看得知页码底图的图片尺寸为40px */
.page li{float:left;}
```

图 8-46　页码区的 CSS 代码

图 8-47　异常的预览效果

解决方式如下：在内容区样式中，增加图 8-48 所示的一行代码。为容器设置合理的高度值后异常消失。这个小插曲告诉我们，给容器设置合适的高度是非常有必要的。

```
16      /*内容区样式*/
17      #content-news{width: 1400px;height: 2000px;background-c
18      #content-news .news-list {height:1700px;}
19      #content-news .news-list li{width: 426px;height:500px;f
```

图 8-48　设置容器高度

对应的 CSS 代码如图 8-49 所示。

```
/*内容区：页码部分*/
.page{ width:540px; height:40px;margin:100px auto;}
/* 查看得知页码底图的图片尺寸为40px */
.page li{float:left; width:40px; height:40px; line-height:40px;text-align:center;
    margin:0 10px;}
.page li>a{display:block; font-size:18px; font-family:Arial; color: #666;}
.page li>a:hover {color: #0028aa; }
.page li:nth-of-type(1) a{display: none;}
.page li:nth-of-type(2) a{display: none;}
.page li:nth-of-type(3) {background:url("img/fy_border.png") ;}
```

图 8-49　修改后的 CSS 代码

保存文件后，运行的预览效果如图 8-50 所示。

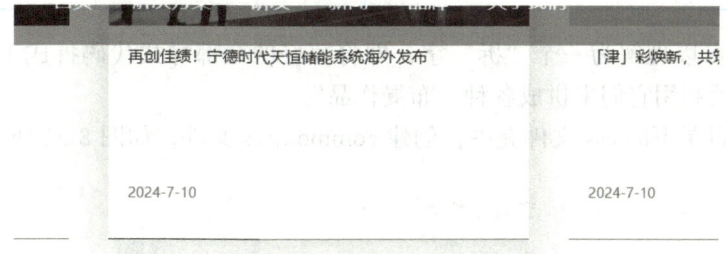

图 8-50　解决异常后的预览效果

8.5.5　CSS 代码的整理及样式表外联

1）去除 CSS 样式中的辅助边框、背景底色，调整 \<body\> 容器背景色为白色，代码如图 8-51 所示。

```
<link rel="stylesheet" type="text/css" href="../css/index.css"/>
<style type="text/css">
    body{background-color: #fff;}        /* 内置样式的优先级 > 外联样式 */
```

图 8-51　调整 CSS 代码

2）考虑到有些布局样式在其他页面中也可以派上用场，将部分样式转到外部样式表文件中。例如，新闻列表项的样式可能极少有机会在其他栏目中重复出现，可以不考虑代码复用。再例如页码区域样式，只要页面存在需要翻页的情况，像"解决方案""品牌"这些子页面数量较多的栏目，就可以考虑采用同样的页码区域样式。

这么理解的话，页码区域样式就可以成为"公共"样式。在许多网站中，会采用 common.css 文件来存储公共样式。另外也可以采用表 8-1 所示的分类，将需要复用的代码存储到不同的样式文件中。

表 8-1 常见外部样式表

用途	文件名称	用途	文件名称
主要的样式表	master.css	布局，版面	layout.css
专栏	columns.css	文字	font.css
打印样式	print.css	主题	themes.css

代码复用可以理解为一个"拆"字，即将写好的全部样式代码拆成不同规格的"积木"组件，然后利用它们来拼成各种"布局作品"。

在站点根目录下的 css 文件夹中，创建 common.css 文件，如图 8-52 所示。

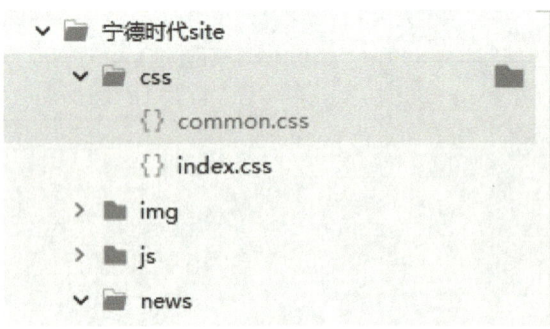

图 8-52　创建 common.css 文件

把页码区域样式复制到 common.css 文件中，并更新图片路径，代码如图 8-53 所示。

```
1  /*内容区：页码部分*/
2  .page{ width:540px; height:40px;margin:100px auto;}
3  /* 查看得知页码底图的图片尺寸为40px */
4  .page li{float:left; width:40px; height:40px; line-height:40px;text-align:center;
5       margin:0 10px;}
6  .page li>a{display:block; font-size:18px; font-family:Arial; color: #666;}
7  .page li>a:hover {color: #0028aa; }
8  .page li:nth-of-type(1) a{display: none;}
9  .page li:nth-of-type(2) a{display: none;}
10 .page li:nth-of-type(3) {background:url("../news/img/fy_border.png") ;}
11
```

更新图片路径

图 8-53　更新图片路径

3）在 news.html 文件中追加一条链接指向 common.css，代码如图 8-54 所示。

```html
news 阶段4-内容区 - 页码区.html
1  <!DOCTYPE html>
2  <html>
3      <head>
4          <meta charset="utf-8" />
5          <title>宁德时代-新闻</title>
6          <link rel="stylesheet" type="text/css" href="../css/index.css"/>
7          <link rel="stylesheet" type="text/css" href="../css/common.css"/>
8          <style type="text/css">
```

图 8-54　增加样式表链接

4）保存所有文件，检查运行后的预览效果是否达到预期。最终 news.html 的内部样式如图 8-55 所示。

```css
<style type="text/css">
    body{background-color: #fff;}          /* 内置样式的优先级 > 外联样式 */
    #header .nav-bar-box{z-index:9999;}
    #header {width:100%;height: 600px;
        background:url("img/20200814195054_qas9cos2kg.jpg") no-repeat 50% 50% /2000px 600px; }
    #header .banner-word{
        width:1400px; height:340px; margin: 0 auto; position:relative;top:240px;
    }
    .banner-word h3{font-size:80px;color: #fff; margin:0 0 200px 0; }
    .bread-nav a, .bread-nav i{ font-size: 14px; color:#fff}
    /*内容区样式*/
    #content-news{width: 1400px;height: 2000px;background-color: #fff;margin:40px auto;}
    #content-news .news-list {height:1700px;}
    #content-news .news-list li{width: 426px;height:500px;float: left;margin: 10px 20px;
        position: relative;}
    .news-list li>a{display: block;height: 500px;}
    .news-list li img{display: block; width:426px;height:280px;}
    .news-list li p:nth-of-type(1){ height:130px;line-height: 30px; padding:0 20px;
        font-size: 16px;}
    .news-list li p:nth-of-type(2){font-size: 14px; color: #999; padding:0 20px;}
    .news-list li:hover{box-shadow:0 0 30px 10px #eee; }
    /* box-shadow元素加阴影：x轴偏移量 0, y轴偏移量 0, 模糊半径 30px, 扩散半径 10px, 阴影颜色 */
    .news-list li a::after{display: block; content: "";width: 100%;height: 1px;
        background-color: #999; position: absolute;bottom: 0;}
    /* 每个元素只能有一个::after和一个::before，不能使用::after连续在后面创建2个伪元素 */
    .news-list li a::before{display: block; content: "";width: 0%;height: 1px;
        background-color:#0028aa; position: absolute;bottom: 0; z-index:2;
        transition: width 0.8s;}
    }
    .news-list li:hover a::before{width: 100%;}
</style>
```

图 8-55　news.html 的内部样式

common.css 文件的代码如图 8-56 所示。

```
1  /*内容区：页码部分*/
2  .page{ width:540px; height:40px;margin:100px auto;}
3  /* 查看得知页码底图的图片尺寸为40px */
4  .page li{float:left; width:40px; height:40px; line-height:40px;text-align:center;
5      margin:0 10px;}
6  .page li>a{display:block; font-size:18px; font-family:Arial; color: #666;}
7  .page li>a:hover {color: #0028aa; }
8  .page li:nth-of-type(1) a{display: none;}
9  .page li:nth-of-type(2) a{display: none;}
10 .page li:nth-of-type(3) {background:url("../news/img/fy_border.png") ;}
```

图 8-56 common.css 文件的代码

8.6 设计详情页布局

本节的目标是完成宁德时代官网新闻栏目页其中的一个页面，如图 8-57 所示。先登录对应页面观察页面效果，同时将所需的图片、图标保存到 news 文件夹的 img 文件夹中。

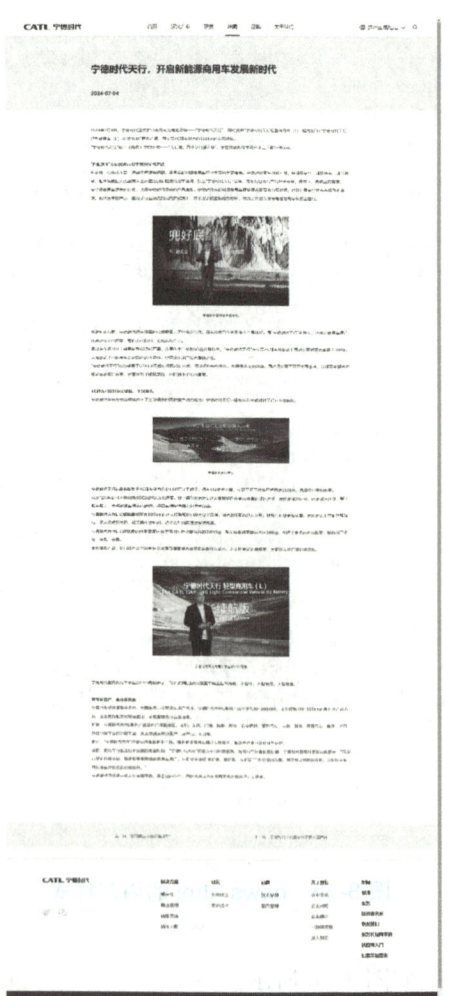

图 8-57 新闻详情页

观察到详情页的海报区没有嵌入图片，反而是文章的标题和日期放在原来海报区的位置上。从结构的角度出发，不能认为"只是将背景图取消，文章标题和日期放在页头的容器内"，这样处理的话，在内容区容器的文章岂不是没有标题？

8.6.1 复用首页中的相关代码

在 HBuilder 项目管理器中，在 news 文件夹下新建一个名为 news-2024-0001.html 的文件，把 index.html 的代码复制到该文件中，得到页头、页脚区域的布局效果。

修改 <title> 标签内容和 CSS 样式表路径，并删除内容区的代码，如图 8-58 所示。

```
news-2024-0001.html        index.css
1    <!DOCTYPE html>
2    <html>
3        <head>
4            <meta charset="utf-8" />
5            <title>宁德时代天行，开启新能源商用车发展新时代</title>
6            <link rel="stylesheet" type="text/css" href="../css/index.css">
7        </head>
8        <body>
9            <!--页头部分，含海报图-->
10           <div id="header">  ...
78           <!-- 内容区 -->
79           <div id="content">
80
81           </div>
82           <!-- 页脚部分 -->
83           <div id="footer">  ...
137      </body>
138  </html>
```

图 8-58　代码复用

8.6.2 页头区的设计

建议同时打开 index.css 文件，可以快速查找目标样式，也可以快速复制到正在编写的 HTML 文件中。两个文件同时打开的界面及复用 logo 元素样式的操作如图 8-59 所示。

```
* news-2024-0001.html       index.css
10  #header .nav-bar-box { background-color:rgba(0,0,0,0.3); }
11  #header .nav-bar { width:1400px; height:40px;margin:0 auto;
12      padding-top:30px; }
13  .nav-bar .logo{width:210px; height:25px; float: left;
14      background:url("../img/logo-1.png") no-repeat 0 0 / 210px 25px;
15  }
16  .nav-bar .logo>span{display
```
复制这块代码到 news-2024-0001.html

图 8-59　两个文件同时打开的界面及复用 logo 元素样式的操作

预览文件后，发现在导航栏容器的底色为白色的情况下，logo 图片不可见。正确的情况下，logo 对应图片应默认是蓝色的。

在 news-2004-0001.html 文件中修正图片的路径，如图 8-60 所示。

```
news-2024-0001.html    index.css
 4      <meta charset="utf-8" />
 5      <title>宁德时代天行，开启新能源商用车发展新时代</title>
 6      <link rel="stylesheet" type="text/css" href="../css/index.css"/>
 7      <style type="text/css">
 8          body{background: #fff;}
 9          #header {background: #eee   none;}
10          #header .nav-bar-box { background-color:#fff; }
11          #header .nav-bar a{color: #666;}
12          .nav-bar .logo{ width:210px; height:25px; float: left;
13              background:url("../img/logo-2.png") no-repeat  0 0 / 210px 25px;
14          }
15      </style>
16  </head>
```

> 此处标注的属性可以删除，删除后也能从 index.css 取得相关属性

> 将背景图 logo-1 改为 logo-2，background 属性内部的其他属性值不能删除

图 8-60　修正背景图路径

不断修改样式并浏览运行效果，最终确定导航栏的 CSS 代码，如图 8-61 所示。

```
<style type="text/css">
    body{background: #fff;}
    /*  页头区  */
    #header {background: #eee   none; height:90px;}
    #header .nav-bar-box { background-color:#fff; }
    #header .nav-bar a{color: #666;}
    .nav-bar .logo{ background:url("../img/logo-2.png") no-repeat  0 0 / 210px 25px; }
    .nav-bar-r .global{ background: url("../img/icon-homepage02.png") no-repeat;}
    .nav-bar-r .lang-box{color:#333; }
    .nav-bar-r>a{ background: url("../img/icon-homepage02.png") no-repeat 0 -24px;}

</style>
```

图 8-61　最终导航栏的 CSS 代码

8.6.3　内容区容器的布局

将内容区的容器 id 命名为 content-detail，搭建对应的基本结构，代码如图 8-62 所示。

```
<body>
    <!--页头部分，含海报图-->
    <div id="header"> ... </div>
    <!-- 内容区 -->
    <div id="content-detail">
        <!-- 文章标题、日期  -->
        <h3></h3>
        <!-- 文章文字内容  -->
        <div class="detail">


        </div>
        <!-- 上下文 -->
        <div class="page">


        </div>
    </div>
```

图 8-62　内容区的基本结构

编写初步的 CSS 代码，如图 8-63 所示。

```
/*  主内容区  */
#content-detail{width:100%; height: 2000px;}
#content-detail>h3{width:100%; height:200px;background-color: #eee;}
#content-detail   .detail{width: 1400px;height:1700px; margin:0 auto; background-color:#eeaaaa;}
#content-detail   .page{width:1400px;height:100px;margin:0 auto; background-color:#aaeeee;}
```

图 8-63　初步的 CSS 代码

预览效果如图 8-64 所示。

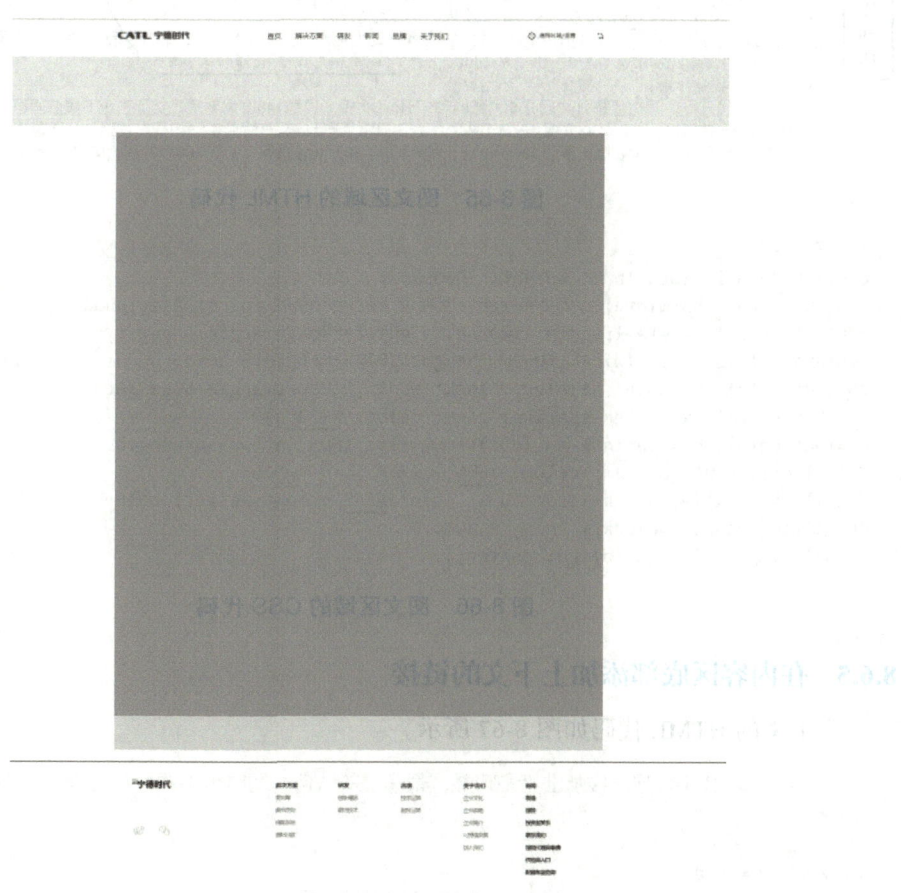

图 8-64　初步的预览效果

8.6.4　在内容区添加图文混排内容

该详情页的布局还算简单，不像门户网站的文章详情页那样包含了大量的外部链接、各种分享图标、大堆的友情链接，只需要定义文章标题、发布日期、小节标题、图片、图片标注等元素的样式。

先编写对应的 HTML 代码，如图 8-65 所示。

编写对应的 CSS 代码，如图 8-66 所示。

```
<!-- 内容区 -->
<div id="content-detail">
    <!-- 文章标题、日期 -->
    <h3><span>宁德时代天行，开启新能源商用车发展新时代</span><span>2024-07-04</span></h3>
    <!-- 文章文字内容 -->
    <div class="detail">
        <p>2024年7月4日，宁德时代正式推出商用动力电池品牌——"宁德时代天行"，同时发布"宁德时代天行轻型商用车(L)-超充版"</p>
        <p>"宁德时代天行"取自《周易》中的名句——"天行健，君子以自强不息"，意在致敬商用车用户和上下游合作伙伴。</p>
        <p class="sub-title">"四超技术"为新能源商用车发展保驾护航</p>
        <p>补能慢、综合成本高、运输里程短等问题，是目前新能源商用车行业发展的主要痛点。宁德时</p>
        <p>安全是商用车运营的红线，也是宁德时代坚守的产品底线，宁德时代在新能源商用车领域拥有</p>
        <img src="img/20240705161330_s7ge81p3wo.jpg" width="700" height="500">
        <p class="img-title">宁德时代首席科学家吴凯</p>
        <p>快速补能方面，宁德时代拥有深厚的技术积累，历经多次迭代，超充技术已经普及多个产品体</p>
        <p>通过在负极材料上采用新型低锂耗石墨、应用仿生自修复SEI钝化膜技术，"宁德时代天行"</p>
        <p>"宁德时代天行"电池采用了CTP3.0无模极限组技术，通过拓扑结构优化，大幅提升成组效率，同时实现了双层大面液</p>
        <p class="sub-title">4C超充+500km 长续航，全球领先</p>
        <p>宁德时代首先在物流领域推出了全球领先的两款量产动力电池：宁德时代天行L-超充版和宁德时代天行L-长续航版。</p>
        <img src="img/20240705161413_6ksy6wudu0.jpg" width="700" height="300">
        <p class="img-title">宁德时代天行产品</p>
        <p>宁德时代天行L-超充版兼具4C超充能力和8年80万km质保，拥有140度大电量，实际工况下续航里程可达350km，远超行业平</p>
        <p>仅需12分钟即可补能60%SOC的超快充电速度，让宁德时代天行L-超充版能够适应更加灵活的货运需求，无论是城郊运输，还</p>
        <p>宁德时代天行L-长续航版则兼具500km的超长续航和8年80万km质保，拥有200度的超大电量，让驾车运货更加从容；无论是</p>
```

小节标题

图片标注

因图片尺寸不统一，没必要使用样式定义宽高，采用标签的宽高属性即可

图8-65 图文区域的 HTML 代码

```
/*  主内容区  */
#content-detail{width:100%; height: 3900px; }
#content-detail>h3{width:100%; height:300px;background-color: #eee;padding-top:80px ;}
#content-detail    .detail{width: 1000px;height:3400px; margin:0 auto;}
#content-detail    .page{width:1000px;height:100px;margin:0 auto; border: 1px solid green;}
#content-detail>h3>span{ display: block; width:1000px;margin:50px auto;
      font-size:30px;letter-spacing:0.4em; color: #333; }
#content-detail>h3>span:nth-child(2){font-size:18px;letter-spacing:0.4em; color: #666; }
.detail p{line-height:2em; color: #666;}
.detail .sub-title{padding-top: 50px; color:#333 ; font-weight: bolder; }
.detail>img{display:block;margin: 0 auto;}
.detail .img-title{text-align: center;}
```

图8-66 图文区域的 CSS 代码

8.6.5 在内容区底部添加上下文的链接

上下文的 HTML 代码如图 8-67 所示。

```
        <p>宁德时代不仅是一线从业者最可靠、最忠诚的伙伴，同时也将成为其自强不息之路的坚定支持者。
</div>
<!-- 上下文 -->
<div class="page">
    <span><a href="#">上一篇：您的鲜生活已加速到来！</a></span>
    <span><a href="#">下一篇：宁德时代荣获国家科学技术进步奖 </a></span>
</div>
```

图8-67 上下文的 HTML 代码

对应的 CSS 代码如图 8-68 所示。

```
/*上下文链接*/
.page span{display:block;float: left; width:50%; height:100px; line-height:100px;
      background-color:#eee; text-align: center;}
.page span a:hover{color:#0028aa;}
```

图8-68 上下文的 CSS 代码

注意，在不写 float 属性而通过 <span> 元素设置为 inline-block 类型，且 width 为 50% 的情况下，两个 <span> 容器无法在同一行显示（width 设置为小于 50% 则可以），这是由于两个内联块级元素之间有一点点细微的间隔。

8.6.6 代码整理

清除辅助观察的边框、背景色后，检查预览效果是否达到预期。

接下来考虑哪些样式可以定义为公共样式。网站的新闻栏目中包含了大量的详情页，每个详情页的页码区域样式是固定不变的，可以把这部分代码剥离后放在 common.css 文件中，如图 8-69 所示。

```
* news-2024-0001.html    * common.css
1   /*内容区：页码部分*/
2   .page{ width:540px; height:40px;margin:100px auto;}
3   /* 查看得知页码底图的图片尺寸为40px */
4   .page li{float:left; width:40px; height:40px; line-height:40px;text-align:center;
5       margin:0 10px;}
6   .page li>a{display:block; font-size:18px; font-fa
7   .page li>a:hover {color: #0028aa; }
8   .page li:nth-of-type(1) a{display: none;}
9   .page li:nth-of-type(2) a{display: none;}
10  .page li:nth-of-type(3) {background:url("../news/
11
12  /*上下文链接*/
13  .page span{display:block;float: left; width:50%; height:100px; line-height:100px;
14      background-color:#eee; text-align: center;}
15  .page span a:hover{color:#0028aa;}
```

从详情页复制过来的页码样式，但选择器的 .page 与新闻列表页的 .page 样式冲突，我们只能修改选择器名字

图 8-69　整理 CSS 代码

基于图 8-69 描述的原因，我们改动一下 common.css 文件中的选择器名称，如图 8-70 所示。改完后按〈Ctrl+S〉键保存文件，这样才能让改动后的样式生效。

```
* news-2024-0001.html    common.css
1   /*内容区：页码部分*/
2   .page{ width:540px; height:40px;margin:100px auto;}
3   /* 查看得知页码底图的图片尺寸为40px */
4   .page li{float:left; width:40px; height:40px; line-height:40px;text-align:center;
5       margin:0 10px;}
6   .page li>a{display:block; font-size:18px; font-family:Arial; color: #666;}
7   .page li>a:hover {color: #0028aa; }
8   .page li:nth-of-type(1) a{display: none;}
9   .page li:nth-of-type(2) a{display: none;}
10  .page li:nth-of-type(3) {background:url("../news/img/fy_border.png") ;}
11
12  /* 新闻详情页的上下文链接*/
13  .page-news span{display:block;float: left; width:50%; height:100px; line-height:100px;
14      background-color:#eee; text-align: center;}
15  .page-news span a:hover{color:#0028aa;}
```

图 8-70　修改选择器名称的 CSS 代码

切换到 news-2024-0001.html 文件，在 <head> 标签内写上样式表链接代码 "<link rel="stylesheet"type="text/css"href="../css/commo.css"/>"。

同时修改对应的 class 属性，代码如图 8-71 所示。

```
136            <!-- 上下文 -->
137            <div class="page-news">
138                <span><a href="#">上一篇：您的鲜生活已加速到来！</a></span>
139                <span><a href="#">下一篇：宁德时代荣获国家科学技术进步奖 </a></span>
140            </div>
```

图 8-71　修改 class 属性

最终的 HTML 及内部 CSS 代码如图 8-72 所示。

```
<head>
    <meta charset="utf-8" />
    <title>宁德时代天行，开启新能源商用车发展新时代</title>
    <link rel="stylesheet" type="text/css" href="../css/index.css"/>
    <link rel="stylesheet" type="text/css" href="../css/common.css"/>
    <style type="text/css">
        body{background: #fff;}
        /* 页头区 */
        #header {background: #eee  none; height:90px;}
        #header .nav-bar-box { background-color:#fff; }
        #header .nav-bar a{color: #666;}
        .nav-bar .logo{ background:url("../img/logo-2.png") no-repeat  0 0 / 210px 25px; }
        .nav-bar-r .global{ background: url("../img/icon-homepage02.png") no-repeat;}
        .nav-bar-r .lang-box{color:#333;}
        .nav-bar-r>a{ background: url("../img/icon-homepage02.png") no-repeat 0 -24px;}
        /* 主内容区 */
        #content-detail{width:100%; height: 3900px; }
        #content-detail>h3{width:100%; height:300px;background-color: #eee;padding-top:80px ;}
        #content-detail  .detail{width: 1000px;height:3400px; margin:0 auto;}
        #content-detail  .page{width:1000px;height:100px;margin:0 auto;}
        #content-detail>h3>span{ display: block; width:1000px;margin:50px auto;
            font-size:30px;letter-spacing:0.4em; color: #333; }
        #content-detail>h3>span:nth-child(2){font-size:18px;letter-spacing:0.4em; color: #666; }
        .detail p{line-height:2em; color: #666;}
        .detail .sub-title{padding-top: 50px; color:#333 ; font-weight: bolder; }
        .detail>img{display:block;margin: 0 auto;}
        .detail .img-title{text-align: center;}
    </style>
</head>
```

图 8-72　最终的 HTML 及内部 CSS 代码

8.7　扩展练习

【练习 8-1】打开资源包中的"各章扩展练习\第 8 章 – 企业网站\50 个网站首页、一级页、详情页（含图片）"文件夹，里面有 50 个网站的首页、一级栏目页、详情页的效果图，以及需要用的图片、文字素材。

请按照班级学号，独立完成对应编号的网站。设计时应遵循以下要求：

1）先在互联网上找到对应网站，仔细观察要完成的实际页面效果。重点观察交互效果，个别交互效果可能会有特殊的容器嵌套要求，以免后期大幅改动。

2）建议利用课外时间，在纸张上适当地绘制页面的容器嵌套关系图，对于框架设计做到了然于心。

3）许多看上去页面布局结构类似的项目，可以互相探讨主体框架结构，选择最优的方案，但不同项目的局部区域的布局可能没有相似之处，需要独立思考。

参 考 文 献

[1] 明日科技.HTML5 从入门到精通 [M].4 版.北京：清华大学出版社，2023.
[2] 黑马程序员.HTML+CSS+JavaScript 网页制作案例教程 [M].2 版.北京：人民邮电出版社，2021.
[3] 徐晓丹.网页设计与制作基础：HTML5+CSS3[M].北京：电子工业出版社，2024.